卓越工程师培养系列

战略性新兴领域"十四五"高等教育教材

FreeRTOS 原理与应用

——基于 GD32

董　磊　李　可　主　编

钟家洪　郭文波　副主编

电子工业出版社.

Publishing House of Electronics Industry

北京·BEIJING

内 容 简 介

本书采用 GD32F303ZET6 芯片的 GD32F3 苹果派开发板，重点介绍 FreeRTOS 操作系统的原理与应用开发。全书共 19 章，前两章简要介绍了嵌入式操作系统和 GD32F3 苹果派开发板；第 3~19 章分别介绍基准工程的创建、简易操作系统的实现，以及 FreeRTOS 的移植、任务管理、时间管理、消息队列、二值信号量与计数信号量、互斥信号量、事件标志组、任务通知、软件定时器、内存管理、中断管理、CPU 利用率、流缓冲区、消息缓冲区和协程。全书程序代码的编写均遵循统一规范，且各章的工程均采用模块化设计，以便于将各模块应用在实际项目和产品中。

本书配有丰富的资料包，涵盖 GD32F3 苹果派开发板原理图、例程、软件包、PPT 等。资料包将持续更新，下载链接可通过微信公众号"卓越工程师培养系列"获取。

本书既可以作为高等院校电子信息、自动化等专业微控制器相关课程的教材，也可以作为微控制器系统设计及相关行业工程技术人员的入门培训用书。

图书在版编目（CIP）数据

FreeRTOS 原理与应用 ：基于 GD32 ／ 董磊，李可主编.
北京 ：电子工业出版社，2024. 9. -- ISBN 978-7-121
-48959-4

Ⅰ．TP332.3

中国国家版本馆 CIP 数据核字第 2024G9Q960 号

责任编辑：张小乐
印　　刷：涿州市殷润文化传播有限公司
装　　订：涿州市殷润文化传播有限公司
出版发行：电子工业出版社
　　　　　北京市海淀区万寿路 173 信箱　　邮编：100036
开　　本：787×1092　1/16　印张：16　字数：430 千字
版　　次：2024 年 9 月第 1 版
印　　次：2025 年 4 月第 2 次印刷
定　　价：58.00 元

凡所购买电子工业出版社图书有缺损问题，请向购买书店调换。若书店售缺，请与本社发行部联系，联系及邮购电话：（010）88254888，88258888。

质量投诉请发邮件至 zlts@phei.com.cn，盗版侵权举报请发邮件至 dbqq@phei.com.cn。

本书咨询联系方式：（010）88254462，zhxl@phei.com.cn。

前　　言

本书主要介绍 FreeRTOS 原理与应用，采用的硬件平台为 GD32F3 苹果派开发板套件，套件包含开发板主板和 4.3 英寸电容屏，主板的主控芯片为 GD32F303ZET6（封装为 LQFP144）。兆易创新是中国高性能通用微控制器领域的领跑者，主要体现在以下几点：①GD32 MCU 是国内最大的 ARM MCU 产品家族，已经成为国内 32 位通用 MCU 市场的主流之选；②兆易创新在国内第一个推出基于 ARM Cortex-M3、Cortex-M4、Cortex-M23 和 Cortex-M33 内核的 MCU 产品系列；③全球首个 RISC-V 内核通用 32 位 MCU 产品系列出自兆易创新；④在中国 32 位 MCU 厂商排名中，兆易创新连续五年位居第一。

本书旨在介绍基于 FreeRTOS 的嵌入式实时操作系统原理与应用，并提供一系列的实例程序，使读者能够逐步了解 FreeRTOS 操作系统的核心机制及各大功能模块，并能应用于实际项目中。

在当今嵌入式系统领域，系统对实时性、可靠性、高效性的要求日益增长，嵌入式实时操作系统即可满足以上需求。FreeRTOS 操作系统具有良好的可移植性和可扩展性，为开发者提供了丰富的功能和灵活的配置选项，使其能够适应各种嵌入式系统的需求。经过多年的发展与验证，FreeRTOS 现已成为业界主流的操作系统之一，为嵌入式系统的设计和开发提供了强大的支持，在消费电子、工业自动化设备、汽车控制系统、医疗设备等领域具有广泛应用。

FreeRTOS 操作系统具有较高的灵活性和稳定性，其优点包括易于移植和拓展、支持抢占式、任务数量不受限制，并且支持资源管理、任务同步等功能。相对于其他嵌入式操作系统，FreeRTOS 的内核代码更为简单，占用资源较少，只需极少量的 RAM 和 ROM 空间即可运行 FreeRTOS 操作系统。

FreeRTOS 操作系统不仅具有卓越的性能，更因其模块化的设计、广泛的可移植性和完备的开源支持而备受推崇。FreeRTOS 操作系统支持市面上常见的各大嵌入式平台，包括使用 ARM Cortex-M 系列内核的 Renesas、NXP、GigaDevice、ST 等。本书介绍在搭载了兆易创新 GD32F303ZET6 微控制器的苹果派开发板上移植并运行 FreeRTOS 操作系统。

近年来，国内的半导体企业蓬勃发展，逐步提升了 MCU、Flash 等芯片的市场占有率，越来越多的企业开始使用国产微控制器。然而市面上基于国产微控制器的 FreeRTOS 操作系统教材屈指可数，相关开发者难以系统性地获取 FreeRTOS 操作系统的知识体系和规范的实例程序。为此，我们希望通过编写本书，使初学者能够快速学习 FreeRTOS 操作系统，掌握其核心机制和开发技巧。无论是刚刚踏入嵌入式开发领域，还是已经有一定经验的开发者，本书都将为读者提供一定的实践指导和实用的开发案例。希望读者通过学习 FreeRTOS 操作系统后，能够掌握更高效、更严谨的嵌入式程序开发方法，为嵌入式设备带来更出色的用户体验。

本书聚焦于 FreeRTOS 操作系统原理与应用，关于微控制器基础片上外设的介绍较少。因此，对于缺乏嵌入式开发经验的读者，建议先学习 GD32F3 苹果派开发板配套教材中的《GD32F3 开发基础教程——基于 GD32F303ZET6》，读者可通过该教材学习 GD32F303ZET6 微控制器的基础片上外设的原理与应用，同时，还可以熟练掌握开发板及相关软件工具的使用方法，为 FreeRTOS 操作系统的学习打下基础。

本书章节内容安排如下：

第 1、2 章简要介绍了嵌入式操作系统的相关概念和特性，以及本书对应的硬件平台、配套资料包和开发环境。

第 3 章主要介绍了基于 GD32F3 苹果派开发板的基准工程代码框架和程序下载方法。

第 4 章介绍了操作系统的实现原理，以及在开发板上实现简易操作系统的步骤。

第 5~19 章介绍了 FreeRTOS 操作系统所提供的常用功能组件的特性和用法。

本书特点如下：

1．本书内容对于有一定微控制器开发基础的读者较为友好，建议先学习"卓越工程师培养系列"教材中的《GD32F3 开发基础教程——基于 GD32F303ZET6》，再学习本书。

2．本书适用于具有 ARM 基础的嵌入式工程师进行学习，以及高等院校电子类专业作为教材使用。

3．本书的编写注重理论与实践相结合，对于高深晦涩的原理涉及较少，大多采用通俗易懂的语言深入浅出地进行介绍。按照先学习后实践的方式，将理论运用到实际工程中，以巩固所学知识。

4．书中的所有例程均按照统一的工程架构设计，每个子模块都按照统一标准设计，以方便读者后续使用书中所学知识进一步开发，或将其应用于项目当中。

5．本书配套有丰富的资料包，包含例程、软件包、参考资料等。这些资料会持续更新，下载链接可通过微信公众号"卓越工程师培养系列"获取。

本书配套的 GD32F3 苹果派开发板和例程由深圳市乐育科技有限公司开发。兆易创新科技集团股份有限公司的金光一、王霄为本书的编写提供了充分的技术支持。在此致以衷心的感谢！

由于编者水平有限，书中难免有不成熟和错误之处，恳请读者批评指正。读者反馈问题、获取相关资料或遇开发板技术问题，可发邮件至邮箱：ExcEngineer@163.com。

全书思维导图

目　录

第1章 嵌入式操作系统简介

本章将分别介绍裸机系统和嵌入式操作系统的工作流程以及操作系统的分类，并说明 FreeRTOS 操作系统的特点。

1.1 裸机系统与嵌入式操作系统

裸机系统和操作系统各有优劣，应用场景也不尽相同。裸机系统广泛应用于各种简单的应用，其核心特点是稳定性较高；而操作系统适用于需要进行较复杂的任务调用的场景，但长时间运行可能会导致程序运行错误。

1.1.1 简单裸机系统

简单裸机系统的工作流程如图 1-1 所示。在裸机系统中通常会设置多个任务计时器，系统初始化后进入无限循环（即"死循环"），在循环中通过延时函数完成软件延时，延时结束后依次对所有任务计时器执行加 1 操作，当某一任务计时器的计时完成后执行相应的任务，并将对应的任务计时器清零。由于一个任务计时器可能被多个任务公用，因此任务计时器的数量小于或等于任务的数量。

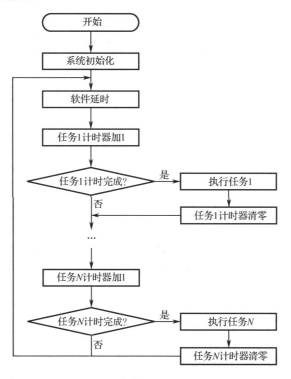

图 1-1　简单裸机系统的工作流程

简单裸机系统的稳定性较好，可以使系统持续正常运行，适用于空调、冰箱、电子锁等具有稳定性需求的设备。此外，还可以在系统中集成看门狗功能，以进一步提高系统稳定性。

但简单裸机系统也存在明显的缺点：各个任务的执行周期不够准确。这是由于任务的计时是通过不准确的软件延时实现的，且任务的处理也需要消耗一定时间，任务越多，消耗的时间就越多，导致任务执行周期的误差越大。

1.1.2　基于定时器计时的裸机系统

为了实现更加精确的计时，裸机系统放弃了计时误差较大的软件延时方式，选择通过计时更为准确的硬件定时器来更新各个任务的计时器，其工作流程如图 1-2 所示。程序在循环中轮流校验各个任务的计时器，一旦判断某一任务计时器计时完成，则执行相应任务，并清空对应的任务计时器。

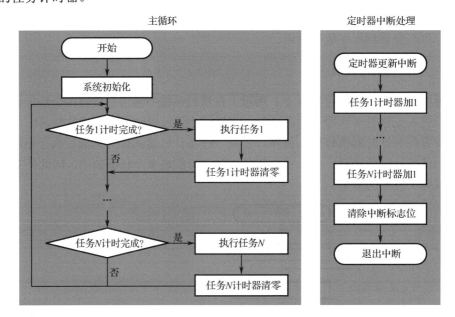

图 1-2　基于定时器计时的裸机系统的工作流程

虽然用硬件定时器代替软件延时后可使任务计时更加精确，但此时仍存在一个问题：任务的处理需要消耗时间。由于各个任务之间没有优先级之分，如果某个任务的处理时间过长甚至进入死循环，那么其他任务将得不到及时的响应。

这种基于定时器计时的裸机系统的 CPU 占用率恒为 100%，且大部分时间都用于校验任务计时器，既造成了资源浪费，限制了 CPU 利用率，也不利于降低系统的功耗。此外，在系统中引入中断机制（定时器中断）也会降低系统的稳定性，对中断处理不当时可能导致程序的运行结果出错。

1.1.3　嵌入式操作系统

为了解决裸机系统存在的缺陷，实现更高效地运行系统任务，嵌入式操作系统（简称操作系统）应运而生。操作系统的工作流程如图 1-3 所示，其中每个任务都有独立的线程，各自运行于循环中。而操作系统通过任务调度器统一协调各个任务，实现任务的并发运行。

操作系统中的任务具有优先级，优先级高的任务优先享有 CPU 使用权。为了实现任务之间的通信和同步，操作系统提供了消息队列、信号量、任务通知等组件，目前主流的操作系统还会提供以太网、文件系统、GUI 图形界面等组件，这极大地降低了项目开发难度，有效缩短了产品上市周期。

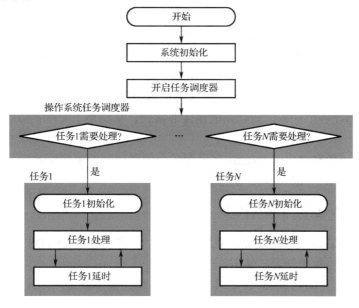

图 1-3　操作系统的工作流程

1.2　操作系统的分类

操作系统通过任务调度器决定 CPU 的使用权，根据任务调度器的工作方式可以将操作系统分为两大类：分时操作系统和实时操作系统。

1.2.1　分时操作系统

分时操作系统中的"分时"是指将处理器的运行时间划分为很短的时间片，任务按时间片轮流获取 CPU 使用权。若某个任务在操作系统分配给它的时间内不能完成工作，则必须暂停工作，并将 CPU 使用权交给其他任务，等待下一轮继续运行。由于 CPU 的主频较高，因此任务的运行时间短且切换速度快，在宏观上表现为所有任务并发运行。UNIX 操作系统就使用了分时操作系统。

1.2.2　实时操作系统

实时操作系统是指当外界事件或数据产生时，操作系统能够在规定时间内进行响应及处理。而根据系统对"超时"的处理方式，实时操作系统可以分为硬实时操作系统和软实时操作系统。硬实时操作系统是指某个事件必须在规定的时刻或时间范围内发生，否则会产生损害的系统，如飞行器的飞行自动控制系统等；软实时操作系统是指能偶尔违反时间规定，并且不会产生永久性损害的系统，如飞机订票系统、银行管理系统等。

实时操作系统的主要特点是具有及时性和可靠性，具体表现为能够在接收到外部信号后及时进行处理，并在规定的时间内处理完所接收的事件，也能够在某个时间限制内完成某些紧急任务而不需要等待时间片。

常见的实时操作系统有 FreeRTOS、µC/OS、RTX、RT-Thread 等。

1.3　FreeRTOS 简介

FreeRTOS 的名称可以分为两部分：Free 和 RTOS。Free 即免费；RTOS 的全称为 Real Time Operating System，即实时操作系统。注意，RTOS 并非指某一个确定的系统，而是指一类系统，例如，μC/OS、FreeRTOS、RTX、RT-Thread 等都属于 RTOS 类操作系统。

操作系统允许多个任务同时运行，这一特点称为多任务。实际上，一个处理器在某一个时刻只能运行一个任务。在操作系统中，任务调度器的作用就是决定某一时刻运行哪个任务，但由于任务调度器在各个任务之间切换的速度非常快，从结果上看就类似于同一时刻有多个任务同时运行。

FreeRTOS 是一种轻量化的 RTOS，在资源较少的微控制器中即可运行。从文件数量上看，FreeRTOS 比 μC/OS-II 和 μC/OS-III 少得多。

1.3.1　为什么选择 FreeRTOS

如前文所述，RTOS 有多种类别，且各具特点。本书选择 FreeRTOS 的原因有以下几点。

（1）FreeRTOS 可免费学习、使用。

（2）许多半导体厂商的 SDK 包使用 FreeRTOS 作为操作系统，尤其是 Wi-Fi、蓝牙等带有协议的芯片或模块。

（3）许多软件厂商也使用 FreeRTOS 作为操作系统。例如，TouchGFX 的所有例程均基于 FreeRTOS 实现。ST 公司所有需要使用 RTOS 的例程也均采用了 FreeRTOS。

（4）FreeRTOS 的文件数量较少，属于轻量化的 RTOS。

（5）FreeRTOS 的应用开发文档相对齐全，在 FreeRTOS 官网即可找到开发文档和源码。

（6）FreeRTOS 具备移植到多种不同处理器的案例，如移植到 STM32 的 F1、F3、F4 和 F7 等系列，这些案例极大地方便了用户学习和使用。

（7）FreeRTOS 的市场份额大。在 SourceForge 网站公布的 2013 年 RTOS 榜单中，FreeRTOS 排名第三。

1.3.2　FreeRTOS 的特点

FreeRTOS 是一个可裁剪的小型 RTOS，其特点如下。

（1）内核支持抢占式、合作式和时间片调度。

（2）提供了一个低功耗的 Tickless 模式。

（3）系统的组件在创建时可以选择使用动态或静态 RAM，如任务、消息队列、信号量、软件定时器等。

（4）已在 30 种以上采用不同架构的芯片上进行了移植。

（5）FreeRTOS-MPU 支持 Cortex-M 系列中的 MPU。

（6）系统简单、小巧、易用，通常情况下仅占用 4～9KB 的内核空间。

（7）可移植性高，其代码主要由 C 语言编写。

（8）支持实时任务和协程（co-routine）。

（9）任务与任务、任务与中断之间可以使用任务通知、消息队列、信号量等机制进行通信和同步。

（10）支持事件组标志。

（11）具有带优先级继承特性的互斥信号量。

（12）具有高效的软件定时器。

（13）具有强大的跟踪执行功能。

（14）具有堆栈溢出检测功能。

（15）任务数量不受限制。

（16）任务优先级数量不受限制。

1.3.3　商业许可

OpenRTOS 是 FreeRTOS 的商业化版本，OpenRTOS 的商业许可协议不包含任何 GPL 条款。此外，另一个系统 SafeRTOS 也是 FreeRTOS 的衍生版本，该系统通过了 IEC61508 等安全认证。关于这两个版本的详细信息可在 FreeRTOS 官网查询。

1.3.4　如何获取相关资料

在 FreeRTOS 官网的 KERNEL 页面下可以查阅 FreeRTOS 的相关开发资料，包含内核介绍、开发手册、API 函数参考资料、许可协议等。此外，在 FreeRTOS 官网上可以下载最新的或历史版本的 FreeRTOS 源码。

本　章　任　务

学习完本章后，查阅资料，了解当前常用的嵌入式操作系统有哪些，并总结这些操作系统各自的优势与不足。

本　章　习　题

1．简述简单裸机系统的优缺点及常见的应用场景。

2．裸机系统和操作系统的任务运行机制有何区别？

3．操作系统可细分为哪几个类别？划分的依据是什么？

4．FreeRTOS 的最大任务数量是多少？

第 2 章　GD32F3 苹果派开发板简介

本章首先介绍 GD32F30x 系列微控制器，并解释为什么选择 GD32F3 苹果派开发板作为本书的实践载体。然后简要介绍 GD32F3 苹果派开发板的电路模块、基于该开发板可以实现的 FreeRTOS 相关实例及本书配套的资料包。最后，详细介绍 GD32 微控制器开发工具的安装与配置步骤。

2.1　为什么选择 GD32

兆易创新的 GD32 微控制器是中国高性能通用微控制器领域的领跑者，是中国首个 ARM Cortex-M3、Cortex-M4、Cortex-M23、Cortex-M33 及 Cortex-M7 内核通用微控制器产品系列，已经发展成为中国 32 位通用微控制器市场的主流之选。所有型号的微控制器在软件和硬件引脚封装方面都保持相互兼容，全面满足各种高、中、低端嵌入式控制需求和升级，具有高性价比、完善的生态系统和易用性优势，全面支持多层次开发，缩短了设计周期。

自 2013 年推出中国第一个 ARM Cortex 内核的微控制器以来，GD32 目前已经成为我国最大的 ARM 微控制器家族，提供 48 个产品系列 600 余个型号选择。各系列都具有很高的设计灵活性，可以软/硬件相互兼容，使得用户可以根据项目开发需求在不同型号间自由切换。

GD32 产品家族以 Cortex-M3 和 Cortex-M4 主流型内核为基础，由 GD32F1、GD32F3 和 GD32F4 等系列产品构建，并不断向高性能和低成本两个方向延伸。GD32F3 系列微控制器基于 120MHz Cortex-M4 内核并支持快速 DSP 功能，持续以更高性能、更低功耗、更方便易用的灵活性为工控消费及物联网等市场主流应用注入澎湃动力。

"以触手可及的开发生态为用户提供更好的使用体验"是兆易创新支持服务的理念。兆易创新丰富的生态系统和开放的共享中心，既与用户需求紧密结合，又与合作伙伴互利共生，在蓬勃发展中使多方受益，惠及大众。

兆易创新联合全球合作厂商推出了多种集成开发环境（IDE）、开发套件（EVB）、图形化界面、安全组件、嵌入式 AI、操作系统和云连接方案，并打造全新技术网站 GD32MCU.com，提供多个系列的视频教程和短片，可任意点播在线学习，产品手册和软/硬件资料也可随时下载。此外，兆易创新还推出了多周期全覆盖的微控制器开发人才培养计划，从青少年科普到高等教育全面展开，为新一代工程师提供学习与成长的沃土。

2.2　GD32F3 系列微控制器简介

在微控制器的选型过程中，以往工程师常常会陷入这样一个困局：一方面为 8 位/16 位微控制器有限的指令和性能，另一方面为 32 位微控制器的高成本和高功耗。能否有效地解决这个问题，让工程师不必在性能、成本、功耗等因素中做出取舍和折中？

GD32F3 系列微控制器提供六大系列（F303、F305、F307、F310、F330 和 F350）共 80 个产品型号，包括 LQFP144、LQFP100、LQFP64、LQFP48、LQFP32、QFN32、QFN28、TSSOP20 共 8 种封装类型，以便以很高的设计灵活性和兼容度应对飞速发展的智能应用挑战。

GD32F3 系列微控制器最高主频可达 120MHz，并支持 DSP 指令运算；配备了 128～3072KB 的超大容量 Flash 及 48～96KB 的 SRAM，内核访问 Flash 高速零等待。芯片采用 2.6～

3.6V 供电，I/O 口可承受 5V 电平；配备了 2 个支持三相 PWM 互补输出和霍尔采集接口的 16 位高级定时器，可用于矢量控制，还拥有多达 10 个 16 位通用定时器、2 个 16 位基本定时器和 2 个多通道 DMA 控制器。芯片还为广泛的主流应用配备了多种基本外设资源，包括 3 个 USART、2 个 UART、3 个 SPI、2 个 I^2C、2 个 I^2S、2 个 CAN2.0B 和 1 个 SDIO，以及外部总线扩展控制器（EXMC）。

其中，全新设计的 I^2C 接口支持快速 Plus（Fm+）模式，频率最高可达 1MHz（1MB/s），是以往速率的两倍，从而以更高的数据传输速率来适配高带宽应用场合。SPI 接口也已经支持四线制，方便扩展 Quad/SPI/NOR Flash 并实现高速访问。内置的 USB 2.0 OTG FS 接口可提供 Device、HOST、OTG 等多种传输模式，还拥有独立的 48MHz 振荡器，支持无晶振设计以降低使用成本。10/100Mb/s 自适应的快速以太网媒体存取控制器（MAC）可协助开发以太网连接功能的实时应用。芯片还配备了 3 个采样率高达 2.6MSPS 的 12 位高速 ADC，提供多达 21 个可复用通道，并新增了 16 位硬件过采样滤波功能和分辨率可配置功能，还拥有 2 个 12 位 DAC。多达 80% 的 GPIO 具有多种可选功能，还支持端口重映射，并以增强的连接性满足主流开发应用需求。

由于采用了最新 Cortex-M4 内核，GD32F3 系列主流型产品在最高主频下的工作性能可达 150DMIPS，CoreMark 测试可达 403 分。同主频下的代码执行效率相比市场同类 Cortex-M4 产品提高 10%～20%，相比 Cortex-M3 产品提高 30%。不仅如此，全新设计的电压域支持高级电压管理功能，使得芯片在所有外设全速运行模式下的最大工作电流仅为 380μA/MHz，电池供电时的 RTC 待机电流仅为 0.8μA，在确保高性能的同时实现了最佳的能耗比，从而全面超越 GD32F1 系列产品。此外，GD32F3 系列与 GD32F1 系列保持了完美的软件和硬件兼容性，并使得用户可以在多个产品系列之间方便地自由切换，以前所未有的灵活性和易用性构建设计蓝图。

兆易创新还为新产品系列配备了完整丰富的固件库，包括多种开发板和应用软件在内的 GD32 开发生态系统也已准备就绪。线上技术门户网站已经为研发人员提供了强大的产品支持、技术讨论及设计参考平台。得益于广泛丰富的 ARM 生态体系，包括 Keil MDK、CrossWorks 等更多开发环境和第三方烧录工具也均已全面支持。这些都极大程度地简化了项目开发难度，并有效缩短了产品的上市周期。

由于 GD32 微控制器拥有丰富的外设、强大的开发工具、易于上手的固件库，在 32 位微控制器选型中，GD32 微控制器已经成为许多工程师的首选。而且经过多年的积累，GD32 微控制器的开发资料非常完善，这也降低了初学者的学习难度。因此，本书选用 GD32 微控制器作为载体，GD32F3 苹果派开发板上的主控芯片就是封装为 LQFP144 的 GD32F303ZET6，最高主频可达 120MHz。

GD32F303ZET6 芯片拥有的资源包括 64KB SRAM、512KB Flash、1 个 EXMC 接口、1 个 NVIC、1 个 EXTI（支持 20 个外部中断/事件请求）、2 个 DMA（支持 12 个通道）、1 个 RTC、2 个 16 位基本定时器、4 个 16 位通用定时器、2 个 16 位高级定时器、1 个独立看门狗定时器、1 个窗口看门狗定时器、1 个 24 位 SysTick、2 个 I^2C、3 个 USART、2 个 UART、3 个 SPI、2 个 I^2S、1 个 SDIO 接口、1 个 CAN、1 个 USBD、112 个 GPIO、3 个 12 位 ADC（可测量 16 个外部和 2 个内部信号源）、2 个 12 位 DAC、1 个内置温度传感器和 1 个串行调试接口 JTAG 等。

GD32 系列微控制器可以开发各种产品，如智能小车、无人机、电子体温枪、电子血压计、血糖仪、胎心多普勒、监护仪、呼吸机、智能楼宇控制系统和汽车控制系统等。

2.3　GD32F3 苹果派开发板电路简介

GD32F3 苹果派使用说明　　　GD32F3 苹果派原理图

本书将以 GD32F3 苹果派开发板为载体对 FreeRTOS 原理与应用进行介绍。那么，到底什么是 GD32F3 苹果派开发板？

GD32F3 苹果派开发板如图 2-1 所示，是由电源转换电路、通信–下载模块电路、GD-Link 调试下载模块电路、LED 电路、蜂鸣器电路、独立按键电路、触摸按键电路、外部温湿度电路、SPI Flash 电路、EEPROM 电路、外部 SRAM 电路、NAND Flash 电路、音频电路、以太网电路、RS-485 电路、RS-232 电路、CAN 电路、SD Card 电路、USB Slave 电路、摄像头接口电路、LCD 接口电路、外扩引脚电路、外扩接口电路和 GD32 微控制器电路组成的电路板。

图 2-1　GD32F3 苹果派开发板

利用 GD32F3 苹果派开发板验证本书实例，还需要搭配两条 USB 转 Type-C 型连接线。开发板上集成的通信–下载模块和 GD-Link 调试下载模块分别通过一条 USB 转 Type-C 型连接线连接到计算机，通信–下载模块除了可以用于向微控制器下载程序，还可以实现开发板与计算机之间的数据通信；GD-Link 调试下载模块既能下载程序，还能进行在线调试。GD32F3 苹果派开发板和计算机的连接图如图 2-2 所示。

图 2-2　GD32F3 苹果派开发板和计算机连接图

1．通信-下载模块电路

工程师编写完程序后，需要通过通信-下载模块将.hex（或.bin）文件下载到微控制器中。通信-下载模块通过一条 USB 转 Type-C 型连接线与计算机连接，通过计算机上的 GD32 下载工具（如 GigaDevice MCU ISP Programmer），就可以将程序下载到 GD32 微控制器中。通信-下载模块除了具备程序下载功能，还担任着"通信员"的角色，即可以通过通信-下载模块实现计算机与 GD32F3 苹果派开发板之间的数据通信。此外，除了使用 12V 电源适配器供电，还可以用通信-下载模块的 Type-C 接口为开发板提供 5V 电源。注意，开发板上的 PWR_KEY 为电源开关，通过通信-下载模块的 Type-C 接口引入 5V 电源后，还需要按下电源开关才能使开发板正常工作。

通信-下载模块电路如图 2-3 所示。USB$_1$ 为 Type-C 接口，可引入 5V 电源。编号为 U$_{104}$ 的芯片 CH340G 为 USB 转串口芯片，可以实现计算机与微控制器之间的数据通信。J$_{104}$ 为 2×2Pin 双排排针，在使用通信-下载模块之前应先使用跳线帽分别将 CH340_TX 和 USART0_RX、CH340_RX 和 USART0_TX 连接。

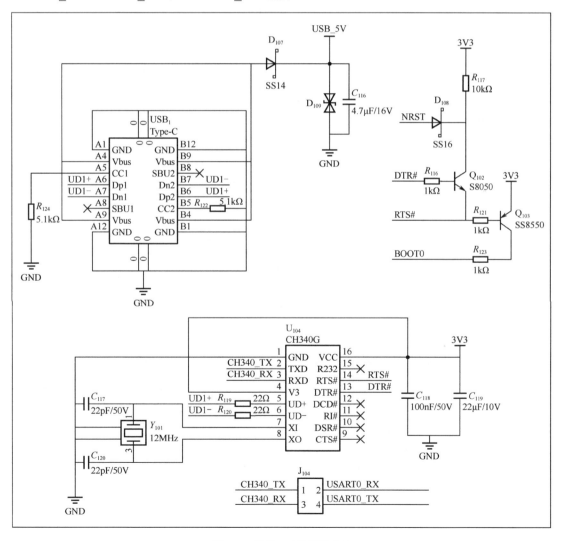

图 2-3　通信-下载模块电路

2．GD-Link 调试下载模块电路

GD-Link 调试下载模块不仅可以下载程序，还可以对 GD32F303ZET6 进行在线调试。图 2-4 为 GD-Link 调试下载模块电路，USB₂ 为 Type-C 接口，同样可引入 5V 电源，USB₂ 上的 UD2+和 UD2-通过一个 22Ω 电阻连接到 GD32F103RGT6 微控制器，该芯片为 GD-Link 调试下载模块电路的核心，可通过 SWD 接口对 GD32F303ZET6 进行程序下载或在线调试。

虽然 GD-Link 调试下载模块既可以下载程序，又能进行在线调试，但是无法实现 GD32 微控制器与计算机之间的通信。因此，在设计产品时，除了保留 GD-Link 接口，还建议保留通信-下载接口。

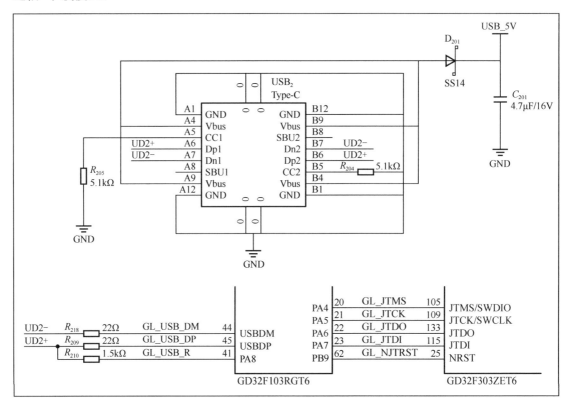

图 2-4　GD-Link 调试下载模块电路

3．电源转换电路

图 2-5 所示为电源转换电路，其功能是将 5V 输入电压转换为 3.3V 输出电压。通信-下载模块和 GD-Link 调试下载模块的两个 Type-C 接口均可引入 5V 电源（USB_5V 网络），由 12V 电源适配器引入 12V 电源后，通过 12V 转 5V 电路同样可以得到 5V 电压（VCC_5V 网络）。然后通过电源开关 PWR_KEY 控制开发板的电源，开关闭合时，USB_5V 和 VCC_5V 网络与 5V 网络连通，并通过 AMS1117-3.3 芯片转出 3.3V 电压，开发板即可正常工作。D₁₀₃ 为瞬态电压抑制二极管，用于防止电源电压过高时损坏芯片。U₁₀₁ 为低压差线性稳压芯片，可将 Vin 端输入的 5V 转化为 3.3V 在 Vout 端输出。

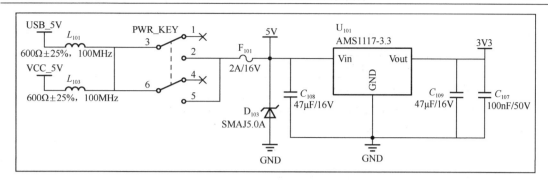

图 2-5　电源转换电路

2.4　基于 FreeRTOS 的应用实例

基于本书配套的 GD32F3 苹果派开发板，可以实现的嵌入式实例非常丰富，包括基于微控制器片上外设开发的基础实例、基于复杂外设开发的进阶实例、基于微控制器原理的应用实例、基于 emWin 开发的应用实例、基于 FreeRTOS 和 μC/OS-III 操作系统开发的应用实例。表 2-1 列出了与 FreeRTOS 操作系统相关的 17 个实例。

表 2-1　基于 FreeRTOS 操作系统的实例清单

序　号	实 例 名 称	序　号	实 例 名 称
1	基准工程	10	FreeRTOS 任务通知
2	简易操作系统实现	11	FreeRTOS 软件定时器
3	FreeRTOS 移植	12	FreeRTOS 内存管理
4	FreeRTOS 任务管理	13	FreeRTOS 中断管理
5	FreeRTOS 时间管理	14	FreeRTOS CPU 利用率
6	FreeRTOS 消息队列	15	FreeRTOS 流缓冲区
7	FreeRTOS 二值信号量	16	FreeRTOS 消息缓冲区
8	FreeRTOS 互斥信号量	17	FreeRTOS 协程
9	FreeRTOS 事件标志组		

2.5　本书配套资料包

本书配套的资料包"《FreeRTOS 原理与应用——基于 GD32》资料包"可通过微信公众号"卓越工程师培养系列"提供的链接获取。为了保持与本书实践操作的一致性，建议将资料包复制到计算机的 D 盘中。资料包由若干文件夹组成，具体如表 2-2 所示。

表 2-2　资料包清单

序　号	文 件 夹 名	文件夹介绍
1	入门资料	存放学习 FreeRTOS 应用开发相关的入门资料，建议读者在开始学习前，先阅读入门资料
2	相关软件	存放本书使用到的软件，如 MDK5.30、CH340 驱动、串口烧录工具等
3	原理图	存放 GD32F3 苹果派开发板的 PDF 版本原理图
4	例程资料	存放 FreeRTOS 应用开发所有实例的相关例程

续表

序　号	文件夹名	文件夹介绍
5	PPT 讲义	存放配套 PPT 讲义
6	视频资料	存放配套视频资料
7	数据手册	存放 GD32F3苹果派开发板所使用到的部分元器件的数据手册
8	软件资料	存放 FreeRTOS 源码包和编码规范文件《C 语言软件设计规范（LY-STD001—2019）》
9	参考资料	存放 GD32F30x 系列微控制器的相关参考手册，如《GD32F303xx 数据手册》《GD32F30x 用户手册（中文版）》《GD32F30x 用户手册（英文版）》和《GD32F30x 固件库使用指南》等

2.6　GD32 微控制器开发工具安装与配置

自从兆易创新于 2013 年推出 GD32 系列微控制器至今，与 GD32 配套的开发工具有很多，如 Keil 公司的 Keil、ARM 公司的 DS-5、Embest 公司的 EmbestIDE、IAR 公司的 EWARM 等。目前国内使用较多的是 EWARM 和 Keil。

EWARM（Embedded Workbench for ARM）是 IAR 公司为 ARM 微处理器开发的一个集成开发环境（简称 IAR EWARM）。与其他 ARM 开发环境相比，IAR EWARM 具有入门容易、使用方便和代码紧凑的特点。Keil 是 Keil 公司开发的基于 ARM 内核的系列微控制器集成开发环境，它适合不同层次的开发者，包括专业的应用程序开发工程师和嵌入式软件开发入门者。Keil 包含工业标准的 Keil C 编译器、宏汇编器、调试器、实时内核等组件，支持所有基于 ARM 内核的芯片，能帮助工程师按照计划完成项目。

本书的所有例程均基于 Keil μVision5 软件，建议读者选择相同版本的开发环境。下面介绍 Keil μVision5 的安装过程。

2.6.1　安装 Keil μVision5

双击运行本书配套资料包"02.相关软件\MDK5.30"文件夹中的 MDK5.30.exe 程序，在如图 2-6 所示的对话框中，单击 Next 按钮。

系统弹出如图 2-7 所示的对话框，勾选 I agree to all the terms of the preceding License Agreement 项，然后单击 Next 按钮。

图 2-6　Keil μVision5 安装步骤 1

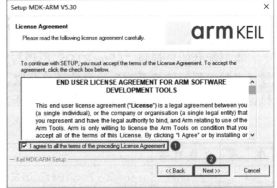

图 2-7　Keil μVision5 安装步骤 2

如图 2-8 所示，选择安装路径和包存放路径，这里建议安装在 D 盘（读者也可以自行选择安装路径）。然后，单击 Next 按钮。

系统弹出如图 2-9 所示的对话框，在 First Name、Last Name、Company Name 和 E-mail 栏输入相应的信息，然后单击 Next 按钮。软件开始安装。

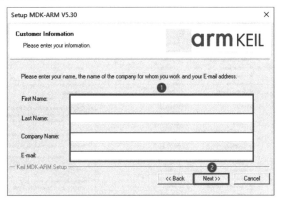

图 2-8　Keil μVision5 安装步骤 3　　　　　　　　图 2-9　Keil μVision5 安装步骤 4

在软件安装过程中，系统会弹出如图 2-10 所示的对话框，勾选"始终信任来自"ARM Ltd" 的软件（A）。"项，然后单击"安装"按钮。

图 2-10　Keil μVision5 安装步骤 5

软件安装完成后，系统弹出如图 2-11 所示的对话框，取消勾选 Show Release Notes 项，然后单击 Finish 按钮。

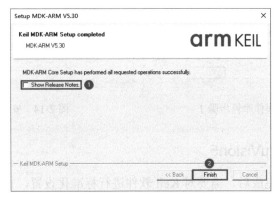

图 2-11　Keil μVision5 安装步骤 6

在如图 2-12 所示的对话框中,取消勾选 Show this dialog at startup 项,然后单击 OK 按钮,关闭对话框。

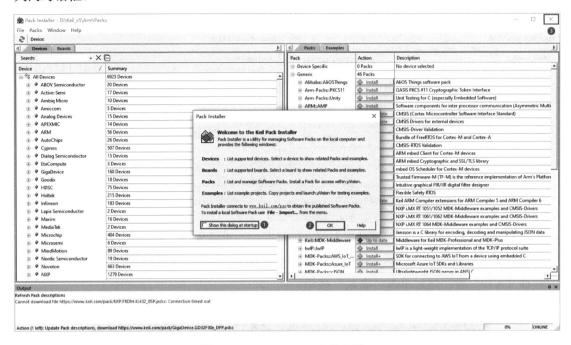

图 2-12　Keil μVision5 安装步骤 7

在资料包的"02.相关软件\MDK5.30"文件夹中,还有一个名为 GigaDevice.GD32F30x_DFP.2.1.0.pack 的文件,该文件为 GD32F30x 系列微控制器的固件库包。如果使用 GD32F30x 系列微控制器,则需要安装该固件库包。双击运行 GigaDevice.GD32F30x_DFP.2.1.0.pack,打开如图 2-13 所示的对话框,直接单击 Next 按钮,固件库包即开始安装。

固件库包安装完成后,系统弹出如图 2-14 所示的对话框,单击 Finish 按钮。

图 2-13　安装固件库包步骤 1

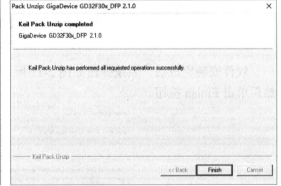

图 2-14　安装固件库包步骤 2

2.6.2　设置 Keil μVision5

Keil μVision5 安装完成后,需要对 Keil 软件进行标准化设置,首先在"开始"菜单找到并单击 Keil μVision5,软件启动后,在如图 2-15 所示的对话框中单击"是"按钮。

图 2-15　设置 Keil μVision5 步骤 1

在打开的 Keil μVision5 软件界面中，执行菜单栏命令 Edit→Configuration，如图 2-16 所示。

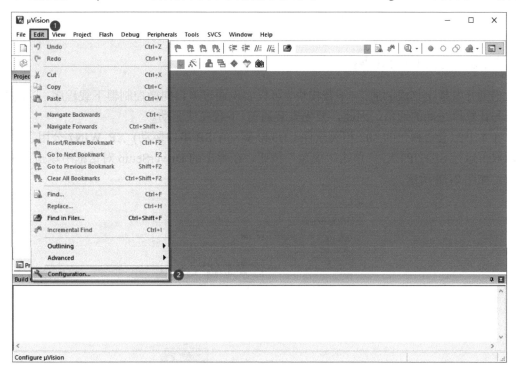

图 2-16　设置 Keil μVision5 步骤 2

系统弹出如图 2-17 所示的 Configuration 对话框，在 Editor 标签页的 Encoding 栏选择 Chinese GB2312(Simplified)，将编码格式改为 Chinese GB2312(Simplified)可以防止代码文件中输入的中文产生乱码现象；勾选 C/C++ Files 栏中的所有选项，并将 Tab size 设为 2；勾选 ASM Files 栏中的所有选项，并将 Tab size 设为 2；勾选 Other Files 栏中的所有选项，并将 Tab size 设为 2。将缩进的空格数设置为 2 个空格，同时将 Tab 键也设置为 2 个空格，这样可以防止使用不同的编辑器阅读代码时出现代码布局不整齐的现象。设置完成后，单击 OK 按钮。

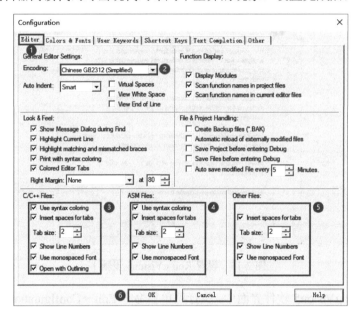

图 2-17　设置 Keil μVision5 步骤 3

2.6.3　安装 CH340 驱动

借助开发板上集成的通信-下载模块，可以实现通过串口向微控制器下载程序，以及微控制器与计算机之间的通信。因此，要先安装通信-下载模块驱动。

在本书配套资料包的"02.相关软件\CH340 驱动(USB 串口驱动)_XP_WIN7 公用"文件夹中，双击运行 SETUP.EXE，单击"安装"按钮，在弹出的 DriverSetup 对话框中单击"确定"按钮，如图 2-18 所示。

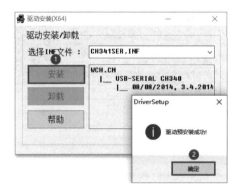

图 2-18　安装 CH340 驱动

本 章 任 务

通过兆易创新官网了解 GD32 的产品系列和最新资讯，搜索并下载 GD32F30x 系列微控制器的相关参考手册、固件库包、Demo 程序，熟悉 GD32F3 苹果派开发板的两个 Type-C 接口电路及其对应的功能。

本 章 习 题

1．GD32F3 苹果派开发板上的主控芯片型号是什么？该芯片的内部 Flash 和内部 SRAM 的容量分别是多少？

2．通信-下载模块和 GD-Link 调试下载模块的功能有何异同？

3．为什么要对 Keil 进行软件标准化设置？

第 3 章 基 准 工 程

在开始学习 FreeRTOS 应用开发之前，先通过一个基准工程来熟悉 Keil 软件和 GD32F3
苹果派开发板，以及本书配套例程的基本架构。

3.1 GD32F30x 系列微控制器的系统架构与存储器映射

3.1.1 系统架构

GD32F30x 系列微控制器的系统架构如图 3-1 所示。GD32F30x 系列微控制器采用 32 位
多层总线结构，该结构允许系统中的多个主机和从机之间进行并行通信。多层总线结构包括
一个 AHB 互联矩阵、一条 AHB 总线和两条 APB 总线。

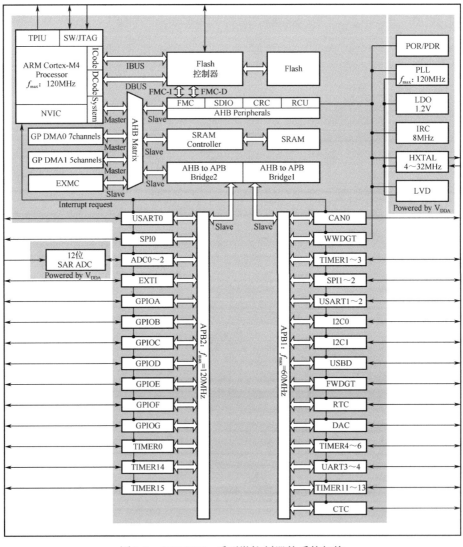

图 3-1 GD32F30x 系列微控制器的系统架构

　　AHB 互联矩阵连接了多个主机，包括 IBUS、DBUS、SBUS、DMA0、DMA1 和 ENET。IBUS 是 Cortex-M4 内核的指令总线，用于从代码区域（0x0000 0000～0x1FFF FFFF）中取指令和向量。DBUS 为 Cortex-M4 内核的数据总线，用于数据加载和存储，以及代码区域的调试访问。SBUS 为 Cortex-M4 内核的系统总线，用于指令和向量的获取、数据加载和存储，以及系统区域的调试访问。系统区域包括内部 SRAM 区域和外设区域。DMA0 和 DMA1 分别为 DMA0 和 DMA1 的存储器总线。ENET 为以太网。

　　AHB 互联矩阵也连接了多个从机，包括 FMC-I、FMC-D、SRAM、EXMC、AHB、APB1 和 APB2。FMC-I 为 Flash 控制器的指令总线，FMC-D 为 Flash 的数据总线，SRAM 为片上静态随机存取存储器，EXMC 为外部存储器控制器。AHB 为连接所有 AHB 从机的 AHB 总线，APB1 和 APB2 为连接所有 APB 从机的两条 APB 总线。两条 APB 总线连接所有 APB 外设。APB1 的操作速度最大可达 60MHz，APB2 的操作速度最大可达全速，即 120MHz（GD32F30x 系列微控制器的最高主频）。

　　AHB 互联矩阵的互联关系列表如表 3-1 所示。"1" 表示相应的主机可以通过 AHB 互联矩阵访问对应的从机，空白单元格表示相应的主机不可通过 AHB 互联矩阵访问对应的从机。

表 3-1　AHB 互联矩阵的互联关系列表

从　　机	主　　机					
	IBUS	DBUS	SBUS	DMA0	DMA1	ENET
FMC-I	1					
FMC-D		1		1	1	
SRAM	1	1	1	1	1	1
EXMC	1	1	1	1	1	1
AHB			1	1	1	
APB1			1	1	1	
APB2			1	1	1	

3.1.2　存储器映射

　　Cortex-M4 处理器采用哈佛结构，可以使用相互独立的总线来读取指令及加载/存储数据。指令代码和数据都位于相同的存储器地址空间，但在不同的地址范围。程序存储器、数据存储器、寄存器和 I/O 端口都位于同一个线性的 4GB 地址空间内。这是 Cortex-M4 的最大地址范围，因为它的地址总线宽度为 32 位（2^{32}B=4GB）。另外，为了降低不同客户在实现相同应用时的软件复杂度，存储映射是按 Cortex-M4 处理器提供的规则预先定义的。同时，一部分地址空间由 Cortex-M4 的系统外设所占用。表 3-2 为 GD32F30x 系列微控制器的存储器映射表。几乎每个外设都分配了 1KB 的地址空间用于存放操作该外设的相关寄存器，这样就可以简化每个外设的地址译码。

表 3-2　GD32F30x 系列微控制器的存储器映射表

预定义的区域	总　　线	地址范围	外　　设
外部设备	AHB3	0xA000 0000～0xA000 0FFF	EXMC～SWREG
外部 RAM		0x9000 0000～0x9FFF FFFF	EXMC～PC CARD

续表

预定义的区域	总　　线	地址范围	外　　设
外部 RAM	AHB3	0x7000 0000～0x8FFF FFFF	EXMC～NAND
		0x6000 0000～0x6FFF FFFF	EXMC～NOR/PSRAM/SRAM
片上外设	AHB1	0x5000 0000～0x5003 FFFF	USBFS
		0x4002 A000～0x4FFF FFFF	保留
		0x4002 8000～0x4002 9FFF	ENET
		0x40023400～0x4002 7FFF	保留
		0x4002 3000～0x4002 33FF	CRC
		0x4002 2400～0x4002 2FFF	保留
		0x4002 2000～0x4002 23FF	FMC
		0x4002 1400～0x4002 1FFF	保留
		0x4002 1000～0x4002 13FF	RCU
		0x4002 0800～0x4002 0FFF	保留
		0x4002 0400～0x4002 07FF	DMA1
		0x4002 0000～0x4002 03FF	DMA0
		0x4001 8400～0x4001 FFFF	保留
		0x4001 8000～0x4001 83FF	SDIO
	APB2	0x4001 5800～0x4001 7FFF	保留
		0x4001 5400～0x4001 57FF	TIMER10
		0x4001 5000～0x4001 53FF	TIMER9
		0x4001 4C00～0x4001 4FFF	TIMER8
		0x4001 4000～0x4001 4BFF	保留
		0x4001 3C00～0x4001 3FFF	ADC2
		0x4001 3800～0x4001 3BFF	USART0
		0x4001 3400～0x4001 37FF	TIMER7
		0x4001 3000～0x4001 33FF	SPI0
		0x4001 2C00～0x4001 2FFF	TIMER0
		0x4001 2800～0x4001 2BFF	ADC1
		0x4001 2400～0x4001 27FF	ADC0
		0x4001 2000～0x4001 23FF	GPIOG
		0x4001 1C00～0x4001 1FFF	GPIOF
		0x4001 1800～0x4001 1BFF	GPIOE
		0x4001 1400～0x4001 17FF	GPIOD
		0x4001 1000～0x4001 13FF	GPIOC
		0x4001 0C00～0x4001 0FFF	GPIOB
		0x4001 0800～0x4001 0BFF	GPIOA
		0x4001 0400～0x4001 07FF	EXTI
		0x4001 0000～0x4001 03FF	AFIO

续表

预定义的区域	总 线	地址范围	外 设
片上外设	APB1	0x4000 CC00~0x4000 FFFF	保留
		0x4000 C800~0x4000 CBFF	CTC
		0x4000 7800~0x4000 C7FF	保留
		0x4000 7400~0x4000 77FF	DAC
		0x4000 7000~0x4000 73FF	PMU
		0x4000 6C00~0x4000 6FFF	BKP
		0x4000 6800~0x4000 6BFF	CAN1
		0x4000 6400~0x4000 67FF	CAN0
		0x4000 6000~0x4000 63FF	Shared USBD/CAN SRAM 512B
		0x4000 5C00~0x4000 5FFF	USBD
		0x4000 5800~0x4000 5BFF	I2C1
		0x4000 5400~0x4000 57FF	I2C0
		0x4000 5000~0x4000 53FF	UART4
		0x4000 4C00~0x4000 4FFF	UART3
		0x4000 4800~0x4000 4BFF	USART2
		0x4000 4400~0x4000 47FF	USART1
		0x4000 4000~0x4000 43FF	保留
		0x4000 3C00~0x4000 3FFF	SPI2/I2S2
		0x4000 3800~0x4000 3BFF	SPI1/I2S1
		0x4000 3400~0x4000 37FF	保留
		0x4000 3000~0x4000 33FF	FWDGT
		0x4000 2C00~0x4000 2FFF	WWDGT
		0x4000 2800~0x4000 2BFF	RTC
		0x4000 2400~0x4000 27FF	保留
		0x4000 2000~0x4000 23FF	TIMER13
		0x4000 1C00~0x4000 1FFF	TIMER12
		0x4000 1800~0x4000 1BFF	TIMER11
		0x40001400~0x4000 17FF	TIMER6
		0x4000 1000~0x4000 13FF	TIMER5
		0x4000 0C00~0x4000 0FFF	TIMER4
		0x4000 0800~0x4000 0BFF	TIMER3
		0x4000 0400~0x4000 07FF	TIMER2
		0x4000 0000~0x4000 03FF	TIMER1
SRAM	AHB	0x2001 8000~0x3FFF FFFF	保留
		0x2000 0000~0x2001 7FFF	SRAM

续表

预定义的区域	总　　线	地址范围	外　　设
Code	AHB	0x1FFF F810～0x1FFF FFFF	保留
		0x1FFF F800～0x1FFF F80F	Options Bytes
		0x1FFF B000～0x1FFF F7FF	Boot loader
		0x0830 0000～0x1FFF AFFF	保留
		0x0800 0000～0x082F FFFF	Main Flash
		0x0030 0000～0x07FF FFFF	保留
		0x0010 0000～0x002F FFFF	Aliased to Main Flash or Boot loader
		0x0002 0000～0x000F FFFF	
		0x0000 0000～0x0001 FFFF	

3.2　GD32 工程模块名称及说明

工程创建完成后，按照模块被分为 App、Alg、HW、OS、TPSW、FW 和 ARM。如图 3-2 所示。各模块的名称及说明如表 3-3 所示。

图 3-2　GD32 工程模块分组

表 3-3　GD32 工程模块名称及说明

模　块	名　　称	说　　明
App	应用层	应用层包括 Main、硬件应用和软件应用文件
Alg	算法层	算法层包括项目算法相关文件，如心电算法文件等
HW	硬件驱动层	硬件驱动层包括 GD32 微控制器的片上外设驱动文件，如 UART0、Timer 等
OS	操作系统层	操作系统层包括第三方操作系统，如 FreeRTOS、µC/OS-III 等
TPSW	第三方软件层	第三方软件层包括第三方软件，如 emWin、FatFs 等
FW	固件库层	固件库层包括与 GD32 微控制器相关的固件库，如 gd32f30x_gpio.c 和 gd32f30x_gpio.h 文件
ARM	ARM 内核层	ARM 内核层包括启动文件、NVIC、SysTick 等与 ARM 内核相关的文件

3.3　Keil 编辑和编译及程序下载过程

GD32 的集成开发环境有很多种，本书使用的是 Keil。首先，用 Keil 创建工程、编辑程序；然后，编译工程并生成二进制或十六进制文件；最后，将二进制或十六进制文件下载到 GD32 微控制器上并运行。

3.3.1 Keil 编辑和编译过程

Keil 编辑和编译过程与其他集成开发环境类似，如图 3-3 所示，可分为以下 4 个步骤：①创建工程，并编辑程序，程序包括 C/C++代码（存放于.c 文件）和汇编代码（存放于.s 文件）；②通过编译器 armcc 对.c 文件进行编译，通过汇编器 armasm 对.s 文件进行编译，这两种文件编译之后，都会生成一个对应的目标程序（.o 文件），.o 文件的内容主要是从源文件编译得到的机器码，包含代码、数据及调试使用的信息；③通过链接器 armlink 将各个.o 文件及库文件链接生成一个映射文件（.axf 或.elf 文件）；④通过格式转换器 fromelf 将映射文件转换成二进制文件（.bin 文件）或十六进制文件（.hex 文件）。编译过程中使用的编译器 armcc、汇编器 armasm、链接器 armlink 和格式转换器 fromelf 均位于 Keil 的安装目录下，如果 Keil 默认安装在 C 盘，那么这些工具就存放在 C:\Keil_v5\ARM\ARMCC\bin 目录下。

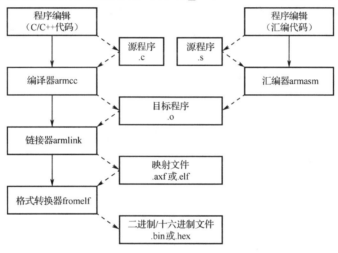

图 3-3 Keil 编辑和编译过程

3.3.2 程序下载过程

通过 Keil 生成的映射文件（.axf 或.elf）或二进制/十六进制文件（.bin 或.hex）可以使用不同的工具下载到 GD32 微控制器上的 Flash 中，上电后，系统将运行程序。

本书使用了两种下载程序的方法：①使用 Keil 将.axf 文件通过 GD-Link 调试下载模块下载；②使用 GigaDevice MCU ISP Programmer 将.hex 文件通过串口下载。

3.4 相关参考资料

参考资料

在基于 GD32 微控制器进行 FreeRTOS 应用开发的过程中，有许多资料可供参考，这些资料存放在本书配套资料包的"09.参考资料"文件夹下，下面对这些参考资料进行简要介绍。

1.《GD32F303xx 数据手册》

选定好某一款具体芯片之后，需要清楚地了解该芯片的主功能引脚定义、默认复用引脚定义、重映射引脚定义、电气特性和封装信息等，读者可以通过该手册查询到这些信息。

2.《GD32F30x 用户手册（中文版）》

该手册是 GD32F30x 系列微控制器的用户手册的中文版本，主要对 GD32F30x 系列芯片的外设，如存储器、FMC、RCU、EXTI、GPIO、DMA、DBG、ADC、DAC、WDGT、RTC、Timer、USART、I²C、SPI、SDIO、EXMC 和 CAN 等进行介绍，包括各个外设的架构、工作原理、特性及寄存器等。读者在开发过程中会频繁使用到该手册，尤其是查阅某个外设的工作原理和相关寄存器。

3.《GD32F30x 用户手册（英文版）》

该手册是 GD32F30x 系列微控制器的用户手册的英文版本。

4.《GD32F30x 固件库使用指南》

固件库实际上就是读/写寄存器的一系列函数集合，该指南是这些固件库函数的使用说明文档，包括封装寄存器的结构体说明、固件库函数说明、固件库函数参数说明，以及固件库函数使用实例等。不需要记住这些固件库函数，在开发过程中遇到不熟悉的固件库函数时，能够在查阅后解决问题即可。

本书中各实例的例程所涉及的上述参考资料均已在相应章节中说明。当开展本书以外的案例开发时，若遇到书中未涉及的知识点，可查阅以上参考资料，或翻阅其他书籍，或借助网络资源。

3.5 代 码 框 架

本书配套的所有例程均采用相同的工程架构，本章例程为后续其他例程的基础，图 3-4 体现了本书配套例程的代码框架。在 Main.c 文件的 main 函数中，主要调用 InitHardware、InitSoftware、Proc2msTask、Proc1SecTask 函数。

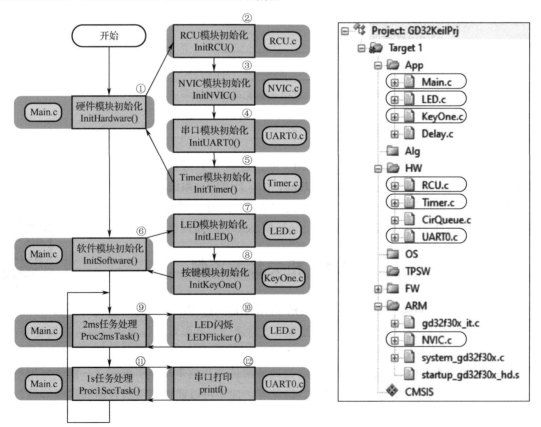

图 3-4　基准工程代码框架

InitHardware 函数主要用于初始化工程中需要使用的硬件模块,例如用于配置微控制器时钟系统的 RCU 模块、用于配置中断优先级分组的 NVIC 模块、用于配置串口通信功能的 UART0 模块、用于配置定时器功能的 Timer 模块。以上外设在初始化完成后即可正常工作,可确保系统能够有条不紊地运行。

InitSoftware 函数主要用于初始化软件模块,例如用于驱动开发板上的两个 LED 的 LED 模块、用于检测开发板上的按键状态的 KeyOne 模块。

Proc2msTask 函数主要用于处理需要 2ms 执行一次的任务,例如 LED 闪烁任务。

Proc1SecTask 函数主要用于处理需要 1s 执行一次的任务,例如串口打印任务。

上述所有需要初始化的模块及需要执行的任务,均在各分组下对应的文件对中声明和实现。

3.6 实例与代码解析

下面介绍基准工程中各个文件对的代码,并将基准工程下载到 GD32F3 苹果派开发板,验证以下基本功能:开发板上的两个 LED(编号为 LED_1 和 LED_2)每 500ms 交替闪烁。

3.6.1 新建存放工程的文件夹

在计算机的 D 盘中建立一个 GD32F3FreeRTOSTest 文件夹,将本书配套资料包的"04. 例程资料\Material" 文件夹复制到 GD32F3FreeRTOSTest 文件夹中,然后在 GD32F3FreeRTOSTest 文件夹中新建一个 Product 文件夹。保存工程的文件夹路径也可以自行选择。注意,保存工程的文件夹一定要严格按照要求进行命名,从细微之处养成良好的规范习惯。

3.6.2 复制并编译原始工程

首先,将本书配套资料包中的"D:\GD32F3FreeRTOSTest\Material\01.基准工程"文件夹复制到"D:\GD32F3FreeRTOSTest\Product"文件夹中。然后,双击运行"D:\GD32F3FreeRTOSTest\Product\01.基准工程\Project"文件夹中的 GD32KeilPrj.uvprojx,单击工具栏中的██按钮,进行编译。当 Build Output 栏中显示"FromELF:creating hex file..."时,表示已经成功生成.hex 文件,当显示"0 Error(s), 0 Warning(s)"时,表示编译成功。最后,将.axf 文件下载到 GD32F303ZET6 芯片的内部 Flash 中,按下 GD32F3 苹果派开发板上的 RST 按键进行复位,若开发板上的两个 LED 交替闪烁,表示原始工程正确。

3.6.3 LED 文件对介绍

1. LED.h 文件

在 LED.h 文件的"API 函数声明"区,首先给出 API 函数声明,如程序清单 3-1 所示。InitLED 函数用于初始化 LED 模块,每个模块都有模块初始化函数,使用前,要先在 Main.c 文件的 InitHardware 或 InitSoftware 函数中通过调用模块初始化函数的代码进行模块初始化,硬件相关的模块初始化在 InitHardware 函数中实现,软件相关的模块初始化在 InitSoftware 函数中实现。LEDFlicker 函数实现的是控制 GD32F3 苹果派开发板上的 LED_1 和 LED_2 的电平翻转。

程序清单 3-1

```
void   InitLED(void);                          //初始化 LED 模块
void   LEDFlicker(unsigned short cnt);         //控制 LED 闪烁
```

2. LED.c 文件

在 LED.c 文件"包含头文件"区的最后，包含了 LED.h 和 gd32f30x_conf.h 头文件。gd32f30x_conf.h 为 GD32F30x 系列微控制器的固件库头文件，LED 模块主要对 GPIO 相关的寄存器进行操作，因此，只要包含了 gd32f30x_gpio.h 头文件，就可以使用 GPIO 的固件库函数，对 GPIO 相关的寄存器进行间接操作。

gd32f30x_conf.h 包含了各种固件库头文件，包括 gd32f30x_gpio.h 头文件，因此，也可以在 LED.c 文件的"包含头文件"区的最后直接包含 gd32f30x_gpio.h 头文件。

在"内部函数声明"区为内部函数的声明代码，如程序清单 3-2 所示。本书规定，所有内部函数必须在"内部函数声明"区声明，且无论是内部函数的声明还是实现，都必须加 static 关键字，表示该函数只能在其所在文件的内部调用。

程序清单 3-2

```
static  void  ConfigLEDGPIO(void);   //配置 LED 的 GPIO
```

在"内部函数实现"区为 ConfigLEDGPIO 函数的实现代码，如程序清单 3-3 所示。

（1）第 4 至 5 行代码：由于 GD32F3 苹果派开发板的 LED_1 和 LED_2 分别与 GD32F303ZET6 芯片的 PA8 和 PE6 引脚相连，因此需要通过 rcu_periph_clock_enable 函数使能 GPIOA 和 GPIOE 时钟。

（2）第 7 和 10 行代码：通过 gpio_init 函数将 PA8 和 PE6 引脚配置为推挽输出模式，并将两个 GPIO 引脚的最大输出速度配置为 50MHz。

（3）第 8 和 11 行代码：通过 gpio_bit_set 函数和 gpio_bit_reset 函数将 PA8 和 PE6 引脚的默认电平分别设置为高电平和低电平，即将 LED_1 和 LED_2 的默认状态分别设置为点亮和熄灭。

程序清单 3-3

```
1.    static  void  ConfigLEDGPIO(void)
2.    {
3.        //使能 RCU 相关时钟
4.        rcu_periph_clock_enable(RCU_GPIOA);                          //使能 GPIOA 的时钟
5.        rcu_periph_clock_enable(RCU_GPIOE);                          //使能 GPIOE 的时钟
6.
7.        gpio_init(GPIOA, GPIO_MODE_OUT_PP, GPIO_OSPEED_50MHZ, GPIO_PIN_8);   //设置 GPIO 输出模式
                                                                              及速度
8.        gpio_bit_set(GPIOA, GPIO_PIN_8);                            //将 LED₁ 默认状态设置为点亮
9.
10.       gpio_init(GPIOE, GPIO_MODE_OUT_PP, GPIO_OSPEED_50MHZ, GPIO_PIN_6);   //设置 GPIO 输出模式
                                                                              及速度
11.       gpio_bit_reset(GPIOE, GPIO_PIN_6);                         //将 LED₂ 默认状态设置为熄灭
12.   }
```

在"API 函数实现"区为 InitLED 和 LEDFlicker 函数的实现代码，如程序清单 3-4 所示。

（1）第 1 至 4 行代码：InitLED 函数作为 LED 模块的初始化函数，调用 ConfigLEDGPIO 函数实现对 LED 模块的初始化。

（2）第 6 至 22 行代码：LEDFlicker 作为 LED 的闪烁函数，通过改变 GPIO 引脚电平实现 LED 的闪烁，参数 cnt 用于控制闪烁的周期。例如，当 cnt 为 250 时，由于 LEDFlicker 函数每隔 2ms 被调用一次，因此 LED 每 500ms 交替点亮、熄灭。

程序清单 3-4

```
1.   void InitLED(void)
2.   {
3.       ConfigLEDGPIO();                 //配置 LED 的 GPIO
4.   }
5.
6.   void LEDFlicker(unsigned short cnt)
7.   {
8.       static unsigned short s_iCnt;    //定义静态变量 s_iCnt 作为计数器
9.
10.      s_iCnt++;                        //计数器的计数值加 1
11.
12.      if(s_iCnt >= cnt)                //计数器的计数值大于或等于 cnt
13.      {
14.        s_iCnt = 0;                    //重置计数器的计数值为 0
15.
16.        //LED₁ 状态取反，实现 LED₁ 闪烁
17.        gpio_bit_write(GPIOA, GPIO_PIN_8, (FlagStatus)(1 - gpio_output_bit_get(GPIOA, GPIO_PIN_8)));
18.
19.        //LED₂ 状态取反，实现 LED₂ 闪烁
20.        gpio_bit_write(GPIOE, GPIO_PIN_6, (FlagStatus)(1 - gpio_output_bit_get(GPIOE, GPIO_PIN_6)));
21.      }
22.   }
```

3.6.4　KeyOne 文件对介绍

1. KeyOne.h 文件

在 KeyOne.h 文件的"宏定义"区定义了按键按下的电平，如程序清单 3-5 所示。

程序清单 3-5

```
1.   //各个按键按下的电平
2.   #define   KEY_DOWN_LEVEL_KEY1      0xFF      //0xFF 表示 KEY₁ 按下为高电平
3.   #define   KEY_DOWN_LEVEL_KEY2      0x00      //0x00 表示 KEY₂ 按下为低电平
4.   #define   KEY_DOWN_LEVEL_KEY3      0x00      //0x00 表示 KEY₃ 按下为低电平
```

在"枚举结构体"区为枚举声明代码，如程序清单 3-6 所示。这些枚举主要是对按键名的定义，例如 KEY₁ 的按键名为 KEY_NAME_KEY1，对应的值为 0；KEY₃ 的按键名为 KEY_NAME_KEY3，对应的值为 2。

程序清单 3-6

```
1.   typedef enum
2.   {
3.     KEY_NAME_KEY1 = 0,       //KEY₁
4.     KEY_NAME_KEY2,           //KEY₂
5.     KEY_NAME_KEY3,           //KEY₃
6.     KEY_NAME_MAX
7.   }EnumKeyOneName;
```

在"API 函数声明"区为 API 函数声明代码，如程序清单 3-7 所示。InitKeyOne 函数用于初始化 KeyOne 模块。ScanKeyOne 函数用于按键扫描，建议该函数每 10ms 调用一次，即每 10ms 读取一次按键电平。

程序清单 3-7

```
void  InitKeyOne(void);                                           //初始化 KeyOne 模块
u32 ScanKeyOne(unsigned char keyName, void(*OnKeyOneUp)(void), void(*OnKeyOneDown)(void));
                                                                  //每 10ms 调用一次
```

2. KeyOne.c 文件

在 KeyOne.c 文件的"宏定义"区为宏定义代码，如程序清单 3-8 所示，用于定义读取 3 个按键的电平状态。

程序清单 3-8

```
1.    //KEY₁为读取 PA0 引脚电平
2.    #define KEY1    (gpio_input_bit_get(GPIOA, GPIO_PIN_0))
3.    //KEY₂为读取 PG13 引脚电平
4.    #define KEY2    (gpio_input_bit_get(GPIOG, GPIO_PIN_13))
5.    //KEY₃为读取 PG14 引脚电平
6.    #define KEY3    (gpio_input_bit_get(GPIOG, GPIO_PIN_14))
```

在"内部变量"区为内部变量的定义代码，如程序清单 3-9 所示。

程序清单 3-9

```
//按键按下时的电平，0xFF 表示按下为高电平，0x00 表示按下为低电平
static  unsigned char  s_arrKeyDownLevel[KEY_NAME_MAX]; //使用前要在 InitKeyOne 函数中进行初始化
```

在"内部函数声明"区为内部函数的声明代码，如程序清单 3-10 所示。

程序清单 3-10

```
static  void  ConfigKeyOneGPIO(void);  //配置按键的 GPIO
```

在"内部函数实现"区为 ConfigKeyOneGPIO 函数的实现代码，如程序清单 3-11 所示。

（1）第 4 至 5 行代码：由于 GD32F3 苹果派开发板的 KEY1、KEY2 和 KEY3 网络分别与 GD32F303ZET6 芯片的 PA0、PG13 和 PG14 引脚相连，因此需要通过 rcu_periph_clock_enable 函数使能 GPIOA 和 GPIOG 的时钟。

（2）第 7 至 9 行代码：通过 gpio_init 函数将 PA0 引脚配置为下拉输入模式，将 PG13 和 PG14 引脚配置为上拉输入模式。

程序清单 3-11

```
1.    static  void  ConfigKeyOneGPIO(void)
2.    {
3.       //使能 RCU 相关时钟
4.       rcu_periph_clock_enable(RCU_GPIOA); //使能 GPIOA 的时钟
5.       rcu_periph_clock_enable(RCU_GPIOG); //使能 GPIOG 的时钟
6.
7.       gpio_init(GPIOA, GPIO_MODE_IPD, GPIO_OSPEED_50MHZ, GPIO_PIN_0);    //配置 PA0 引脚为下拉
                                                                            输入模式
```

```
8.     gpio_init(GPIOG, GPIO_MODE_IPU, GPIO_OSPEED_50MHZ, GPIO_PIN_13);     //配置PG13引脚为上
                                                                            拉输入模式
9.     gpio_init(GPIOG, GPIO_MODE_IPU, GPIO_OSPEED_50MHZ, GPIO_PIN_14);     //配置PG14引脚为上
                                                                            拉输入模式
10.  }
```

在"API 函数实现"区为 InitKeyOne 和 ScanKeyOne 函数的实现代码,如程序清单 3-12 所示。

(1) 第 1 至 8 行代码:InitKeyOne 函数作为 KeyOne 模块的初始化函数,调用 ConfigKeyOneGPIO 函数配置独立按键的 GPIO 引脚。然后,分别设置 3 个按键按下时的电平 (KEY$_1$ 按下为高电平,KEY$_2$ 和 KEY$_3$ 按下为低电平)。

(2) 第 10 至 62 行代码:ScanKeyOne 为按键扫描函数,该函数有 3 个参数,分别为 keyName、OnKeyOneUp 和 OnKeyOneDown。其中,keyName 为按键名称,取值为 KeyOne.h 文件中定义的枚举值;OnKeyOneUp 为按键弹起的响应函数名,由于函数名是指向函数的指针,因此 OnKeyOneUp 也是指向 OnKeyOneUp 函数的指针;OnKeyOneDown 为按键按下的响应函数名,也是指向 OnKeyOneDown 函数的指针。因此,(*OnKeyOneUp)()为按键弹起的响应函数,(*OnKeyOneDown)()为按键按下的响应函数。

程序清单 3-12

```
1.   void InitKeyOne(void)
2.   {
3.     ConfigKeyOneGPIO(); //配置按键的 GPIO 引脚
4.
5.     s_arrKeyDownLevel[KEY_NAME_KEY1] = KEY_DOWN_LEVEL_KEY1;     //按键 KEY₁ 按下时为高电平
6.     s_arrKeyDownLevel[KEY_NAME_KEY2] = KEY_DOWN_LEVEL_KEY2;     //按键 KEY₂ 按下时为低电平
7.     s_arrKeyDownLevel[KEY_NAME_KEY3] = KEY_DOWN_LEVEL_KEY3;     //按键 KEY₃ 按下时为低电平
8.   }
9.
10.  u32 ScanKeyOne(unsigned char keyName, void(*OnKeyOneUp)(void), void(*OnKeyOneDown)(void))
11.  {
12.    static  unsigned char  s_arrKeyVal[KEY_NAME_MAX];     //定义一个 unsigned char 类型的数组,
                                                             用于存放按键的数值
13.    static  unsigned char  s_arrKeyFlag[KEY_NAME_MAX];    //定义一个 unsigned char 类型的数组,
                                                             用于存放按键的标志位
14.
15.    s_arrKeyVal[keyName] = s_arrKeyVal[keyName] << 1;     //左移一位
16.
17.    switch (keyName)
18.    {
19.      case KEY_NAME_KEY1:
20.        s_arrKeyVal[keyName] = s_arrKeyVal[keyName] | KEY1;     //按下/弹起时,KEY₁ 为 1/0
21.        break;
22.      case KEY_NAME_KEY2:
23.        s_arrKeyVal[keyName] = s_arrKeyVal[keyName] | KEY2;     //按下/弹起时,KEY₂ 为 0/1
24.        break;
25.      case KEY_NAME_KEY3:
26.        s_arrKeyVal[keyName] = s_arrKeyVal[keyName] | KEY3;     //按下/弹起时,KEY₃ 为 0/1
27.        break;
28.      default:
```

```
29.          break;
30.      }
31.
32.      //按键标志位的值为 TRUE 时，判断是否有按键有效按下
33.      if(s_arrKeyVal[keyName] == s_arrKeyDownLevel[keyName] && s_arrKeyFlag[keyName] == TRUE)
34.      {
35.          //执行按键按下的响应函数
36.          if(NULL != OnKeyOneDown)
37.          {
38.              (*OnKeyOneDown)();
39.          }
40.
41.          //表示按键处于按下状态，按键标志位的值更改为 FALSE
42.          s_arrKeyFlag[keyName] = FALSE;
43.
44.          //表示有按键按下
45.          return 1;
46.      }
47.
48.      //按键标志位的值为 FALSE 时，判断是否有按键有效弹起
49.      else  if(s_arrKeyVal[keyName]  ==  (unsigned  char)(~s_arrKeyDownLevel[keyName])  &&
         s_arrKeyFlag[keyName] == FALSE)
50.      {
51.          //执行按键弹起的响应函数
52.          if(NULL != OnKeyOneUp)
53.          {
54.              (*OnKeyOneUp)();
55.          }
56.
57.          //表示按键处于弹起状态，按键标志位的值更改为 TRUE
58.          s_arrKeyFlag[keyName] = TRUE;
59.      }
60.
61.      return 0;
62. }
```

3.6.5 Delay 文件对介绍

1. Delay.h 文件

在 Delay.h 文件的"API 函数声明"区为 API 函数声明代码，如程序清单 3-13 所示。DelayNms 函数用于进行毫秒级延时，DelayNus 函数用于进行微秒级延时。

程序清单 3-13

```
void DelayNms(unsigned int nms);        //毫秒级延时函数
void DelayNus(unsigned int nus);        //微秒级延时函数
```

2. Delay.c 文件

在 Delay.c 文件的"API 函数实现"区为 DelayNms 和 DelayNus 函数的实现代码，如程序清单 3-14 所示。DelayNus 函数通过一个 while 循环语句内嵌一个 for 循环语句实现微秒级延时，for 循环语句执行时间约为 1μs。DelayNms 函数通过调用 DelayNus 函数实现毫秒级延时。

程序清单 3-14

```
1.    void DelayNms(unsigned int nms)
2.    {
3.      DelayNus(nms * 1000);
4.    }
5.
6.    void DelayNus(unsigned int nus)
7.    {
8.      unsigned int s_iTimCnt = nus;        //定义一个变量 s_iTimCnt 作为延时计数器，赋值为 nus
9.      unsigned short i;                    //定义一个变量作为循环计数器
10.
11.     while(s_iTimCnt != 0)                //延时计数器 s_iTimCnt 的值不为 0
12.     {
13.       for(i = 0; i < 22; i++)            //空循环，产生延时功能
14.       {
15.
16.       }
17.
18.       s_iTimCnt--;                       //成功延时 1μs，变量 s_iTimCnt 减 1
19.     }
20.   }
```

3.6.6　RCU 文件对介绍

1. RCU.h 文件

在 RCU.h 文件的"API 函数声明"区为 API 函数声明代码，如程序清单 3-15 所示。InitRCU 函数用于初始化 RCU 时钟控制器模块。

程序清单 3-15

```
void InitRCU(void);      //初始化 RCU 模块
```

2. RCU.c 文件

在 RCU.c 文件的"内部函数声明"区为 ConfigRCU 函数的声明代码，如程序清单 3-16 所示，该函数用于配置 RCU。

程序清单 3-16

```
static  void  ConfigRCU(void);   //配置 RCU
```

在"内部函数实现"区，为 ConfigRCU 函数的实现代码，如程序清单 3-17 所示。

（1）第 5 行代码：通过 rcu_deinit 函数将 RCU 部分寄存器重设为默认值。

（2）第 7 行代码：通过 rcu_osci_on 函数使能外部高速晶振。

（3）第 9 行代码：通过 rcu_osci_stab_wait 函数判断外部高速时钟是否就绪，将返回值赋值给 HXTALStartUpStatus。

（4）第 13 行代码：通过 fmc_wscnt_set 函数将延时设置为 1 个等待状态。

（5）第 15 行代码：通过 rcu_ahb_clock_config 函数将高速 AHB 时钟的预分频系数设置为 1，即 AHB 时钟频率与 CK_SYS 时钟频率相等，CK_SYS 时钟频率为 120MHz，因此，AHB 时钟频率也为 120MHz。

（6）第 17 行代码：通过 rcu_apb2_clock_config 函数将高速 APB2 时钟的预分频系数设置为 1，即 APB2 时钟频率与 AHB 时钟频率相等，因此，APB2 时钟频率为 120MHz。

（7）第 19 行代码：通过 rcu_apb1_clock_config 函数将低速 APB1 时钟的预分频系数设置为 2，即 APB1 时钟是 AHB 时钟的 2 分频，因此，APB1 时钟频率为 60MHz。

（8）第 22 至 24 行代码：通过 rcu_pllpresel_config 和 rcu_predv0_config 函数配置高速外部晶振 HXTAL 为 PLL 预输入时钟源。

（9）第 26 行代码：通过 rcu_pll_config 函数设置 PLL 时钟源及倍频系数。在本书配套例程中，频率为 8MHz 的 HXTAL 时钟经过 15 倍频后作为 PLL 时钟，即 PLL 时钟频率为 120MHz。

（10）第 28 行代码：通过 rcu_osci_on 函数使能 PLL 时钟。

（11）第 31 行代码：通过 rcu_flag_get 函数判断 PLL 时钟是否就绪。

（12）第 36 行代码：通过 rcu_system_clock_source_config 函数将 PLL 选作 CK_SYS 时钟的时钟源。

程序清单 3-17

```
1.   static void ConfigRCU(void)
2.   {
3.     ErrStatus HXTALStartUpStatus;
4.
5.     rcu_deinit();                                          //RCU 配置恢复默认值
6.
7.     rcu_osci_on(RCU_HXTAL);                                //使能外部高速晶振
8.
9.     HXTALStartUpStatus = rcu_osci_stab_wait(RCU_HXTAL);    //等待外部晶振稳定
10.
11.    if(HXTALStartUpStatus == SUCCESS)                      //外部晶振已经稳定
12.    {
13.      fmc_wscnt_set(WS_WSCNT_1);
14.
15.      rcu_ahb_clock_config(RCU_AHB_CKSYS_DIV1);            //设置高速 AHB 时钟（HCLK） = CK_SYS
16.
17.      rcu_apb2_clock_config(RCU_APB2_CKAHB_DIV1);          //设置高速 APB2 时钟（PCLK2） = AHB
18.
19.      rcu_apb1_clock_config(RCU_APB1_CKAHB_DIV2);          //设置低速 APB1 时钟（PCLK1） = AHB/2
20.
21.      //设置锁相环 PLL = HXTAL / 1 × 15 = 120 MHz
22.      rcu_pllpresel_config(RCU_PLLPRESRC_HXTAL);
23.
24.      rcu_predv0_config(RCU_PREDV0_DIV1);
25.
26.      rcu_pll_config(RCU_PLLSRC_HXTAL_IRC48M, RCU_PLL_MUL15);
27.
28.      rcu_osci_on(RCU_PLL_CK);
29.
30.      //等待锁相环稳定
31.      while(0U == rcu_flag_get(RCU_FLAG_PLLSTB))
32.      {
33.      }
34.
```

```
35.    //选择 PLL 作为系统时钟
36.    rcu_system_clock_source_config(RCU_CKSYSSRC_PLL);
37.
38.    //等待 PLL 成功用于系统时钟
39.    while(0U == rcu_system_clock_source_get())
40.    {
41.    }
42.  }
43. }
```

在 RCU.c 文件的"API 函数实现"区为 InitRCU 函数的实现代码，如程序清单 3-18 所示，该函数调用 ConfigRCU 函数实现对 RCU 模块的初始化。

程序清单 3-18

```
1.  void InitRCU(void)
2.  {
3.    ConfigRCU();  //配置 RCU
4.  }
```

3.6.7　Timer 文件对介绍

1. Timer.h 文件

在 Timer.h 文件的"API 函数声明"区为 API 函数声明代码，如程序清单 3-19 所示。

（1）第 1 行代码：InitTimer 函数用于初始化 Timer 模块。

（2）第 3 至 4 行代码：Get2msFlag 和 Clr2msFlag 函数分别用于获取和清除 2ms 标志位，Main.c 文件中的 Proc2msTask 函数通过调用这两个函数来实现 2ms 任务功能。

（3）第 6 至 7 行代码：Get1SecFlag 和 Clr1SecFlag 函数分别用于获取和清除 1s 标志位，Main.c 文件中的 Proc1SecTask 函数通过调用这两个函数来实现 1s 任务功能。

（4）第 9 行代码：GetSysTime 函数用于获取系统运行时间。

程序清单 3-19

```
1.  void  InitTimer(void);              //初始化 Timer 模块
2.
3.  unsigned char  Get2msFlag(void);    //获取 2ms 标志位的值
4.  void  Clr2msFlag(void);             //清除 2ms 标志位
5.
6.  unsigned char  Get1SecFlag(void);   //获取 1s 标志位的值
7.  void  Clr1SecFlag(void);            //清除 1s 标志位
8.
9.  unsigned long long GetSysTime(void); //获取系统运行时间
```

2. Timer.c 文件

在 Timer.c 文件的"内部变量"区为内部变量的定义代码，如程序清单 3-20 所示。其中，s_i2msFlag 为 2ms 标志位，s_i1secFlag 为 1s 标志位，这两个变量在定义时，需要初始化为 FALSE。iSysTime 为系统运行时间。

程序清单 3-20

```
static  unsigned char  s_i2msFlag = FALSE;   //将 2ms 标志位的值设置为 FALSE
static  unsigned char  s_i1secFlag = FALSE;  //将 1s 标志位的值设置为 FALSE
```

```
static unsigned long long s_iSysTime  = 0;        //系统运行时间（ms）
```

在"内部函数声明"区为内部函数的声明代码，如程序清单 3-21 所示。其中，ConfigTimer2 函数用于配置 TIMER2，ConfigTimer5 函数用于配置 TIMER5。

程序清单 3-21

```
static  void  ConfigTimer2(unsigned short arr, unsigned short psc);   //配置 TIMER2
static  void  ConfigTimer5(unsigned short arr, unsigned short psc);   //配置 TIMER5
```

在"内部函数实现"区为 ConfigTimer2 和 ConfigTimer5 函数的实现代码，如程序清单 3-22 所示。这两个函数的功能类似，下面仅对 ConfigTimer2 函数中的语句进行解释说明。

（1）第 6 行代码：在使用 TIMER2 之前，需要通过 rcu_periph_clock_enable 函数使能 TIMER2 的时钟。

（2）第 8 至 9 行代码：先通过 timer_deinit 函数复位外设 TIMER2，再通过 timer_struct_para_init 函数初始化用于设置定时器参数的结构体 timer_initpara。

（3）第 12 至 16 行代码：通过 timer_init 函数对 TIMER2 进行配置。在本书配套例程中，时钟分频系数为 1，即不分频。计数器的自动重载值和计数器时钟的预分频值分别由 ConfigTimer2 函数的输入参数 arr 和 psc 确定。

（4）第 18 行代码：通过 timer_interrupt_enable 函数使能 TIMER2 的更新中断。

（5）第 19 行代码：通过 nvic_irq_enable 函数使能 TIMER2 的中断，同时设置抢占优先级为 1，子优先级为 0。

（6）第 20 行代码：通过 timer_enable 函数使能 TIMER2。

程序清单 3-22

```
1.   static  void ConfigTimer2(unsigned short arr, unsigned short psc)
2.   {
3.      timer_parameter_struct timer_initpara;          //timer_initpara 用于存放定时器的参数
4.
5.      //使能 RCU 相关时钟
6.      rcu_periph_clock_enable(RCU_TIMER2);                    //使能 TIMER2 的时钟
7.
8.      timer_deinit(TIMER2);                                  //设置 TIMER2 参数恢复默认值
9.      timer_struct_para_init(&timer_initpara);               //初始化 timer_initpara
10.
11.     //配置 TIMER2
12.     timer_initpara.prescaler        = psc;                 //设置预分频值
13.     timer_initpara.counterdirection = TIMER_COUNTER_UP;    //设置递增计数模式
14.     timer_initpara.period           = arr;                 //设置自动重装载值
15.     timer_initpara.clockdivision    = TIMER_CKDIV_DIV1;    //设置时钟分割
16.     timer_init(TIMER2, &timer_initpara);                   //根据参数初始化定时器
17.
18.     timer_interrupt_enable(TIMER2, TIMER_INT_UP);          //使能 TIMER2 的更新中断
19.     nvic_irq_enable(TIMER2_IRQn, 1, 0);                    //配置 NVIC 设置优先级
20.     timer_enable(TIMER2);                                  //使能 TIMER2
21.   }
22.
23.   static  void ConfigTimer5(unsigned short arr, unsigned short psc)
24.   {
```

```
25.     timer_parameter_struct timer_initpara;        //timer_initpara 用于存放定时器的参数
26.
27.     //使能 RCU 相关时钟
28.     rcu_periph_clock_enable(RCU_TIMER5);                   //使能 TIMER5 的时钟
29.
30.     timer_deinit(TIMER5);                                  //设置 TIMER5 参数恢复默认值
31.     timer_struct_para_init(&timer_initpara);               //初始化 timer_initpara
32.
33.     //配置 TIMER5
34.     timer_initpara.prescaler        = psc;                 //设置预分频值
35.     timer_initpara.counterdirection = TIMER_COUNTER_UP;    //设置递增计数模式
36.     timer_initpara.period           = arr;                 //设置自动重装载值
37.     timer_initpara.clockdivision    = TIMER_CKDIV_DIV1;    //设置时钟分割
38.     timer_init(TIMER5, &timer_initpara);                   //根据参数初始化定时器
39.
40.     timer_interrupt_enable(TIMER5, TIMER_INT_UP);          //使能 TIMER5 的更新中断
41.     nvic_irq_enable(TIMER5_IRQn, 1, 0);                    //配置 NVIC 设置优先级
42.
43.     timer_enable(TIMER5);                                  //使能 TIMER5
44.   }
```

在 ConfigTimer5 函数实现区后，为 TIMER2_IRQHandler 和 TIMER5_IRQHandler 中断服务函数的实现代码，如程序清单 3-23 所示。Timer.c 文件中的 ConfigTimer2 函数使能 TIMER2 的更新中断，因此，当 TIMER2 递增计数产生溢出时，将执行 TIMER2_IRQHandler 函数；TIMER5 同理。这两个中断服务函数的功能类似，下面仅对 TIMER2_IRQHandler 函数中的语句进行解释说明。

（1）第 5 至 8 行代码：通过 timer_interrupt_flag_get 函数获取 TIMER2 更新中断标志。当 TIMER2 递增计数产生溢出时，将产生更新中断，执行 TIMER2_IRQHandler 函数。因此，在 TIMER2_IRQHandler 函数中还需要通过 timer_interrupt_flag_clear 函数清除中断标志位。

（2）第 10 至 16 行代码：变量 s_i2msFlag 为 2ms 标志位，而 TIMER2_IRQHandler 函数每 1ms 执行一次，因此，还需要一个计数器（s_iCnt2）。TIMER2_IRQHandler 函数每执行一次，计数器 s_iCnt2 便执行一次加 1 操作，当 s_iCnt2 等于 2 时，将 s_i2msFlag 置 1，并将 s_iCnt2 清零。

（3）第 18 行代码：TIMER2_IRQHandler 函数每 1ms 执行一次，因此 s_iSysTime 每 1ms 执行一次加 1 操作，用于记录系统时间。

程序清单 3-23

```
1.    void TIMER2_IRQHandler(void)
2.    {
3.      static  unsigned short s_iCnt2 = 0;             //定义一个静态变量 s_iCnt2 作为 2ms 计数器
4.
5.      if(timer_interrupt_flag_get(TIMER2, TIMER_INT_FLAG_UP) == SET)//判断定时器更新中断是否发生
6.      {
7.        timer_interrupt_flag_clear(TIMER2, TIMER_INT_FLAG_UP);   //清除定时器更新中断标志
8.      }
9.
10.     s_iCnt2++;                                      //2ms 计数器的计数值加 1
11.
```

```
12.      if(s_iCnt2 >= 2)                          //2ms 计数器的计数值大于或等于 2
13.      {
14.        s_iCnt2 = 0;                            //重置 2ms 计数器的计数值为 0
15.        s_i2msFlag = TRUE;                      //将 2ms 标志位的值设置为 TRUE
16.      }
17.
18.      s_iSysTime++;                             //系统运行时间加 1
19.    }
20.
21.    void TIMER5_IRQHandler(void)
22.    {
23.      static  signed short s_iCnt1000  = 0;     //定义一个静态变量 s_iCnt1000 作为 1s 计数器
24.
25.      if (timer_interrupt_flag_get(TIMER5, TIMER_INT_FLAG_UP) == SET) //判断定时器更新中断是
否发生
26.      {
27.        timer_interrupt_flag_clear(TIMER5, TIMER_INT_FLAG_UP);   //清除定时器更新中断标志
28.      }
29.
30.      s_iCnt1000++;                             //1000ms 计数器的计数值加 1
31.
32.      if(s_iCnt1000 >= 1000)                    //1000ms 计数器的计数值大于或等于 1000
33.      {
34.        s_iCnt1000 = 0;                         //重置 1000ms 计数器的计数值为 0
35.        s_i1secFlag = TRUE;                     //将 1s 标志位的值设置为 TRUE
36.      }
37.    }
```

在"API 函数实现"区为 API 函数的实现代码，如程序清单 3-24 所示。

（1）第 1 至 7 行代码：InitTimer 函数调用 ConfigTimer2 和 ConfigTimer5 分别对 TIMER2 和 TIMER5 进行初始化，由于 TIMER2 和 TIMER5 的时钟源均为 APB1 时钟，APB1 时钟频率为 60MHz，而 APB1 预分频器的分频系数为 2，因此 TIMER2 和 TIMER5 的时钟频率等于 APB1 时钟频率的 2 倍，即 120MHz。ConfigTimer2 和 ConfigTimer5 函数的参数 arr 和 psc 分别为 999 和 119，因此，TIMER2 和 TIMER5 每 1ms 产生一次更新事件。

（2）第 9 至 17 行代码：Get2msFlag 函数用于获取 s_i2msFlag 的值，Clr2msFlag 函数用于将 s_i2msFlag 清零。

（3）第 19 至 27 行代码：Get1SecFlag 函数用于获取 s_i1SecFlag 的值，Clr1SecFlag 函数用于将 s_i1SecFlag 清零。

（4）第 29 至 32 行代码：GetSysTime 函数用于返回系统时间。

程序清单 3-24

```
1.    void InitTimer(void)
2.    {
3.      ConfigTimer2(999, 119);     //120MHz/(119+1)=1MHz，由 0 计数到 999 为 1ms
4.      ConfigTimer5(999, 119);     //120MHz/(119+1)=1MHz，由 0 计数到 999 为 1ms
5.
6.      s_iSysTime = 0;
7.    }
8.
```

```
9.   unsigned char  Get2msFlag(void)
10.  {
11.    return(s_i2msFlag);          //返回 2ms 标志位的值
12.  }
13.
14.  void  Clr2msFlag(void)
15.  {
16.    s_i2msFlag = FALSE;          //将 2ms 标志位的值设置为 FALSE
17.  }
18.
19.  unsigned char  Get1SecFlag(void)
20.  {
21.    return(s_i1secFlag);         //返回 1s 标志位的值
22.  }
23.
24.  void  Clr1SecFlag(void)
25.  {
26.    s_i1secFlag = FALSE;         //将 1s 标志位的值设置为 FALSE
27.  }
28.
29.  unsigned long long GetSysTime(void)
30.  {
31.    return s_iSysTime;
32.  }
```

3.6.8　Main.c 文件介绍

在 Main.c 文件的"包含头文件"区，包含了如程序清单 3-25 所示的头文件。因此，在 Main.c 文件中可调用其他文件对的函数。

程序清单 3-25

```
1.   #include "Main.h"
2.   #include "gd32f30x_conf.h"
3.   #include "RCU.h"
4.   #include "NVIC.h"
5.   #include "Timer.h"
6.   #include "UART0.h"
7.   #include "LED.h"
8.   #include "KeyOne.h"
```

在"内部函数声明"区为内部函数声明代码，如程序清单 3-26 所示。InitHardware 和 InitSoftware 函数分别用于初始化硬件和软件相关的模块，Proc2msTask 和 Proc1SecTask 函数分别用于处理 2ms 和 1s 任务。

程序清单 3-26

```
1.   static  void  InitHardware(void);        //初始化硬件相关的模块
2.   static  void  InitSoftware(void);        //初始化软件相关的模块
3.   static  void  Proc2msTask(void);         //2ms 任务
4.   static  void  Proc1SecTask(void);        //1s 任务
```

在"内部函数实现"区，首先实现了 InitHardware 函数，如程序清单 3-27 所示。在

InitHardware 函数中,调用 HW 分组下各个文件的模块初始化函数完成对 RCC、NVIC、UART、Timer 模块的初始化。

程序清单 3-27

```
1.   static  void  InitHardware(void)
2.   {
3.     InitRCU();            //初始化 RCU 模块
4.     InitNVIC();           //初始化 NVIC 模块
5.     InitUART0(115200);    //初始化 UART0 模块
6.     InitTimer();          //初始化 Timer 模块
7.   }
```

在 InitHardware 函数实现区后为 InitSoftware 函数的实现代码,如程序清单 3-28 所示。在 InitSoftware 函数中,调用 App 分组下各个文件的模块初始化函数完成对 LED、KeyOne 模块的初始化。

程序清单 3-28

```
1.   static  void  InitSoftware(void)
2.   {
3.     InitLED();        //初始化 LED 模块
4.     InitKeyOne();     //初始化独立按键模块
5.   }
```

在 InitSoftware 函数实现区后为 Proc2msTask 函数的实现代码,如程序清单 3-29 所示。在 Proc2msTask 函数中,先通过 Get2msFlag 函数获取 2ms 标志位,若标志位为 TRUE,则调用 LEDFlicker 函数实现 LED 闪烁,然后通过 Clr2msFlag 函数清除 2ms 标志位。由于 2ms 标志位由 TIMER2 产生,且每 2ms 被置为 TRUE 一次,因此,LEDFlicker 函数每 2ms 执行一次。

程序清单 3-29

```
1.   static  void  Proc2msTask(void)
2.   {
3.     if(Get2msFlag())  //判断 2ms 标志位状态
4.     {
5.       LEDFlicker(250);//调用闪烁函数
6.       Clr2msFlag();   //清除 2ms 标志位
7.     }
8.   }
```

在 Proc2msTask 函数实现区后为 Proc1SecTask 函数的实现代码,如程序清单 3-30 所示。Proc1SecTask 函数用于处理需要 1s 执行一次的任务,其实现原理与 Proc2msTask 基本一致。

程序清单 3-30

```
1.   static  void  Proc1SecTask(void)
2.   {
3.     if(Get1SecFlag()) //判断 1s 标志位状态
4.     {
5.       Clr1SecFlag();  //清除 1s 标志位
6.     }
7.   }
```

在"API 函数实现"区为 main 函数的实现代码，如程序清单 3-31 所示。在 main 函数中，先调用 InitHardware 和 InitSoftware 函数分别初始化软、硬件相关模块，再通过 while 语句循环执行 2ms 和 1s 任务。

程序清单 3-31

```
1.   int main(void)
2.   {
3.     InitHardware();        //初始化硬件相关函数
4.     InitSoftware();        //初始化软件相关函数
5.
6.     printf("Init System has been finished\r\n");
7.
8.     while(1)
9.     {
10.      Proc2msTask();       //2ms 任务
11.      Proc1SecTask();      //1s 任务
12.    }
13.  }
```

3.6.9 程序下载

取出 GD32F3 苹果派开发套件中的两条 USB 转 Type-C 型连接线和开发板，将两条连接线的 Type-C 接口分别连接到开发板的通信-下载和 GD-Link 接口，然后将两条连接线的 USB 接口均连接到计算机的 USB 接口，如图 3-5 所示。最后，按下 PWR_KEY 电源开关启动开发板。

图 3-5 GD32F3 苹果派开发板连接实物图

然后，在计算机的设备管理器中找到 USB 串口，如图 3-6 所示。注意，串口号不一定是 COM3，每台计算机可能会不同。

图 3-6　计算机的设备管理器中显示的 USB 串口信息

1. 通过 GigaDevice MCU ISP Programmer 下载程序

首先，确保在开发板的 J_{104} 排针上已用跳线帽分别将 USART0_TX 和 PA10 引脚、USART0_RX 和 PA9 引脚连接。然后在本书配套资料包的"02.相关软件\串口烧录工具\GigaDevice_MCU_ISP_ Programmer_V3.0.2.5782_1"文件夹中找到并双击运行 GigaDevice MCU ISP Programmer.exe 软件，如图 3-7 所示。

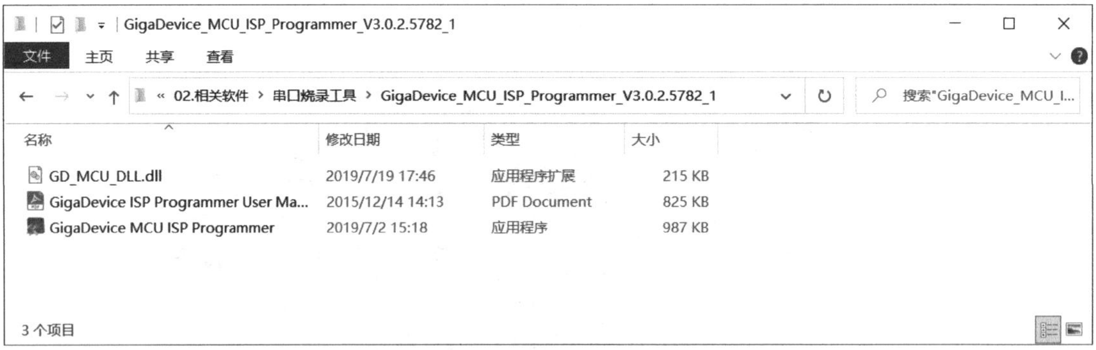

图 3-7　程序下载步骤 1

然后，在图 3-8 所示的对话框中，**Port Name** 选择 COM3（设备管理器中显示的串口号）；**Baud Rate** 选择 57600；**Boot Switch** 选择 **Automatic**；**Boot Option** 选择"RTS 高电平复位，DTR 高电平进 **Bootloader**"。最后，单击 Next 按钮。

在图 3-9 所示的对话框中，单击 Next 按钮。

在图 3-10 所示的对话框中，单击 Next 按钮。

在图 3-11 所示的对话框中，点选 Download to Device 项、Erase all pages (faster)项，然后单击 OPEN 按钮，定位编译生成的.hex 文件。

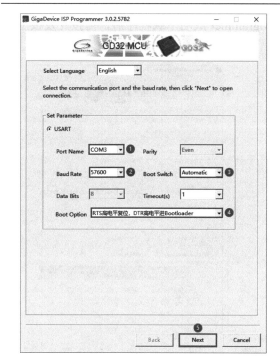

图 3-8 程序下载步骤 2

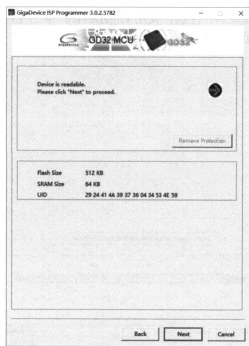

图 3-9 程序下载步骤 3

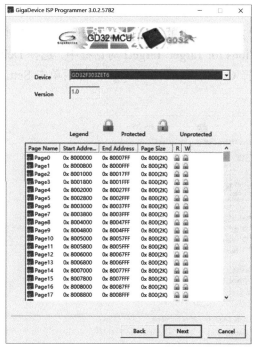

图 3-10 程序下载步骤 4

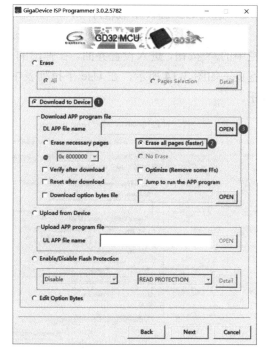

图 3-11 程序下载步骤 5

在 " D:\GD32F3FreeRTOSTest\Product\01.基准工程\Project\Objects " 目录下，找到 GD32KeilPrj.hex 文件并单击 Open 按钮，如图 3-12 所示。

在图 3-11 所示对话框中，单击 Next 按钮开始下载，出现如图 3-13 所示界面，表示程序

下载成功。注意，使用 GigaDevice MCU ISP Programmer 成功下载程序后，需按开发板上的
RST 按键进行复位，程序才会运行。

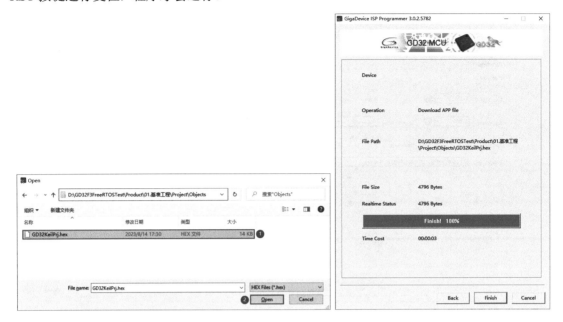

图 3-12　程序下载步骤 6　　　　　　　　　图 3-13　程序下载步骤 7

2．通过 GD-Link 下载程序

确保已按照图 3-5 所示将硬件连接完好。单击工具栏中的 📇 按钮编译无误后，再单击工
具栏中的 🛠 按钮，进入设置界面。在弹出的 Options for Target 'Target1'对话框中，选择 Debug
标签页，如图 3-14 所示，在 Use 下拉列表中选择 CMSIS-DAP Debugger，然后单击 Settings
按钮。

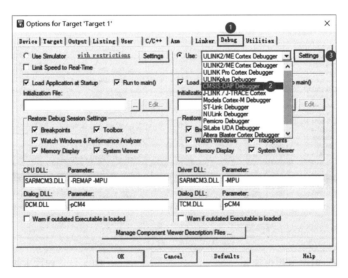

图 3-14　GD-Link 下载设置步骤 1

在弹出的 CMSIS-DAP Cortex-M Target Driver Setup 对话框中，选择 Debug 标签页，在
Port 下拉列表中选择 SW；在 Max Clock 下拉列表中选择 1MHz，如图 3-15 所示。

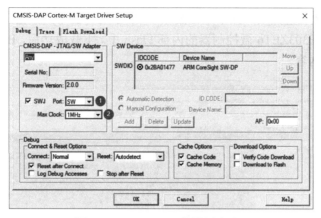

图 3-15 GD-Link 下载设置步骤 2

再选择 Flash Download 标签页，勾选 Reset and Run 项，然后单击 OK 按钮，如图 3-16 所示。

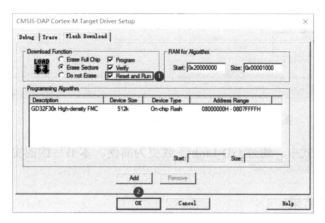

图 3-16 GD-Link 下载设置步骤 3

打开 Options for Target 'Target 1'对话框中的 Utilities 标签页，勾选 Use Debug Driver 和 Update Target before Debugging 项，最后单击 OK 按钮，如图 3-17 所示。

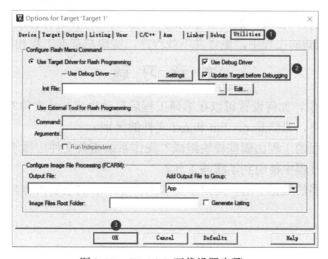

图 3-17 GD-Link 下载设置步骤 4

GD-Link 已下载设置完成。接下来在图 3-18 所示的界面中，单击工具栏中的 按钮，将程序下载到 GD32F303ZET6 微控制器的内部 Flash 中。下载成功后，Bulid Output 栏中将显示如图 3-18 所示的内容。

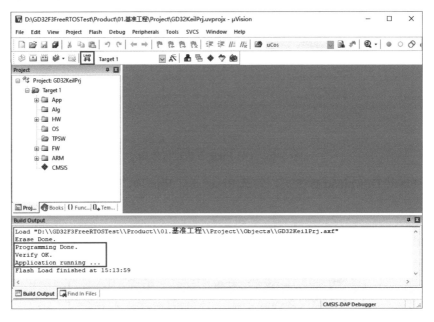

图 3-18　通过 GD-Link 向开发板下载程序成功界面

以上两种下载方式中，通过 GD-Link 下载更为简便。本书后续的实例中将使用 GD-Link 进行程序下载。

3.6.10　运行结果

下载程序并进行复位后，GD32F3 苹果派开发板上的绿色 LED（编号为 LED_1）和蓝色 LED（编号为 LED_2）每 500ms 交替闪烁。

本 章 任 务

熟悉基准工程的代码框架，然后自行创建一个新的工程并进行标准化设置，将基准工程中的驱动文件添加到新的工程中，编译并下载程序，实现与基准工程相同的功能。

本 章 习 题

1. 在 Keil 软件中，如何设置可以在编译工程后自动生成.hex 文件？
2. 通过查找资料，总结.hex、.bin 和.axf 文件的区别。
3. 本书配套例程的工程由哪些模块组成？操作系统相关文件应属于哪个模块？
4. Keil 的编译过程中使用到了哪些工具？
5. 简述微控制器的数据手册、用户手册和固件库手册的主要内容。

第4章 简易操作系统

第 3 章介绍了基准工程的代码框架，在正式学习 FreeRTOS 操作系统之前，先通过本章学习如何实现一个简易的操作系统。本章将在基准工程的基础上搭建一个简易操作系统，该操作系统包含任务切换部分，且支持优先级管理等基本功能。关于 FreeRTOS 操作系统的相关知识将在第 5 章进行介绍。

4.1 裸机系统与操作系统的区别

第 1 章简要介绍了裸机系统和操作系统的定义，在裸机系统中，除了模块初始化部分，用户程序都在主循环中运行。为了提高 CPU 的利用率，可以通过定时器周期性地改变标志位，CPU 则在主循环中检查这些标志位，标志位符合条件即执行相应的用户程序。在更简单的裸机系统中，甚至直接使用软件延时的方式来执行任务，这种方式不仅效率低，系统的实时性也得不到保证，但优点是系统稳定。

与裸机系统不同，在操作系统中，用户程序被称为任务，每个任务都有自己的主循环，任务之间相互独立，并行运行，统一由操作系统决定当前哪个任务拥有 CPU 的使用权。此外，每个任务还有各自的优先级，高优先级任务可以抢占低优先级任务的 CPU 使用权，因此可以将一些实时性要求较高的任务设置为高优先级，例如，将按键扫描设置为高优先级就可以防止按键的偶发性失灵。

操作系统的 CPU 利用率远高于裸机系统的，并且操作系统的 CPU 占用率约为 30%，而裸机系统的 CPU 占用率为 100%。操作系统在效率和功耗方面均优于裸机系统，但裸机系统在系统稳定性方面更胜一筹。但经过多年发展，嵌入式操作系统已十分成熟，出错率极低。

4.2 任务切换基本原理

4.1 节提到，操作系统中的每个任务都有一个循环，即每个任务都包含一个 while(1)语句。那么微控制器是如何从一个任务跳转到另一个任务（即任务是如何放弃 CPU 使用权，并将其移交给下一个任务）的？

实际上，在裸机系统中也存在 CPU 从"死循环"中跳出并执行其他任务的情况。以定时器为例，用户配置定时器后，CPU 将每隔一段时间从主循环中跳出，去执行定时器中断服务函数程序，处理完后再返回主循环中被打断的位置继续执行。由此得到任务切换的思路：每当任务要放弃 CPU 使用权时，就触发一个中断，然后在中断中修改返回地址，这样中断结束后即可执行另一个任务。目前主流的微控制器都带有 PendSV 异常，该中断专门用于操作系统中的任务切换，用户只需要通过一条简单的指令即可触发 PendSV 异常。

4.3 CPU 工作寄存器和栈区

程序从中断返回时，不仅要知道正确的返回地址，还要恢复任务的现场数据，如局部变量的值等。相应地，在切换任务时，不仅要保存程序当前的运行位置，还要保存任务的现场数据，这样从中断返回后才能继续执行原来的任务。

Cortex-M3 内核中有 R0～R15 共 16 个 CPU 工作寄存器，如图 4-1 所示，其中 R0～R12

为通用目的寄存器，可用于存储函数中定义的局部变量，SP（R13）为栈顶指针；LR（R14）为链接寄存器，用于存放函数调用时的返回地址；PC（R15）为程序计数器，用于保存当前正在执行的语句地址，修改 PC 指针可以控制 CPU 跳转到程序的指定位置。此外，还有程序状态寄存器（PSR）、中断屏蔽寄存器（PRIMASK、FAULTMASK、BASEPRI）和控制寄存器（CONTROL）。程序状态寄存器（PSR）用于存储进位、借位等运算标志，任务切换时需要将其保存下来。

相较于 Cortex-M3，Cortex-M4 内核还增加了浮点运算单元，包括浮点运算工作寄存器 S0～S31、浮点状态和控制寄存器（FPSCR），如图 4-2 所示。其中，S0 和 S1 为单精度的 16 位寄存器，二者可以组合成双精度的 32 位寄存器（D0），其他寄存器的原理与之类似。

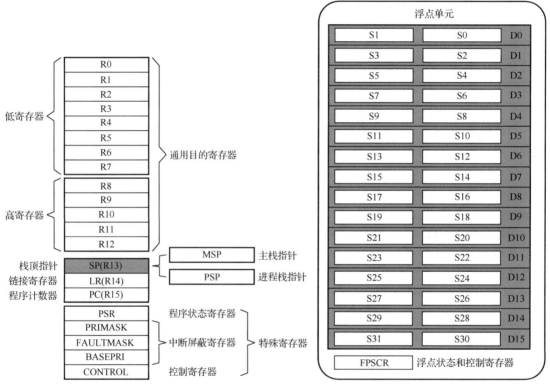

图 4-1 CPU 工作寄存器   图 4-2 浮点运算单元中的寄存器

下面通过一个简单的示例来介绍 CPU 工作寄存器的作用。假设要计算运算式 1+1，用 C 语言实现的代码如程序清单 4-1 所示。

程序清单 4-1

```
int a, b, c;
a = 1;
b = 1;
c = a + b;
```

用汇编语言实现的代码如程序清单 4-2 所示。

程序清单 4-2

```
MOV R0, #1
```

```
MOV R1, #1
ADD R2, R0, R1
```

微控制器内的所有计算都要通过 CPU 工作寄存器来完成，程序的局部变量存储在 R0～R12 寄存器中，若局部变量过多，则需要将部分局部变量压入栈区。静态变量存储在 SRAM 的指定位置，由链接寄存器自动分配。常量通常保存在 Flash 中。

什么是栈区？局部变量为什么要存放在栈区中？通常使用队列作为微控制器内部缓冲区，保存微控制器接收到的数据，需要使用时再依次从缓冲区中取出。实际上，队列采用先进先出的数据结构，即先保存到队列中的数据先被取出。栈区与队列不同，栈区的特性是后进先出，这一特性使其更适用于各种嵌套应用场景，如函数嵌套调用。

以程序清单 4-3 所示代码为例，假设函数 A 中的 a、b、c 三个局部变量分别被加载到 R0、R1、R2 寄存器，然后调用函数 B，函数 B 同样需要使用 R0、R1、R2 寄存器。由于工作寄存器为全局共享资源，程序中的任何位置都能访问这些寄存器，如果不对工作寄存器加以保护，那么在函数 B 执行完后，函数 A 中的局部变量的值将被改变。因此需要通过栈区保存工作寄存器，即在函数 B 执行之前先将工作寄存器依次保存，函数 B 执行完后再将其恢复，此时函数 B 对工作寄存器的修改才不会影响函数 A 的正常运行。

程序清单 4-3

```
//函数A
void funcA(void)
{
  int a, b, c; //假设分别用到了R0、R1、R2
  a = b + c;   //对应的汇编指令为：ADD R0, R1, R2

  //调用函数B
  funcB();

  …
}

//函数B
void funcB(void)
{
  int d, e, f; //假设分别用到了R0、R1、R2
  d = e * f;   //对应的汇编指令为：MUL R0, R1, R2

  …
}
```

既然此处栈区的功能为保存数据，为什么不能用队列代替呢？下面通过函数嵌套使用的场景来解释。假设有 A、B、C 三个函数，函数 A 调用了函数 B，函数 B 又调用了函数 C，此时函数 A 和函数 B 的局部变量的保存情况如图 4-3 所示。若使用队列来保存局部变量，由于队列的数据存取方式为先进先出，当从函数 C 返回函数 B 时，从队列中取出的数据即为函数 A 的局部变量，而不是函数 B 的局部变量，这将导致数据错误。若使用栈区，由于栈区的数据存取方式为后进先出，因此可以正确地取出函数 B 的局部变量。

局部变量的入栈和出栈操作无须在用户程序中实现，编译器将编程语言转换为汇编指令时会自动添加入栈、出栈指令。注意，保存局部变量需要消耗内存空间，而微控制器的内存容量通常较小，所以函数嵌套层数不应过多，并且应避免在函数中使用过多局部变量，尤其是大容量数组。因为 CPU 工作寄存器的数量有限，当局部变量过多、工作寄存器不够用时，CPU 会将部分局部变量存放到栈区中，容易使栈区溢出，甚至导致系统故障。此时，可以将部分局部变量设为静态变量，保存到其他区域中；还可以通过动态内存分配提高内存利用率。

图 4-3　栈区和队列的存取示意图

系统默认的栈区在启动文件 startup_gd32f30x_hd.s 中定义，如程序清单 4-4 所示。Stack_Size 为栈区大小，可根据实际需要调整，当需要使用的局部变量较多时，可以将栈区定义得更大；Stack_Mem 表示栈底地址；__initial_sp 表示栈顶地址，Cortex-M3/M4 内核的栈顶指针由高地址向低地址增长。

程序清单 4-4

```
Stack_Size       EQU      0x00000400

                 AREA     STACK, NOINIT, READWRITE, ALIGN=3
Stack_Mem        SPACE    Stack_Size
__initial_sp
```

有关于 Cortex-M3/M4 工作寄存器的详细介绍可参考《GD32 微控制器原理与应用》一书。

4.4　中断与异常

4.4.1　Cortex-M3/M4 的中断与异常

在 Cortex-M3/M4 内核中，中断即为异常。在微控制器内部 Flash 的起始位置存放了一张中断向量表，表中包含了每个中断服务函数的入口（地址），该表在启动文件中定义。以定时器为例，用户配置定时器后，定时器每隔一段时间向 CPU 发起中断请求，CPU 收到中断请求后暂停当前程序，通过查询中断向量表得到定时器中断服务函数的入口，继而跳转到定时器中断服务函数中执行。

为了快速响应中断，CPU 在执行中断服务函数之前会自动将部分工作寄存器（包括 R0、LR、PC 等）压入栈区形成栈帧，如图 4-4 所示。注意，Cortex-M3/M4 内核的栈顶指针由高地址向低地址增长，若使能了双字节栈对齐，当栈顶指针数值不为偶数时，栈顶指针会向下移动一个数据单元，以实现双字节对齐。

GD32F3 苹果派开发板上搭载的 GD32F303ZET6 微控制器的内核为 Cortex-M4，由于 Cortex-M4 包含浮点运算单元，其栈帧与 Cortex-M3 的略有不同，如图 4-5 所示。

为了保存完整的临时数据，进入中断服务函数后，程序需要手动将剩余工作寄存器压入栈区；退出中断服务函数时，程序需要手动将先前压入栈区的工作寄存器还原；退出中断服务函数后，CPU 会自动将栈帧从栈区中取出，恢复剩余的工作寄存器。因为栈帧中包含了"返回地址"，即断点位置，从中断返回时 CPU 会将返回地址赋值给 PC 寄存器，因此程序将从断点位置开始继续运行。

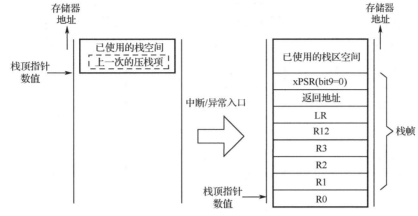

图 4-4　Cortex-M3 中断/异常栈帧

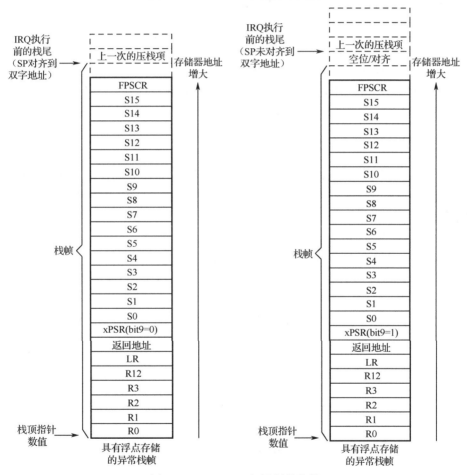

图 4-5　Cortex-M4 中断/异常栈帧

　　假设程序中每个任务都有一个栈区，如图 4-6 所示，每个栈区的底部都有一个栈帧，栈帧中包含了一个返回地址，指向任务程序本身。那么只需要在中断服务函数中修改 R13（栈顶指针，SP）寄存器的值，使其指向不同的栈区，当从中断服务函数中退出时，即可跳转到目标任务中。大多数操作系统实现任务切换的原理也是如此，利用中断可以打断当前线程的特性，在中断服务函数中修改栈区可实现任务切换。

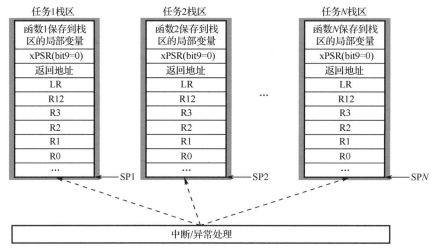

图 4-6　多任务栈区

第一次执行任务程序前，需要手动设置栈帧内容，并将返回地址设置为任务函数的入口地址，否则将无法跳转到任务程序所在位置。实际上，如果不预设栈区，CPU 将会检测到异常并跳转到硬件错误中断（HardFault_Handler）。第一次跳转成功后，栈区将由 CPU 自动控制，栈帧自动生成，无须再手动设置栈帧。

4.4.2　中断/异常返回

ARM Cortex-M 系列处理器的中断/异常返回机制由一个特殊的地址（EXC_RETURN）触发，进入中断/异常时该值被保存到 LR 寄存器中，将该值写入 PC 寄存器后，将触发中断/异常返回流程。

EXC_RETURN 为 32 位，具体位定义如表 4-1 所示。

表 4-1　EXC_RETURN 的位定义

位	描　　述	数　　　　　值
32:28	EXC_RETURN 指示	0xF
27:5	保留（全为 1）	23 位均为 1
4	栈帧类型	1：8 字； 0：26 字 当浮点运算单元不可用时，该位为 1。进入中断/异常处理后，该位被置为 CONTROL 寄存器的 FPCA 位
3	返回模式	1：返回线程； 0：返回处理
2	返回栈	1：返回线程栈； 0：返回主栈
1	保留	0
0	保留	1

Cortex-M3/M4 处理器有两种操作模式：处理模式和线程模式。在执行中断服务程序时，处理器处于处理模式，此时处理器具有特级访问权限。处理器在执行普通应用程序时既可以拥有特级访问权限，也可以无特级访问权限，无特级访问权限的操作模式即线程模式。当 CPU 拥有特级访问权限时可以执行所有指令，能访问处理器的所有资源；无特级访问权限时，部

分指令（如 MSR、MRS、CPS 等）存在使用限制。操作系统切换任务时通常要求处理器拥有特级访问权限。

为了更好地支持嵌入式操作系统，保证各个任务之间的独立性，Cortex-M3/M4 内核的栈顶指针（SP）在物理上分为两个栈指针：主栈指针（MSP）和线程栈指针（PSP）。处理器处理中断服务程序时使用 MSP，从中断服务程序退出后，可以选择使用 MSP 或 PSP。裸机系统中通常只存在一个栈区，所以执行普通应用程序时默认使用 MSP。在嵌入式操作系统中，每个任务都有自己的任务栈区，此时可以启用 PSP，这样处理器在执行用户任务时使用 PSP，在执行中断服务程序时使用 MSP。在嵌入式操作系统中也可以统一使用 MSP，此时处理器执行中断服务程序时将占用部分任务栈，因此在初始化时需要将任务栈定义得大一些。在本章介绍的简易操作系统中，为了使系统更加精简，中断服务程序和普通应用程序统一使用 MSP。

EXC_RETURN 的合法值如表 4-2 所示，处理器会实时监控系统的状态，并在进入中断服务函数前自动确定 EXC_RETURN 的值。

表 4-2 EXC_RETURN 的合法值

状　　态	浮点运算单元在中断前使用（FPCA=1）	浮点运算单元在中断前未使用（FPCA=0）
返回处理模式（总是使用主栈）	0xFFFFFFE1	0xFFFFFFF1
返回线程模式并在返回后使用主栈	0xFFFFFFE9	0xFFFFFFF9
返回线程模式并在返回后使用线程栈	0xFFFFFFED	0xFFFFFFFD

由于退出中断时需要将 EXC_RETURN 写入 PC 寄存器中，因此 EXC_RETURN 的值不能与用户代码的地址重合，Cortex-M3/M4 内核中所有存储器、处理器外设的地址统一编码，一个内存单元对应一个地址，如图 4-7 所示。由于用户代码既可以存放在内部 Flash 中，也可以存放在 SRAM、外部 SRAM 或外部 Flash 中，对应的地址范围为 0x0000 0000～0xDFFF FFFF，因此将 EXC_RETURN 的值设置在 0xF000 0000～0xFFFF FFFF 范围内即可。

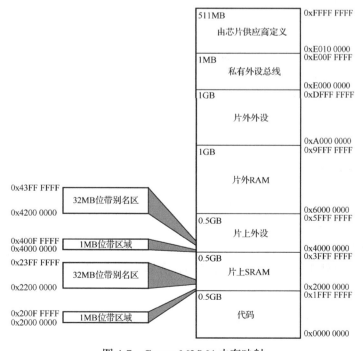

图 4-7　Cortex-M3/M4 内存映射

通过设定一个特殊的跳转地址从中断/异常退出，使得 Cortex-M3/M4 内核不再需要通过特殊的指令来退出中断。例如，在 51 单片机中，从中断退出需要一条特殊的指令 RETI，这就要求编写中断服务函数时必须使用关键字 interrupt 来标明这是一个中断服务程序，而大部分编译器不支持这个关键字，因此 51 单片机的程序只能由特定的编译器编译。Cortex-M3/M4 处理器进入中断服务程序时，自动将 LR 寄存器的值设为 EXC_RETURN，从中断返回时只需将 LR 寄存器赋值给 PC 寄存器，即可触发中断/异常退出。因此，Cortex-M3/M4 的 C 语言代码支持多种编译器，便于在不同系列、不同平台，甚至不同架构之间移植。

4.4.3　SCV 与 PendSV 异常

FreeRTOS、μC/OS 等嵌入式操作系统均通过 SVC（请求管理调用）与 PendSV（可挂起的系统调用）异常实现任务切换。

SVC 异常在 Cortex-M3/M4 内核中的异常编号为 11，支持可编程的优先级。SVC 异常的触发方式有两种：一种是通过软件触发中断寄存器 STIR（地址为 0xE000EF00）来挂起 SVC 异常，但由于不同处理器的处理方式不同，异常挂起后 CPU 可能不会立即处理该异常，而是先执行其他指令，因此不建议使用这种方式；另一种是利用特殊的汇编指令完成触发，如 SVC #0x03，SVC 异常根据该指令中的立即数执行不同的操作。在操作系统中，SVC 异常通常用于启动第一个任务。

PendSV 异常在 Cortex-M3/M4 内核中的异常编号为 14，同样支持可编程的优先级。通过向中断控制和状态寄存器 ICSR（地址为 0xE000ED04）写入 0x10000000 可以触发 PendSV 异常。操作系统一般通过 PendSV 异常来切换上下文。

4.5　任务的特性

4.5.1　任务优先级

嵌入式操作系统中的任务一般都具有优先级，与中断优先级类似，高优先级任务可以抢占低优先级任务的 CPU 使用权，用于处理紧急事件，如信号采集、按键扫描、交互显示等。但无论当前执行的任务优先级如何，中断总可以抢占其 CPU 使用权。

μC/OS 操作系统的任务优先级与中断优先级类似，优先级数值越小，优先级越大；而 FreeRTOS 操作系统相反，优先级数值越大，任务优先级越大。本章介绍的简易操作系统的任务优先级与中断系统的优先级保持一致，即优先级数值越小，优先级越大。

4.5.2　任务状态

嵌入式操作系统的任务状态可简单地划分为 3 种：阻塞态、就绪态和运行态。处于阻塞态的任务正在等待某一事件的发送，如计时完成、唤醒等。任务从阻塞态退出后进入就绪态，就绪态是指任务准备就绪，即将运行，若处于就绪态的任务没有运行，是因为有更高优先级的任务正在运行或也处于就绪态。运行态是指任务获得了 CPU 使用权，正在运行。任务状态及其切换将在 6.1.2 节中详细介绍。

4.5.3　不可剥夺内核和可剥夺内核

内核是操作系统最核心的部分，其主要功能是决定任务的运行状态并完成任务切换。

　　不可剥夺内核的特点是：任务获得了 CPU 使用权后，若不主动移交 CPU 使用权，任务将一直运行下去直到任务结束，不管是否有更高优先级的任务在等待；若任务运行时发生了中断，则先运行中断服务程序，无论在中断服务程序中是否创建了更高优先级的任务，都必须返回原任务运行。不可剥夺内核的任务调度示例如图 4-8 所示。

　　图 4-8 所示示例的运行步骤如下：①任务 A 运行时发生中断，进入中断服务程序；②从中断返回后，继续运行任务 A；③任务 A 结束后，任务 B 获得 CPU 的使用权，开始运行。

　　由于中断优先于任务执行，因此若在任务 A 运行时发生中断，CPU 使用权将被移交给中断服务程序，任务 A 被挂起。在中断服务程序中，比任务 A 优先级更高的任务 B 将从阻塞态（或挂起态）切换为就绪态。由于采用不可剥夺内核，在中断服务程序返回后，优先级较低的任务 A 将获得 CPU 使用权，直到任务 A 运行结束或主动移交 CPU 使用权，优先级更高的任务 B 才得以运行。

　　可剥夺内核采用不同的调度策略：任务一旦就绪，如果当前没有更高优先级的任务处于就绪态或运行态，那么该任务将获得 CPU 使用权并开始运行。可剥夺内核的任务调度示例如图 4-9 所示。

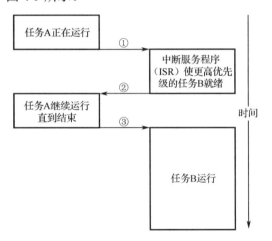
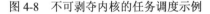
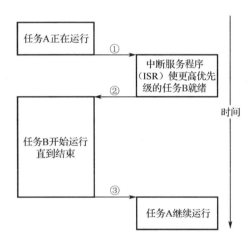

　　图 4-8　不可剥夺内核的任务调度示例　　　　　　图 4-9　可剥夺内核的任务调度示例

　　图 4-9 所示示例的运行步骤如下：①任务 A 运行时发送中断，进入中断服务程序；②从中断返回后，优先级更高的任务 B 开始运行；③任务 B 结束后，任务 A 继续运行。

　　使用不可剥夺内核的嵌入式操作系统有 μClinux。不可剥夺内核的中断响应快，并且允许使用不可重入函数（非线程安全函数），也几乎不需要信号量保护全局资源。但不可剥夺内核最大的缺陷在于其响应时间，在低优先级任务运行时，即使高优先级任务已经进入就绪态也不能运行，必须等待低优先级任务运行结束或主动放弃 CPU 使用权，这将影响系统的实时性。

　　当系统对实时性的需求较高时，就要使用可剥夺内核，大多数嵌入式操作系统使用可剥夺内核，如 μC/OS、FreeRTOS、RTX、VxWorks 等。使用可剥夺内核时，最高优先级的任务的执行时间是可以预知的，使任务的响应时间得以最优化。使用可剥夺内核时，不建议使用不可重入函数；同时应考虑使用信号量保护全局资源，防止多线程访问全局资源时产生冲突。本章介绍的简易操作系统采用可剥夺内核。有关信号量和线程安全函数的内容将在第 9 章和第 10 章介绍。

4.5.4　空闲任务

在介绍空闲任务之前，先了解时间片的概念。在操作系统中，时间被均匀细分，每个时间片段称为一个时间片，例如 1ms、10ms 等。假设某一系统的时间片为 1ms，系统中含有两个任务，任务 1 每 2ms 执行一次；任务 2 的优先级比任务 1 的高，并且每 10ms 执行一次。微控制器的主频较高，因此通常能在一个时间片内完成多个任务。如图 4-10 所示，任务 1 和任务 2 的执行时间都小于一个时间片，那么在执行完任务 1 或任务 2 后，CPU 就可以执行空闲任务，直至下一个时间片的开始。用户可以在空闲任务中触发 CPU 进入休眠态，以降低微控制器的功耗；也可以不做任何处理，执行空循环。实际上，操作系统大部分时间都在运行空闲任务，通过统计空闲任务在 1s 内的执行时间即可得出 CPU 利用率。

CPU 利用率能反映出很多问题，在程序设计时需要特别关注，利用率低于 10%说明性能过剩，高于 90%说明系统的实时性较差。

图 4-10　时间片与任务

如果在任务 1 中执行了比较耗时的操作，例如打印一个字符串、进行大量的数据处理等，导致任务 1 的执行时间超出了一个时间片，此时若下一个时间片开始时没有高优先级的任务就绪，那么任务 1 将继续执行；否则，优先级更高的任务 2 将抢占 CPU 使用权，直到任务 2 运行结束后才能继续执行任务 1，如图 4-11 所示。

图 4-11　抢占式处理

在操作系统中，空闲任务的优先级最低，且空闲任务总是处于就绪态或运行态。

4.6　实例与代码解析

本节将在基准工程（见第 3 章）的基础上搭建一个简易操作系统（Easy OS），实现包括任务注册、任务调度及优先级管理等操作系统的基本功能，然后在 GD32F3 苹果派开发板上部署该操作系统并验证其功能。

4.6.1　复制并编译原始工程

首先，将"D:\GD32F3FreeRTOSTest\Material\02.简易操作系统实现"文件夹复制到"D:\GD32F3FreeRTOSTest\Product"文件夹中。然后，双击运行"D:\GD32F3FreeRTOSTest\Product\02.简易操作系统实现\Project"文件夹下的 GD32KeilPrj.uvprojx，单击工具栏中的 🔲 按钮进行编译，Build Output 栏显示"FromELF:creating hex file..."表示已经成功生成.hex 文件，显示"0 Error(s), 0 Warning(s)"表示编译成功。最后，将.axf 文件下载到微控制器的内部 Flash，下载成功后，若串口助手输出"Init System has been finished."则表明原始工程正确，可以进行下一步操作。

4.6.2　添加 EasyOS 文件对

将"D:\GD32F3FreeRTOSTest\Product\02.简易操作系统实现\OS\EasyOS"下的 EasyOS.c 文件添加到 OS 分组，然后将"D:\GD32F3FreeRTOSTest\Product\02.简易操作系统实现\OS\EasyOS"路径添加到 Include Paths 栏。

4.6.3　完善 EasyOS.h 文件

单击按钮进行编译，编译结束后，在 Project 面板中，双击 EasyOS.c 下的 EasyOS.h 文件。在 EasyOS.h 文件的"包含头文件"区，添加包含头文件的代码#include "DataType.h",在 DataType.h 头文件中，主要定义了常用数据类型的缩写替换。

在"宏定义"区，添加如程序清单 4-5 所示的宏定义。其中，OS_MAX_TIME 为最大延时时间，EasyOS 每隔 1ms 计时一次，为防止计时溢出，使用无符号 64 位整型变量来计数。OS_MAX_TASK 为最大任务数量，其中包含了一个必须存在的空闲任务。为了简化系统，EasyOS 使用数组而非链表来管理各个任务，因此理论上存在一个最大任务数量，用户可以根据实际需求设置其值。

程序清单 4-5

```
1.   //最大延时时间，使用 64 位数据长度，每隔 1ms 计时一次
2.   #define OS_MAX_TIME (u64)(0xFFFFFFFFFFFFFFFF)
3.
4.   //最大任务数量，含空闲任务
5.   #define OS_MAX_TASK (u32)(10)
```

在"枚举结构体"区，添加如程序清单 4-6 所示的任务句柄结构体声明代码。任务句柄用于描述一个任务，包含了一个任务的各项信息，其中，栈顶指针必须为 4 字节，且在结构体起始位置，其他成员变量可以根据需要进行增减。tick 每隔 1ms 递减一次，当递减到 0 时表示任务已就绪。

注意，在微控制器的中断系统中，优先级数值越小表示优先级越高。EasyOS 任务的中断优先级的定义与微控制器一致，即最高优先级为 0。

程序清单 4-6

```
1.   //任务句柄
2.   typedef struct
3.   {
4.     u32*  stackTop;  //栈顶指针，8 字节对齐，必须位于起始位置
5.     u32*  stackBase; //栈区首地址
6.     u32   stackSize; //栈区大小，按 4 字节计算
7.     void* func;      //任务入口，为 void (*)(void) 类型的函数指针
8.     u32   priority;  //任务优先级，最大优先级为 0
9.     u64   tick;      //延时计数，每隔 1ms 递减一次，递减到 0 时执行任务，为防止溢出，使用 64
                        位数据长度
10.  }StructTaskHandle;
```

在"API 函数声明"区，添加如程序清单 4-7 所示的函数声明代码。其中，部分操作系统内部函数不允许用户调用，且无法设为内部函数。为了简化 EasyOS，在用户函数部分只声

明了任务注册、系统开启和任务延时函数，读者在学习本书后可以自行添加其他函数，如注销任务、消息队列等。

程序清单 4-7

```
1.   //操作系统内部函数
2.   void UpdateCurrentTask(void);              //更新当前任务句柄到任务优先级最高的任务
3.   void SysTick_Handler(void);                //SysTick 中断服务函数
4.   void SVC_Handler(void);                    //SVC 中断服务函数
5.   void PendSV_Handler(void);                 //PendSV 中断服务函数
6.
7.   //用户函数
8.   u32  OSRegister(StructTaskHandle* handle); //任务注册
9.   void OSStart(void);                        //系统开启
10.  void OSDelay(u32 time);                    //任务延时
```

4.6.4 完善 EasyOS.c 文件

在 EasyOS.c 文件的"包含头文件"区，添加包含头文件 gd32f30x_conf.h 和 cmsis_armcc.h 的代码，如程序清单 4-8 所示。

程序清单 4-8

```
#include "gd32f30x_conf.h"
#include "cmsis_armcc.h"
```

在"宏定义"区，添加 PendSV 软件触发的宏定义，如程序清单 4-9 所示。使用该宏相当于向地址 0xE000ED04（即 ICSR 寄存器）写入 0x10000000，触发 PendSV 异常。

程序清单 4-9

```
#define PENDSV_TRIGGER (*(u32*)0xE000ED04 |= 0x10000000); //PendSV 软件触发
```

在"内部变量"区，添加如程序清单 4-10 所示的内部变量定义代码。

（1）第 2 行代码：s_arrTaskHandle 数组用于存放各个任务句柄的首地址，每注册一个任务，就将句柄地址保存到 s_arrTaskHandle 数组中。

（2）第 4 行代码：s_arrIdleStack 为空闲任务栈区，栈区大小为 128 字，即 512 字节。对于内存容量小的处理器，可以为任务栈区分配更少的空间。

（3）第 6 行代码：s_pCurrentTask 为当前正在执行的任务句柄指针，由于 SVC 与 PendSV 中断服务函数中都引用了该指针，而这两个函数均使用汇编语言实现，因此该指针不能被设置为静态变量。

程序清单 4-10

```
1.   //任务组
2.   static StructTaskHandle* s_arrTaskHandle[OS_MAX_TASK] = {0};
3.   //空闲任务栈区
4.   static u32 s_arrIdleStack[128];
5.   //当前任务句柄
6.   volatile StructTaskHandle* s_pCurrentTask = NULL;
```

在"内部函数声明"区，添加如程序清单 4-11 所示的函数声明代码。IdleTask 函数为空闲任务。

程序清单 4-11

```
static void IdleTask(void);
```

在"枚举结构体"区，添加如程序清单 4-12 所示的结构体定义。s_structIdleHandle 为空闲任务句柄结构体，存放了空闲任务的栈区首地址、栈区大小、任务入口、优先级等信息。这里将空闲任务栈区设置为 s_arrIdleStack 数组，任务入口为 IdleTask 函数，优先级为 0xFFFF（最小优先级），延时计数为 0，使该任务一直处于就绪态或运行态。

程序清单 4-12

```
1.   static StructTaskHandle s_structIdleHandle =
2.   {
3.     .stackBase = s_arrIdleStack,
4.     .stackSize = sizeof(s_arrIdleStack) / 4,
5.     .func      = IdleTask,
6.     .priority  = 0xFFFF,
7.     .tick      = 0,
8.   };
```

在"内部函数实现"区，添加 IdleTask 函数的实现代码，如程序清单 4-13 所示。IdleTask 函数为空闲任务，其中只有一个空循环。若用户需要使用低功耗，可以将低功耗指令放在循环中运行，使 CPU 空闲时进入休眠态，有效降低芯片的功耗。

程序清单 4-13

```
1.   static void IdleTask(void)
2.   {
3.     while(1)
4.     {
5.
6.     }
7.   }
```

在"API 函数实现"区，添加 UpdateCurrentTask 函数的实现代码，如程序清单 4-14 所示。

（1）第 7 至 14 行代码：s_arrTaskHandle 数组中存放着已注册的任务句柄指针，0 表示该位置没有任务注册。因此更新任务句柄需要先遍历 s_arrTaskHandle 数组中的每个元素，筛选出优先级最大且处于就绪态的任务（tick 为 0 表示任务处于就绪态）。

（2）第 17 行代码：将查找到的任务更新到 s_pCurrentTask。SVC 与 PendSV 就可以根据 s_pCurrentTask 得到任务栈顶指针，从而实现跳转并执行该任务。

程序清单 4-14

```
1.   void UpdateCurrentTask(void)
2.   {
3.     u32 i;
4.     StructTaskHandle *task;
5.
6.     //查找优先级最高的任务，保存到 task
7.     task = &s_structIdleHandle;
8.     for(i = 0; i < OS_MAX_TASK; i++)
9.     {
10.      if((NULL != s_arrTaskHandle[i]) && (0 == s_arrTaskHandle[i]->tick) && (s_arrTaskHandle[i]
```

```
->priority < task->priority))
11.      {
12.          task = s_arrTaskHandle[i];
13.      }
14.    }
15.
16.    //更新到 s_pCurrentTask
17.    s_pCurrentTask = task;
18. }
```

在 UpdateCurrentTask 函数实现区后，添加 SysTick_Handler 函数的实现代码，如程序清单 4-15 所示。EasyOS 以 SysTick 为系统时钟源，每隔 1ms 计时一次，并将任务句柄中的 tick 减 1，当 tick 递减到 0 时表明任务已就绪。

SysTick_Handler 函数用于将已注册任务的计时时间值减 1，使处于阻塞态的任务逐渐进入就绪态，当某个任务进入就绪态时触发 PendSV 异常，在异常中将 CPU 使用权转交给优先级最高且处于就绪态的任务。

注意，SysTick 异常的优先级高于 PendSV 异常，因此在 SysTick 异常退出后，PendSV 中断服务函数才会被执行，即表明任务切换发生在 SysTick 异常之后。

删除第 15 行代码即可禁用优先级抢占功能。此时，系统内核变为不可剥夺内核，需要在空闲任务中实时监测是否有任务就绪，以便及时移交 CPU 使用权，否则系统将一直执行空闲任务。

程序清单 4-15

```
1.    void SysTick_Handler(void)
2.    {
3.      u32 i;
4.
5.      //任务计时递减，空闲任务除外
6.      for(i = 0; i < OS_MAX_TASK; i++)
7.      {
8.        if((NULL != s_arrTaskHandle[i]) && (0 != s_arrTaskHandle[i]->tick))
9.        {
10.         s_arrTaskHandle[i]->tick--;
11.       }
12.     }
13.
14.     //触发任务切换，因为 SysTick 异常的优先级高于 PendSV 异常，因此在 SysTick 异常退出后 PendSV
          中断服务函数才会被执行
15.     PENDSV_TRIGGER;
16.   }
```

在 SysTick_Handler 函数实现区后，添加 SVC_Handler 函数的实现代码，如程序清单 4-16 所示。第一个任务被启动时并未正式进入操作系统，因此无须保存现场数据，只需将优先级最高且处于就绪态的任务的栈顶指针赋值给 SP，然后恢复第一个任务预设的现场数据，最后从异常中退出即可跳转并运行第一个任务。

启动第一个任务之前，CPU 使用的栈区为启动文件中定义的默认栈区，启动第一个任务即开启操作系统后，使用的栈区为任务各自的独立栈区。由于从异常中返回时，默认使用主栈指针，因此再次进入任意异常时，系统将临时征用任务栈区，而启动文件中定义的栈区将

不再使用。

　　注意，SVC_Handler 中断服务函数使用内嵌汇编的编程方式，虽然 SVC_Handler 与其他函数位于同一个文件中，但它们不属于同一个代码段，因此该函数中用到的 UpdateCurrentTask 和 s_pCurrentTask 不能分别被设为内部函数和变量。由于使用了内嵌汇编方式，在使用 Keil 调试时无法正常设置断点，如果需要使用调试功能，建议重新创建一个.s 文件来存放汇编部分代码。

　　关于汇编语言相关知识可参考 GD32F3 苹果派配套教材《GD32 微控制器原理与应用》。

程序清单 4-16

```
1.    __asm void SVC_Handler(void)
2.    {
3.        PRESERVE8;                //该段起始地址以 8 字节对齐
4.        IMPORT UpdateCurrentTask; //引入标号 UpdateCurrentTask
5.        IMPORT s_pCurrentTask;    //引入标号 s_pCurrentTask
6.
7.        //屏蔽所有中断
8.        CPSID F
9.
10.       //查找优先级最高的任务，更新到 s_pCurrentTask
11.       BL UpdateCurrentTask
12.
13.       //恢复第一个任务栈区指针(结构体第一个成员变量即为栈区指针)
14.       LDR R4,= s_pCurrentTask;   //获取 s_pCurrentTask 的地址，保存到 R4
15.       LDR R5, [R4];              //获取 s_pCurrentTask 的内容，即当前任务句柄首地址，保存到 R5
16.       LDR SP, [R5];              //获取任务句柄首地址 4 字节数据，保存到栈区指针中
17.
18.       //恢复第一个任务预设的现场数据
19.       POP{R4-R11};               //恢复 R4～R11
20.       VPOP{S16-S31};             //恢复 S16～S31
21.       POP{LR};                   //恢复 LR
22.
23.       //取消屏蔽中断
24.       CPSIE F
25.
26.       //从异常中退出
27.       BX LR
28.       NOP
29.   }
```

　　在 SVC_Handler 函数实现区后，添加 PendSV_Handler 函数的实现代码，如程序清单 4-17 所示。在 PendSV_Handler 函数中，先将当前任务的现场数据保存至任务栈区，然后再通过 UpdateCurrentTask 函数查找优先级最高且处于就绪态的任务，通过 s_pCurrentTask 获取该任务的栈顶指针并设置 SP，然后从该任务的栈区中取出保存的数据，最后退出异常，跳转至目标任务。

程序清单 4-17

```
1.    __asm void PendSV_Handler(void)
2.    {
3.        PRESERVE8                        //该段起始地址以 8 字节对齐
4.        IMPORT UpdateCurrentTask;        //引入标号 UpdateCurrentTask
5.        IMPORT s_pCurrentTask;           //引入标号 s_pCurrentTask
6.
7.        //屏蔽所有中断
8.        CPSID F
9.
10.       //保存当前任务现场数据（xPSR、PC、LR、R12 及 R3～R0 已经自动保存）
11.       PUSH{LR};                        //保存 LR 到栈区中
12.       VPUSH{S16-S31};                  //保存 S16～S31 到栈区中
13.       PUSH{R4-R11};                    //保存 R4～R11 到栈区中
14.
15.       //保存当前任务栈区指针(结构体第一个成员变量即为栈区指针)
16.       LDR R4,= s_pCurrentTask;         //获取 s_pCurrentTask 的地址，保存到 R4
17.       LDR R5, [R4];                    //获取 s_pCurrentTask 的内容，即当前任务句柄首地址，保存到 R5
18.       STR SP, [R5];                    //将栈区指针按字保存到任务句柄起始位置，即 StructTaskHandle 结
                                                构体第一个成员变量
19.
20.       //更新所有任务时间和查找优先级最高的任务
21.       BL UpdateCurrentTask
22.
23.       //恢复下一个任务栈区指针(结构体第一个成员变量即为栈区指针)
24.       LDR R4,= s_pCurrentTask;         //获取 s_pCurrentTask 的地址，保存到 R4
25.       LDR R5, [R4];                    //获取 s_pCurrentTask 的内容，即当前任务句柄首地址，保存到 R5
26.       LDR SP, [R5];                    //获取任务句柄首地址 4 字节数据，保存到栈区指针中
27.
28.       //恢复下一个任务现场数据
29.       POP{R4-R11};                     //恢复 R4～R11
30.       VPOP{S16-S31};                   //恢复 S16～S31
31.       POP{LR};                         //恢复 LR
32.
33.       //取消屏蔽中断
34.       CPSIE F
35.
36.       //从异常中退出
37.       BX LR
38.   }
```

在 PendSV_Handler 函数实现区后，添加 OSRegister 函数的实现代码，如程序清单 4-18 所示。OSRegister 函数用于向操作系统注册一个任务。

（1）第 13 至 18 行代码：首先预设栈区数据，这些数据将在首次跳转到该任务时被取出，然后栈区由 CPU 自动控制，自动生成栈帧。

（2）第 24 至 31 行代码：在 s_arrTaskHandle 数组中查找空位（值为 0），并将任务句柄保

存到 s_arrTaskHandle 数组中。由于 EasyOS 有最大任务数量限制，因此当 s_arrTaskHandle 数组已满时，任务注册将会失败。

程序清单 4-18

```
1.    u32 OSRegister(StructTaskHandle* handle)
2.    {
3.        u32  i;   //循环变量
4.        u32* top; //栈顶地址
5.
6.        //栈区清零
7.        for(i = 0; i < handle->stackSize; i++)
8.        {
9.            handle->stackBase[i] = 0;
10.       }
11.
12.       //栈区预处理
13.       top        = (u32*)(handle->stackBase + handle->stackSize - 1);    //获取栈顶地址
14.       top        = (u32*)((u32)top & ~0x00000007) - 1;                   //向下做 8 字节对齐
15.       *(top - 0) = 0x01000000;                                          //xPSR
16.       *(top - 1) = ((u32)handle->func) & (u32)0xFFFFFFFEUL ;            //任务入口地址
17.       *(top - 2) = (u32)NULL;                                           //任务返回地址
18.       *(top - 8) = (u32)0xFFFFFFF9UL;                                   //第一次从异常返回时 LR 的值
19.
20.       //设置栈区地址
21.       handle->stackTop = top - 32;
22.
23.       //查找空位
24.       for(i = 0; i < OS_MAX_TASK; i++)
25.       {
26.           if(NULL == s_arrTaskHandle[i])
27.           {
28.               s_arrTaskHandle[i] = handle;
29.               return 0;
30.           }
31.       }
32.       return 1;
33.   }
```

　　由于初始化的栈帧仅在第一次跳转到该任务时使用，且未使用浮点运算单元，因此异常返回值可以设置为 0xFFFFFFF9，此时的栈帧如表 4-3 所示。其中灰色部分为异常退出后 CPU自动装载部分，其他部分需要用户手动设置，并通过汇编指令从栈区中弹出。表中的 x 表示任意值，无须初始化。若任务函数带有参数，可以通过寄存器 R0 传递参数。GD32F303ZET6微控制器的内核为 Cortex-M4，内置了浮点运算单元，考虑到任务运行过程中可能会用到浮点运算单元，因此栈帧中手动装载部分要包含浮点运算单元。若微控制器的内核为 Cortex-M3，则无须包括浮点运算单元。

表 4-3　未使用浮点运算单元的栈帧

地址	寄存器	值	地址	寄存器	值
top-0	xPSR	0x01000000	top-17	S23	x
top-1	返回地址	任务入口地址	top-18	S22	x
top-2	LR	NULL	top-19	S21	x
top-3	R12	x	top-20	S20	x
top-4	R3	x	top-21	S19	x
top-5	R2	x	top-22	S18	x
top-6	R1	x	top-23	S17	x
top-7	R0	x	top-24	S16	x
top-8	LR	0xFFFFFFF9	top-25	R11	x
top-9	S31	x	top-26	R10	x
top-10	S30	x	top-27	R9	x
top-11	S29	x	top-28	R8	x
top-12	S28	x	top-29	R7	x
top-13	S27	x	top-30	R6	x
top-14	S26	x	top-31	R5	x
top-15	S25	x	top-32	R4	x
top-16	S24	x			

如果默认使用浮点运算单元，可以参考表 4-4 所示的栈帧。其中，寄存器 LR 的值需设置为 0xFFFFFFE9，表示从异常中退出时将返回线程模式，使用主栈指针和浮点运算单元，并且最后的栈顶指针需设置为 top-49。

表 4-4　使用浮点运算单元的栈帧

地址	寄存器	值	地址	寄存器	值
top-0	FPSCR	x	top-13	S3	x
top-1	S15	x	top-14	S2	x
top-2	S14	x	top-15	S1	x
top-3	S13	x	top-16	S0	x
top-4	S12	x	top-17	xPSR	0x01000000
top-5	S11	x	top-18	返回地址	任务入口地址
top-6	S10	x	top-19	LR	NULL
top-7	S9	x	top-20	R12	x
top-8	S8	x	top-21	R3	x
top-9	S7	x	top-22	R2	x
top-10	S6	x	top-23	R1	x
top-11	S5	x	top-24	R0	x
top-12	S4	x	top-25	LR	0xFFFFFFE9

续表

地址	寄存器	值	地址	寄存器	值
top-26	S31	x	top-38	S19	x
top-27	S30	x	top-39	S18	x
top-28	S29	x	top-40	S17	x
top-29	S28	x	top-41	S16	x
top-30	S27	x	top-42	R11	x
top-31	S26	x	top-43	R10	x
top-32	S25	x	top-44	R9	x
top-33	S24	x	top-45	R8	x
top-34	S23	x	top-46	R7	x
top-35	S22	x	top-47	R6	x
top-36	S21	x	top-48	R5	x
top-37	S20	x	top-49	R4	x

在 OSRegister 函数实现区后,添加 OSStart 函数的实现代码,如程序清单 4-19 所示。OSStart 函数用于开启操作系统,在该函数中,通过 OSRegister 函数注册空闲任务,然后将 SysTick 任务配置成每 1ms 中断一次,并设置 SysTick、SVC 和 PendSV 的优先级(这里需确保 PendSV 的优先级最低),最后通过内嵌汇编指令 SVC #0x03 触发 SVC 异常,开启第一个任务。至此,操作系统将正式开始运行。

实际上,也可以通过触发 PendSV 异常来启动第一个任务,此时启动操作系统之前的现场数据将会保存到启动文件定义的栈区中,虽然后续将不再使用该栈区,但该栈区的数据在程序的整个生命周期内一直存在,并且占用部分内存。

程序清单 4-19

```
1.   void OSStart(void)
2.   {
3.       SCB->CCR |= SCB_CCR_STKALIGN_Msk;            //使能双字栈对齐特性
4.       OSRegister(&s_structIdleHandle);            //注册空闲任务
5.       SysTick_Config(SystemCoreClock / 1000U);    //配置系统滴答定时器 1ms 中断一次
6.       NVIC_SetPriority(SysTick_IRQn, 0x00U);      //设置 SysTick 优先级
7.       NVIC_SetPriority(SVCall_IRQn, 0x01U);       //设置 SVC 的优先级
8.       NVIC_SetPriority(PendSV_IRQn, 0xFFU);       //设置 PendSV 的优先级,最小优先级
9.       __ASM("SVC #0x03");                         //启动第一个任务
10.  }
```

在 OSStart 函数实现区后,添加 OSDelay 函数的实现代码,如程序清单 4-20 所示。OSDelay 函数用于实现任务延时,该函数首先将延时时长赋值给任务句柄中的 tick,然后触发 PendSV 异常切换任务,主动交出 CPU 的使用权。由于 s_pCurrentTask 为全局静态变量,在 SysTick 中断服务器函数中也修改了该变量,为了保护全局资源,需要在修改 s_pCurrentTask 之前关闭所有中断,修改完成后再打开中断总开关。

程序清单 4-20

```
1.    void OSDelay(u32 time)
```

```
2.  {
3.    __set_BASEPRI(1);              //关中断
4.    s_pCurrentTask->tick = time;   //保存延时时间
5.    __set_BASEPRI(0);              //开中断
6.    PENDSV_TRIGGER;                //触发任务切换
7.  }
```

至此，简易操作系统的核心部分已完成。

4.6.5　完善 Main.c 文件

在 Main.c 文件的"包含头文件"区，添加包含头文件 EasyOS.h 的代码，如程序清单 4-21 所示。

程序清单 4-21

```
#include "EasyOS.h"
```

在"内部变量"区，声明 3 个数组分别作为 3 个任务的栈区，如程序清单 4-22 所示。

程序清单 4-22

```
static u32 s_arrLED1Stack[128];
static u32 s_arrLED2Stack[128];
static u32 s_arrFPUStack[128];
```

在"内部函数声明"区，添加函数的声明代码，如程序清单 4-23 所示。

程序清单 4-23

```
static void LED1Task(void);        //LED1 任务
static void LED2Task(void);        //LED2 任务
static void FPUTask(void);         //浮点单元测试任务
```

在"枚举结构体"区，添加如程序清单 4-24 所示的结构体声明代码。这里声明了 LED1 任务、LED2 任务和浮点单元测试任务的句柄结构体，写法与空闲任务类似。

程序清单 4-24

```
1.   static StructTaskHandle s_structLED1Handle =
2.   {
3.     .stackBase = s_arrLED1Stack,
4.     .stackSize = sizeof(s_arrLED1Stack) / 4,
5.     .func      = LED1Task,
6.     .priority  = 1,
7.     .tick      = 0,
8.   };
9.
10.  static StructTaskHandle s_structLED2Handle =
11.  {
12.    .stackBase = s_arrLED2Stack,
13.    .stackSize = sizeof(s_arrLED2Stack) / 4,
14.    .func      = LED2Task,
15.    .priority  = 2,
16.    .tick      = 0,
17.  };
```

```
18.
19.
20. static StructTaskHandle s_structFPUHandle =
21. {
22.   .stackBase = s_arrFPUStack,
23.   .stackSize = sizeof(s_arrFPUStack) / 4,
24.   .func      = FPUTask,
25.   .priority  = 3,
26.   .tick      = 0,
27. };
```

在"内部函数实现"区，依次添加 LED1Task、LED2Task 和 FPUTask 函数的实现代码，如程序清单 4-25 所示。LED1Task 函数实现每 300ms 翻转一次 LED$_1$ 的电平，LED2Task 函数实现每 700ms 翻转一次 LED$_2$ 的电平，FPUTask 函数用于测试临时浮点变量是否保存正确。

程序清单 4-25

```
1.  void LED1Task(void)
2.  {
3.    while(1)
4.    {
5.      //PA8 状态取反，实现 LED₁ 闪烁
6.      gpio_bit_write(GPIOA, GPIO_PIN_8, (FlagStatus)(1 - gpio_output_bit_get(GPIOA, GPIO_
PIN_8)));
7.      OSDelay(300);
8.    }
9.  }
10.
11. void LED2Task(void)
12. {
13.   while(1)
14.   {
15.     //PE6 状态取反，实现 LED₂ 闪烁
16.     gpio_bit_write(GPIOE, GPIO_PIN_6, (FlagStatus)(1 - gpio_output_bit_get(GPIOE, GPIO_
PIN_6)));
17.     OSDelay(700);
18.   }
19. }
20.
21. void FPUTask(void)
22. {
23.   int a = 0;
24.   double b = 0;
25.   u64 time;
26.
27.   while(1)
28.   {
29.     a = a + 1;
30.     b = b + 0.1;
31.     time = GetSysTime();
32.     printf("FPUTask: a = %d, b = %.2f, time = %lld\r\n", a, b, time);
33.     OSDelay(1000);
```

```
34.     }
35. }
```

最后，按照程序清单 4-26 修改 main 函数，添加 3 个任务的注册代码，并开启操作系统。

程序清单 4-26

```
1.  int main(void)
2.  {
3.      InitHardware();    //初始化硬件相关函数
4.      InitSoftware();    //初始化软件相关函数
5.
6.      printf("Init System has been finished\r\n");
7.
8.      //注册任务
9.      OSRegister(&s_structLED1Handle);
10.     OSRegister(&s_structLED2Handle);
11.     OSRegister(&s_structFPUHandle);
12.
13.     //开启操作系统
14.     OSStart();
15. }
```

4.6.6　编译及下载验证

代码编写完成并编译通过后，下载程序并进行复位。GD32F3 苹果派开发板的 LED_1 和 LED_2 闪烁，打开资料包"02.相关软件\串口助手"文件夹下的串口助手软件 sscom5.13.1.exe。选择对应的端口号（需要在设备管理器中查看），将波特率设置为"115200"，单击"打开串口"按钮（单击后按钮将显示为"关闭串口"），可见串口助手将打印浮点运算单元测试任务结果，如图 4-12 所示。

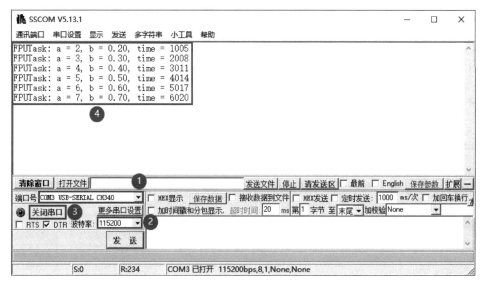

图 4-12　运行结果

本 章 任 务

1．修改 4.6 节的例程中的任务 2，在任务 2 中使用软件延时（相关函数在 Delay.c 文件中定义），验证操作系统的任务优先级管理。

2．修改 EasyOS.c 文件，将简易操作系统的内核修改为不可剥夺内核并进行测试。

本 章 习 题

1．简述裸机系统和嵌入式操作系统各自的优缺点。

2．Cortex-M3/M4 异常返回值的作用是什么？

3．在嵌入式操作系统中，SVC 和 PendSV 异常的作用分别是什么？

4．如果简易操作系统中要用到线程栈指针，那么 SVC 和 PendSV 异常该如何处理？

第5章 FreeRTOS 的移植

第 4 章简要介绍了操作系统的基本原理，并实现了一个简易的操作系统。但该简易操作系统的功能还不够完善，一个完整的操作系统至少要包含任务注册、注销、挂起、通知及内存管理等功能。从本章开始，将正式进入 FreeRTOS 操作系统的学习，了解操作系统的核心机制和运行原理。

5.1 FreeRTOS 源码的获取

在本书配套资料包"08.软件资料"中提供了 FreeRTOS 源码。最新版本的源码或更多相关资料可以通过 FreeRTOS 官网获取。此外，还可以下载官方移植示例程序。

5.2 FreeRTOS 源码文件简介

FreeRTOS 源码文件包含 FreeRTOS、FreeRTOS-Plus 和 tools 三个文件夹，如图 5-1 所示。FreeRTOS 文件夹主要存放内核源码及各种芯片对应的示例代码；FreeRTOS-Plus 文件夹内含 FreeRTOS 的一些拓展功能；tools 文件夹主要用于存放工具。其他.html 与.txt 文件主要用于介绍 FreeRTOS。

名称	修改日期	类型	大小
FreeRTOS	2023/5/26 16:50	文件夹	
FreeRTOS-Plus	2023/5/26 16:51	文件夹	
tools	2023/5/26 16:52	文件夹	
.editorconfig	2021/12/22 17:22	Editor Config 源...	1 KB
FreeRTOS+TCP	2021/12/22 17:22	Internet 快捷方式	1 KB
FreeRTOSConfig.h	2022/3/2 15:21	C/C++ Header F...	6 KB
GitHub-FreeRTOS-Home	2021/12/22 17:22	Internet 快捷方式	1 KB
History.txt	2021/12/22 17:22	文本文档	141 KB
lexicon.txt	2021/12/22 17:22	文本文档	42 KB
manifest.yml	2021/12/22 17:22	Yaml 源文件	5 KB
Quick_Start_Guide	2021/12/22 17:22	Internet 快捷方式	1 KB
Upgrading to FreeRTOS V10.3.0	2021/12/22 17:22	Internet 快捷方式	1 KB
Upgrading-to-FreeRTOS-9	2021/12/22 17:22	Internet 快捷方式	1 KB
Upgrading-to-FreeRTOS-10	2021/12/22 17:22	Internet 快捷方式	1 KB
Upgrading-to-FreeRTOS-V10.4.0	2021/12/22 17:22	Internet 快捷方式	1 KB

图 5-1 FreeRTOS 源码文件

在进行 FreeRTOS 移植时只需关注 FreeRTOS 文件夹即可。FreeRTOS 文件夹的内容如图 5-2 所示。

名称	修改日期	类型
Demo	2023/5/26 16:49	文件夹
License	2023/5/26 16:49	文件夹
Source	2023/5/26 16:49	文件夹
Test	2023/5/26 16:50	文件夹
links_to_doc_pages_for_the_demo_projects	2021/12/22 17:22	Internet 快捷方式
README.md	2021/12/22 17:22	Markdown 源文件

图 5-2 FreeRTOS 文件夹

其中，Demo 文件夹中存放了 FreeRTOS 官方示例。FreeRTOS 对多种内核进行了适配以便于能在不同平台和架构上运行，Demo 文件夹中不仅包含 Cortex-M3/M4 的示例代码，还包含 ARM7、ARM9 和 Cortex-A 系列的示例代码。此外，这些示例代码中不仅有基于 Keil 开发环境的，还有基于其他集成开发环境（如 IAR 等）的示例。若在 GD32F3 苹果派开发板上移植 FreeRTOS，可参考 CORTEX_M4F_M0_LPC43xx_Keil 示例代码。

License 文件夹中包含了 FreeRTOS 相关的许可信息。

Source 文件夹中主要包含了 FreeRTOS 的内核文件，如图 5-3 所示。FreeRTOS 底层由 C 语言实现，因此具有较强的适应性，能够在诸多平台上运行。其中，include 文件夹中包含了 FreeRTOS 相关头文件，移植时需要在工程中包含此路径。

名称	修改日期	类型
include	2023/5/26 16:49	文件夹
portable	2023/5/26 16:50	文件夹
.gitmodules	2021/12/22 17:23	GITMODULES 文件
croutine.c	2021/12/22 17:23	C Source File
event_groups.c	2021/12/22 17:23	C Source File
list.c	2021/12/22 17:23	C Source File
queue.c	2021/12/22 17:23	C Source File
stream_buffer.c	2021/12/22 17:23	C Source File
tasks.c	2021/12/22 17:23	C Source File
timers.c	2021/12/22 17:23	C Source File

图 5-3　Source 文件夹

在不同平台上运行 FreeRTOS 时，任务调度部分具有较大的差异。为了适配不同平台，FreeRTOS 提供了相应的驱动文件，这些驱动文件存放于"Source\portable"文件夹中（主要关注其中的 MemMang 和 RVDS 文件夹）。

● MemMang 文件夹中存放了内存管理相关文件，如图 5-4 所示。其中，5 个.c 文件的 API 接口函数相同，移植时只需要添加其中一个文件即可，5 个文件的差异将在后续章节中详细介绍。

名称	修改日期	类型
heap_1.c	2021/12/22 17:23	C Source File
heap_2.c	2021/12/22 17:23	C Source File
heap_3.c	2021/12/22 17:23	C Source File
heap_4.c	2021/12/22 17:23	C Source File
heap_5.c	2021/12/22 17:23	C Source File
ReadMe	2021/12/22 17:23	Internet 快捷方式

图 5-4　MemMang 文件夹

● RVDS 文件夹中存放了 Cortex-M 架构所需的源文件，移植时，需要根据硬件平台的架构添加对应的源文件。GD32F303ZET6 微控制器的内核为 Cortex-M4，含有浮点运算单元（FPU）和内存保护单元（MPU），因此，移植时需要将"RVDS\ARM_CM4F\port.c"文件添加到工程中。

5.3　FreeRTOS 配置宏定义简介

移植 FreeRTOS 时，需要通过 FreeRTOSConfig.h 头文件来配置 FreeRTOS 的功能，但源码中并未提供该头文件，可以从 FreeRTOS 官方示例中获取。

FreeRTOSConfig.h 文件中包含一系列宏定义，编译器将根据这些宏定义选择性地编译代码，因此可以通过这些宏定义来裁剪 FreeRTOS 操作系统的功能。

下面将简要介绍移植 FreeRTOS 时使用到的部分宏定义，其他宏定义的功能可通过查看 FreeRTOS 官网提供的官方资料进行了解。

1．INCLUDE_x 宏

INCLUDE_x 宏用于设置是否编译相关 API 函数，该宏为 1 表示需要编译相关 API 函数，为 0 表示不需要编译该 API 函数。例如，若定义 INCLUDE_vTaskDelay 为 1，则 vTaskDelay 函数将被编译；若定义为 0，则该函数被屏蔽。通常将 INCLUDE_x 设为 1，因为编译器能在编译过程中根据函数是否被引用而选择性地编译程序。但若将 INCLUDE_x 设为 0，则可提升编译器的编译速度。

2．configCPU_CLOCK_HZ 宏

configCPU_CLOCK_HZ 宏用于表示当前 CPU 的主频，FreeRTOS 内核会根据该宏自动配置 SysTick 时钟。

3．configTICK_RATE_HZ 宏

configTICK_RATE_HZ 宏用于配置系统时间片，该宏即为 1s 内的时间片数目。例如，若要将时间片设为 1ms，则可将该宏设为 1000；若要将时间片设为 10ms，则可将该宏设为 100。时间片并非越小越好，而是要根据不同的处理器选择不同的值。较小的时间片可让系统时间更为精确，但会导致系统调度时间增长。通常将系统时间片设成 1ms 或 10ms。

4．configTOTAL_HEAP_SIZE 宏

configTOTAL_HEAP_SIZE 宏用于设置操作系统可管理的内存大小，以字节（Byte）为单位。对于 SRAM 为 64KB 的 GD32F303ZET6 微控制器，可将 32KB 内存分配给操作系统管理，剩余 32KB 内存由编译器分配给其他静态变量。注意，不能将该宏设置得过大，否则编译器会报错。

5．configMAX_PRIORITIES 宏

configMAX_PRIORITIES 宏用于设置用户任务的优先级范围（0～configMAX_PRIORITIES－1）。注意，在 FreeRTOS 中，优先级数值越大表示优先级越高，0 对应最低优先级，这与 GD32 微控制器的中断系统的优先级规则相反。

6．configIDLE_SHOULD_YIELD 宏

configIDLE_SHOULD_YIELD 宏规定了用户任务优先级与空闲任务相同时的操作系统的处理方式。空闲任务的优先级通常最低，且空闲任务总是处于就绪态。由于 FreeRTOS 中的最低优先级为 0，这就使得开发人员容易将用户任务优先级设为 0，与空闲任务优先级相同。若 configIDLE_SHOULD_YIELD 宏为 1，操作系统将优先处理用户任务，用户任务处理完之后才会执行空闲任务；若该宏为 0，则表示操作系统不会优先处理用户任务，而由于此时用户任务的优先级最低，可能导致用户任务永远不会被执行。

5.4　实例与代码解析

下面将在 GD32F3 苹果派开发板上移植 FreeRTOS 操作系统。

5.4.1　复制并编译原始工程

首先，将"D:\GD32F3FreeRTOSTest\Material\03.FreeRTOS 移植"文件夹复制到"D:\

GD32F3FreeRTOSTest\Product"文件夹中。然后，双击运行"D:\GD32F3FreeRTOSTest\Product\ 03.FreeRTOS 移植\Project"文件夹下的 GD32KeilPrj.uvprojx，单击工具栏中的▦按钮进行编 译，Build Output 栏显示"FromELF:creating hex file..."表示已经成功生成.hex 文件，显示"0 Error(s), 0Warning(s)"表示编译成功。最后，将.axf 文件下载到微控制器的内部 Flash，下载 成功后，若串口助手输出"Init System has been finished."则表明原始工程正确，可以进行下 一步操作。

5.4.2　移植

1．新建文件夹

在"D:\GD32F3FreeRTOSTest\Product\03.FreeRTOS 移植\OS"路径下新建一个 FreeRTOS 文件夹，该文件夹用于存放 FreeRTOS 的相关源码文件。

2．复制 FreeRTOS 相关源码文件

将本书配套资料包"08.软件资料"文件夹中的"FreeRTOS 源码"压缩包解压，打开解 压得到的"FreeRTOS 源码"文件夹，将 FreeRTOS 文件夹下的 Source 文件夹复制到第 1 步新 建 的 FreeRTOS 文 件 夹 中 （ 路 径 " D:\GD32F3FreeRTOSTest\Product\03.FreeRTOS 移 植 \OS\FreeRTOS"下），再将"FreeRTOS 源码"文件夹中的 FreeRTOSConfig.h 文件复制到"D:\ GD32F3FreeRTOSTest\Product\03.FreeRTOS 移植\OS\FreeRTOS\Source\include"路径下。

3．添加 FreeRTOS 相关源码文件

下面将 FreeRTOS 相关源码文件添加到工程中。首先，将工程中"…\OS\FreeRTOS\Source" 路径下的所有.c 文件添加到 OS 分组中，然后将"…\OS\FreeRTOS\Source\portable\MemMang" 路径下的 heap_4.c 文件和"…\OS\FreeRTOS\Source\portable\RVDS\ARM_CM4F"路径下的 port.c 文件添加到 OS 分组，如图 5-5 所示。

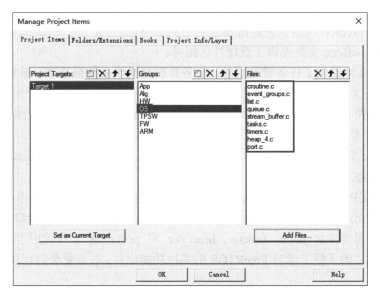

图 5-5　向 OS 分组添加文件

4．包含头文件路径

将 " D:\GD32F3FreeRTOSTest\Product\03.FreeRTOS 移植 \OS\FreeRTOS\Source\include "

"D:\GD32F3FreeRTOSTest\Product\03.FreeRTOS 移植\OS\FreeRTOS\Source\portable\MemMang"
和"D:\GD32F3FreeRTOSTest\Product\03.FreeRTOS 移植\OS\FreeRTOS\Source\portable\RVDS\
ARM_CM4F"路径添加到"Include Paths"栏中，如图 5-6 所示。

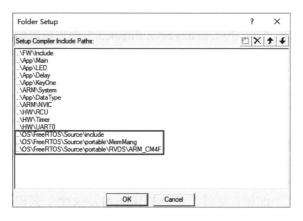

图 5-6　添加路径

至此，已成功将 FreeRTOS 源码文件添加到工程中。

5．文件简介

下面依次介绍已添加的各个文件的作用。

（1）croutine.c 文件提供了协程组件。

（2）event_groups.c 文件提供了事件标志组功能，主要用于任务与任务、任务与中断之间
的同步，具体可参见第 11 章。

（3）list.c 文件提供了列表和列表项组件，FreeRTOS 内核使用列表和列表项来管理任务。

（4）queue.c 文件提供了消息队列和信号量组件。消息队列和信号量常用于实现任务间的
通信与同步，且 FreeRTOS 的软件定时器也使用到了消息队列。

（5）stream_buffer.c 文件提供了流缓冲区组件。

（6）tasks.c 文件提供了任务管理组件。任务管理是操作系统最基本、最重要的组件之一。

（7）timers.c 文件提供了软件定时器组件。若不使用软件定时器，则无须将该文件添加至
工程中，但需要在 FreeRTOS.h 文件中将 configUSE_TIMERS 宏设为 0，否则编译器会报错。
具体可参见第 13 章。

（8）heap_4.c 文件提供了 FreeRTOS 内存管理方案。由于系统内核需要进行内存管理，因
此需要将该文件添加到工程中。

（9）port.c 文件为接口文件。FreeRTOS 能够使用约 20 种编译器来编译，可以在超过 30
种微处理器架构上运行，不同的编译器、微处理器架构需要通过不同的接口文件来适配。

实际上，只需要添加 list.c、tasks.c、heap_4.c 和 port.c 这 4 个文件至工程中即可实现
FreeRTOS 的移植。为了便于学习 FreeRTOS 的其他功能组件，本书配套例程添加了上述所有.c
文件。

5.4.3　完善 Main.c 文件

在 Main.c 文件的"包含头文件"区，添加包含头文件 FreeRTOS.h、task.h 和 Delay.h 的
代码，如程序清单 5-1 所示。

程序清单 5-1

```
#include "FreeRTOS.h"
#include "task.h"
#include "Delay.h"
```

在"宏定义"区，添加 START_TASK_PRIO 和 START_STK_SIZE 宏定义，分别用于设置开始任务的任务优先级和栈区大小，如程序清单 5-2 所示。

程序清单 5-2

```
#define START_TASK_PRIO 1    //开始任务的优先级
#define START_STK_SIZE  128  //开始任务的栈区大小
```

在"枚举结构体"区，添加 StructCreatTask 结构体的声明，如程序清单 5-3 所示。由于 FreeRTOS 注册任务时需要较多参数，因此可通过一个结构体来存储各参数信息。

程序清单 5-3

```
1.    typedef struct
2.    {
3.      int    prio;               //优先级
4.      int    stkSize;            //栈区大小
5.      void   (*func)(void*);     //任务函数指针
6.      char   *name;              //任务名
7.      TaskHandle_t* taskHandled; //任务句柄
8.    }StructCreatTask;
```

在"内部变量"区，添加任务句柄的定义，如程序清单 5-4 所示。在 FreeRTOS 中，每个任务都有一个任务句柄，任务句柄必须是静态变量，且最好为全局变量。任务之间通过任务句柄进行通信；此外，也可以通过任务句柄控制任务，如删除任务、挂起任务等。

程序清单 5-4

```
1.    //操作系统句柄
2.    TaskHandle_t g_handlerStartTask = NULL; //开始任务句柄
3.    TaskHandle_t g_handlerLED1Task  = NULL; //LED1 任务句柄
4.    TaskHandle_t g_handlerLED2Task  = NULL; //LED2 任务句柄
```

在"内部函数声明"区，添加任务函数声明代码，如程序清单 5-5 所示。其中，开始任务函数用于向系统中注册任务，LED1Task 和 LED2Task 函数用于控制 LED 闪烁。

程序清单 5-5

```
static  void  StartTask(void *pvParameters);    //开始任务函数
static  void  LED1Task(void *pvParameters);     //LED1 任务函数
static  void  LED2Task(void *pvParameters);     //LED2 任务函数
```

在"内部函数实现"区，添加 LED1Task 和 LED2Task 函数的实现代码，如程序清单 5-6 所示。LED1Task 函数采用软件延时，每 700ms 翻转一次 LED_1 的电平；LED2Task 函数采用操作系统的延时函数，每 500ms 翻转一次 LED_2 的电平。

程序清单 5-6

```
1.    static void LED1Task(void* pvParameters)
2.    {
```

```
3.      while (1)
4.      {
5.        gpio_bit_write(GPIOA, GPIO_PIN_8, (FlagStatus)(1 - gpio_output_bit_get(GPIOA, GPIO_
        PIN_8)));
6.        DelayNms(700);
7.      }
8.    }
9.
10.   static void LED2Task(void* pvParameters)
11.   {
12.     while (1)
13.     {
14.       gpio_bit_write(GPIOE, GPIO_PIN_6, (FlagStatus)(1 - gpio_output_bit_get(GPIOE, GPIO_
        PIN_6)));
15.       vTaskDelay(500);
16.     }
17.   }
```

在 LED2Task 函数实现区后，添加开始任务函数 StartTask 的实现代码，如程序清单 5-7 所示。StartTask 函数用于向操作系统注册任务，由于在执行 StartTask 函数时操作系统已经正式运行，而注册任务时不允许被打断，因此需要在注册函数前后依次关闭、开启任务调度。

由于 FreeRTOS 中任务创建函数的参数较多，通常需要分行书写，当系统中的任务数量较多时，开始任务的代码就会比较繁长。因此需要在开始任务中创建一张任务列表，表中包含各个任务的关键信息（如任务函数、栈区、优先级、任务名等），然后通过循环来创建表中所有的任务。StructCreatTask 即为任务信息结构体，用户可根据需要修改其中的成员变量。

需要增加新任务时，只需将新任务添加到第 6 至 10 行代码对应的任务列表中。

程序清单 5-7

```
1.    static void StartTask(void *pvParameters)
2.    {
3.      int i = 0;
4.
5.      //FreeRTOS 任务列表
6.      StructCreatTask s_structCreatTask[] =
7.      {
8.        {2, 128, LED1Task  , "LED1Task"  , &g_handlerLED1Task},
9.        {3, 128, LED2Task  , "LED2Task"  , &g_handlerLED2Task},
10.     };
11.
12.     //进入临界区
13.     taskENTER_CRITICAL();
14.
15.     //开始创建任务
16.     for (i = 0; i < sizeof(s_structCreatTask) / sizeof(StructCreatTask); i++)
17.     {
18.       xTaskCreate((TaskFunction_t)s_structCreatTask[i].func,      //任务函数
19.         (const char*)s_structCreatTask[i].name,                  //任务名称
20.         (uint16_t)s_structCreatTask[i].stkSize,                  //任务栈区大小
21.         (void*)NULL,                                             //传递给任务函数的参数
22.         (UBaseType_t)s_structCreatTask[i].prio,                  //任务优先级
```

```
23.        (TaskHandle_t*)s_structCreatTask[i].taskHandled);        //任务句柄
24.    }
25.
26.    //删除开始任务
27.    vTaskDelete(g_handlerStartTask);
28.
29.    //退出临界区
30.    taskEXIT_CRITICAL();
31. }
```

最后，在 main 函数中向操作系统注册开始任务，按程序清单 5-8 所示修改 main 函数即可。在 main 函数中，先通过 xTaskCreate 函数向系统注册开始任务，注册成功后，通过 vTaskStartScheduler 函数开启任务调度，此时操作系统正式启动。操作系统启动后执行开始任务，并在开始任务中注册 LED1 和 LED2 任务。

程序清单 5-8

```
1.   int main(void)
2.   {
3.       BaseType_t xReturn = pdPASS;
4.       InitHardware();    //初始化硬件相关函数
5.       InitSoftware();    //初始化软件相关函数
6.
7.       printf("Init System has been finished\r\n");
8.
9.       //创建开始任务
10.      xReturn = xTaskCreate((TaskFunction_t)StartTask,        //任务函数
11.                           (const char*)"StartTask",          //任务名称
12.                           (uint16_t)START_STK_SIZE,          //任务栈区大小
13.                           (void*)NULL,                       //传递给任务函数的参数
14.                           (UBaseType_t)START_TASK_PRIO,      //任务优先级
15.                           (TaskHandle_t*)&g_handlerStartTask); //任务句柄
16.      //开启任务调度
17.      if (pdPASS == xReturn)
18.      {
19.        vTaskStartScheduler();
20.      }
21.      else
22.      {
23.        //正常情况不会执行到这里
24.        printf("Create StartTask error!!!\r\n");
25.        return -1;
26.      }
27.  }
```

5.4.4　下载验证

代码编写完成并编译通过后，下载程序并进行复位。GD32F3 苹果派开发板上的 LED_1 和 LED_2 闪烁，且 LED_2 的闪烁频率更快。

注意，虽然 LED1 任务中使用了软件延时，但是 LED2 任务的优先级较高，所以 LED2 任务能打断正在运行的 LED1 任务，实现 LED_2 的电平翻转。

本 章 任 务

修改 5.4 节中例程的任务 2,在任务 2 中使用软件延时(相应 API 函数在 Delay.c 文件中),对比验证操作系统的任务优先级管理。

本 章 习 题

1. 简述 FreeRTOSConfig.h 文件的作用。
2. 如何配置 FreeRTOS 的时间片?
3. FreeRTOS 是否有默认的配置参数?
4. 协程是什么?
5. 在进行 FreeRTOS 移植时,添加 port.c 文件的作用是什么?

第6章 任 务 管 理

第5章初步介绍了 FreeRTOS 的移植，本章将详细介绍 FreeRTOS 任务管理的内容，包括任务的状态、优先级、任务栈等概念，以及任务的创建、删除、挂起和从挂起中恢复的方法。通过学习本章，读者将掌握 FreeRTOS 的任务管理方法。

6.1 任 务 简 介

6.1.1 任务函数

操作系统中的用户程序被称为任务，此处的用户程序除了表示执行代码的任务函数，还包括任务的栈区、优先级、任务状态等。任务函数是形参和函数类型较为特殊的 C 语言函数。任务函数必须返回 void，且有一个 void*类型的函数参数。FreeRTOS 官方提供的任务函数模板如程序清单 6-1 所示。在使用 xTaskCreate 或 xTaskCreateStatic 等函数创建任务时，第一个参数就是一个函数指针，指向任务函数。

程序清单 6-1

```
void vATaskFunction( void *pvParameters )
{
  for( ;; )
  {
      //Task application code here.
  }

  /* Tasks must not attempt to return from their implementing
  function or otherwise exit.  In newer FreeRTOS port
  ttempting to do so will result in an configASSERT() being
  called if it is defined.  If it is necessary for a task to
  exit then have the task call vTaskDelete( NULL ) to ensure
  its exit is clean. */
  vTaskDelete( NULL );
}
```

每个任务都是一段程序，拥有一个入口地址（任务函数的起始地址），通过函数名即可获取该地址。任务通常运行在一个无限循环中，程序清单 6-1 中的 for(;;)表示一个无限循环，其作用等同于 while(1)。

注意，FreeRTOS 禁止任务函数返回，即任务函数中不能包含 return 指令。当任务完成后，应通过 vTaskDelete 函数删除该任务。在任务中可以使用 vTaskDelete(NULL)语句删除任务本身；在其他任务中可以通过 vTaskDelete(handle)语句删除指定任务，参数 handle 为要删除的任务的句柄。

一个任务函数可以用于创建多个任务，这些任务之间相互独立，且都具有各自的任务栈区、优先级、句柄等，可以独立运行，互不干扰。

如果多个任务公用一个任务函数，则可以通过任务函数参数进行区分，函数参数既可以是一个地址，也可以是一个数值。

6.1.2 任务状态

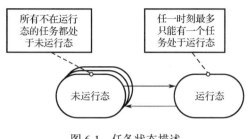

图 6-1 任务状态描述

一个应用程序中可以包含多个任务。对于单核处理器，任一时刻只能处理一个任务，所以任务的状态可分为运行态和未运行态，如图 6-1 所示。

当任务处于运行态时，处理器将执行任务函数中的指令代码；当任务处于未运行态时，其现场数据（如局部变量、运行位置等）都保存在任务栈区中。任务从未运行态恢复到运行态时，系统将存储在任务栈区中的现场数据恢复，使任务能够从上次运行的位置开始继续运行。

FreeRTOS 的调度器是任务进入或退出运行态的唯一途径。

为了便于管理，可以将处于未运行态的任务进一步细分为就绪态、阻塞态和挂起态。

1．运行态

若任务正在执行，则称其处于运行态，此时该任务拥有 CPU 使用权。FreeRTOS 调度器仅选择优先级最高的已就绪任务来执行，若处理器为单核，则任一时刻只有一个任务处于运行态。

2．就绪态

若任务已就绪并等待调度器进行调度，则称其处于就绪态。若任务处于就绪态却不执行，则是因为当前有一个同优先级或更高优先级的任务正在运行。新创建的任务和被抢占 CPU 的低优先级任务都处于就绪态。

3．阻塞态

若任务正在等待某个外部事件，则称其处于阻塞态。例如，某任务中调用了 vTaskDelay 函数进行延时，那么该任务将进入阻塞态，直至延时周期完成。任务在等待消息队列、信号量、事件组、通知或互斥信号量时也会进入阻塞态。当任务进入阻塞态时，可以设置一个超时时间，一旦超过这个时间，即使该任务所等待的事件仍未发生，任务也将退出阻塞态。

4．挂起态

与阻塞态类似，任务进入挂起态后也无法被调度器选中进入运行态，但进入挂起态的任务没有超时时间。通过 vTaskSuspend 和 XTaskResume 函数可分别使任务进入和退出挂起态。

任务状态之间的转换如图 6-2 所示。

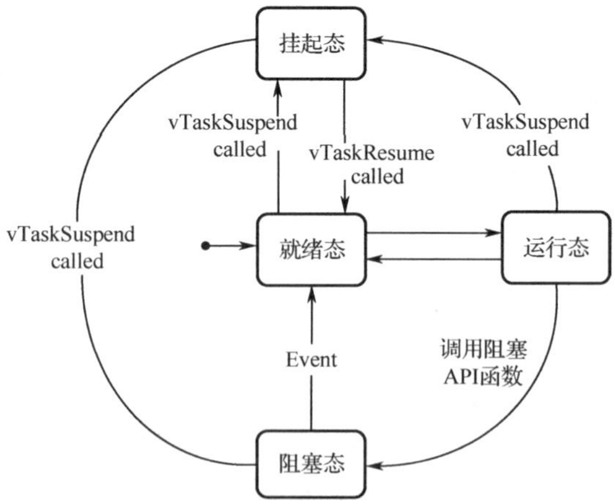

图 6-2 任务状态之间的转换

6.1.3 任务优先级

每个任务都有优先级，FreeRTOS 的优先级定义与 GD32 微控制器的中断优先级定义相反，数值越大，优先级越高，0 表示最低优先级。任务优先级取值范围为 0～(configMAX_

PRIORITIES-1)。

6.1.4 任务句柄

任务句柄又称任务控制块，其中包含了任务的入口地址、优先级、栈区起始地址等信息。任务状态切换、任务通信等均通过任务句柄实现。任务句柄的定义如程序清单 6-2 所示。

程序清单 6-2

```
TaskHandle_t g_handlerStartTask = NULL; //开始任务句柄
```

TaskHandle_t 实际上是结构体指针，其原型为 tskTaskControlBlock 结构体的指针，通过查看 tskTaskControlBlock 的定义可知 tskTaskControlBlock 等同于 TCB_t。在 FreeRTOS 的相关开发资料中，TCB_t 频繁出现，只需将其理解为 TaskHandle_t 的原型即可。

如果用户并未定义 TCB_t 结构体，那么任务的各项信息存储在哪里呢？实际上在使用任务创建函数创建任务时，会向操作系统申请一块内存，用于存放 TCB_t 结构体，这项工作由任务创建函数自动完成。

6.1.5 任务栈

与简易操作系统类似，FreeRTOS 中每个任务都有独立的任务栈，用于调度器切换任务时保存现场数据。若使用 xTaskCreate 函数创建任务，则任务栈由系统动态分配；若使用 xTaskCreateStatic 函数创建任务，则需要用户自行开辟一段内存用作任务栈。

6.1.6 任务管理相关 API 函数

在介绍任务函数之前，先了解 FreeRTOS 中函数的命名规则。FreeRTOS 中的函数名格式：小写字母前缀+文件名+文件描述。内部函数以 prv 为前缀；API 函数的小写字母前缀如下：

① 返回 char 类型以 c 为前缀；

② 返回 short 类型以 s 为前缀；

③ 返回 long 类型以 l 为前缀；

④ 返回 float 类型以 f 为前缀；

⑤ 返回 double 类型以 d 为前缀；

⑥ 返回 enum 类型以 e 为前缀；

⑦ 返回其他类型（如结构体）以 x 为前缀；

⑧ 返回指针（point）类型有一个额外的前缀 p，例如，返回 short 类型指针时前缀为 ps；

⑨ 返回无符号（unsigned）类型有一个额外的前缀 u，例如，返回无符号 short 类型变量时前缀为 us。

例如，函数 xTaskCreate 表明该函数返回其他类型，在 Task.c 文件中定义，用于创建任务。下面介绍任务管理相关函数。

1．xTaskCreate 函数

xTaskCreate 函数用于向操作系统注册一个任务，任务栈区由系统自动分配，具体描述如表 6-1 所示。

表 6-1 xTaskCreate 函数描述

函数名	xTaskCreate

函数原型	BaseType_t xTaskCreate(TaskFunction_t pxTaskCode,
	                    const char * const pcName,
	                    const configSTACK_DEPTH_TYPE usStackDepth,
	                    void * const pvParameters,
	                    UBaseType_t uxPriority,
	                    TaskHandle_t * const pxCreatedTask)

功能描述	注册任务
输入参数 1	pxTaskCode：任务入口地址，即任务函数名
输入参数 2	pcName：任务名。FreeRTOS 内核中并未使用该参数，该参数仅用于调试，用户可在串口助手上通过任务名区分不同的任务。注意，FreeRTOS 内核会将任务名复制到 TCB_t（任务控制块）中，复制的长度由 configMAX_TASK_NAME_LEN 宏决定。因此任务名的长度不能超过 configMAX_TASK_NAME_LEN，否则将被截断
输入参数 3	usStackDepth：任务栈大小，单位为字而非字节。使用该函数创建任务时系统会为每一个任务配分一个独立的栈区，用于保存任务的现场数据。通常 128 字（512 字节）的任务栈已足够满足需求。若任务嵌套层数过大、局部变量过多则可适当增加任务栈大小。此外，可通过 vTaskList 函数获取任务栈使用情况，再根据实际需要设定栈大小
输入参数 4	pvParameters：任务参数，对应任务函数中的 pvParameters
输入参数 5	uxPriority：任务优先级
输入参数 6	pxCreatedTask：任务句柄
输出参数	void
返回值	pdPASS：成功； errCOULD_NOT_ALLOCATE_REQUIRED_MEMORY：失败，没有足够的内存空间分配给任务

2．vTaskDelete 函数

vTaskDelete 函数用于将任务从操作系统中删除，具体描述如表 6-2 所示。若要使用该函数，需要将 FreeRTOSConfig.h 文件中的 INCLUDE_vTaskDelete 宏设为 1。注意，vTaskDelete 函数的形参类型是 TaskHandle_t 而非 TaskHandle_t *，因此删除任务后，任务句柄的值不会被清空。

表 6-2 vTaskDelete 函数描述

函数名	vTaskDelete
函数原型	void vTaskDelete(TaskHandle_t xTaskToDelete)
功能描述	删除任务
输入参数	xTaskToDelete：任务句柄，输入 NULL 表示删除当前任务
输出参数	void
返回值	void

3．vTaskSuspend 函数

vTaskSuspend 函数用于挂起一个任务，具体描述如表 6-3 所示。若要使用该函数，需要将 FreeRTOSConfig.h 文件中的 INCLUDE_vTaskSuspend 宏设为 1。

表 6-3 vTaskSuspend 函数描述

函数名	vTaskSuspend
函数原型	void vTaskSuspend(TaskHandle_t xTaskToSuspend)
功能描述	挂起任务
输入参数	xTaskToSuspend：任务句柄，输入 NULL 表示挂起当前任务
输出参数	void
返回值	void

4. vTaskResume 函数

vTaskResume 函数用于将任务从挂起态退出，具体描述如表 6-4 所示。若要使用该函数，需要将 FreeRTOSConfig.h 文件中的 INCLUDE_vTaskSuspend 宏设为 1。

表 6-4 vTaskResume 函数描述

函数名	vTaskResume
函数原型	void vTaskResume(TaskHandle_t xTaskToResume)
功能描述	将任务从挂起态退出
输入参数	xTaskToResume：任务句柄
输出参数	void
返回值	void

5. eTaskGetState 函数

eTaskGetState 函数用于获取任务状态，具体描述如表 6-5 所示。若要使用该函数，需要将 FreeRTOSConfig.h 文件中的 INCLUDE_eTaskGetState 宏设为 1。

表 6-5 eTaskGetState 函数描述

函数名	eTaskGetState
函数原型	eTaskState eTaskGetState(TaskHandle_t xTask)
功能描述	获取任务状态
输入参数	xTask：任务句柄
输出参数	void
返回值	eReady：就绪态； eRunning：运行态； eBlocked：阻塞态； eSuspended：挂起态； eDeleted：任务已删除，任务控制块（TCB_t）正在等待系统回收

6. vTaskList 函数

vTaskList 函数用于获取系统任务信息，具体描述如表 6-6 所示。若要使用该函数，需要将 FreeRTOSConfig.h 文件中的 configUSE_TRACE_FACILITY 和 configUSE_STATS_FORMATTING_FUNCTIONS 宏均设为 1。

表 6-6　vTaskList 函数描述

函数名	vTaskList
函数原型	void vTaskList(char *pcWriteBuffer)
功能描述	获取任务信息
输入参数	pcWriteBuffer：字符串缓冲区，要确保足够大
输出参数	void
返回值	void

vTaskList 函数会将所有任务信息以字符串的形式存储到 pcWriteBuffer 指向的数据缓冲区，只需打印缓冲区中的字符串即可看到系统所有任务的信息，如图 6-3 所示，类似于 Windows 的任务管理器。

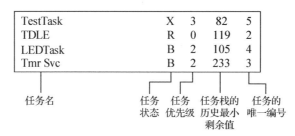

图 6-3　vTaskList 函数的输出

在 vTaskList 函数的输出中，第一列为任务名；第二列为任务状态，其中 B 表示阻塞态，R 表示就绪态，D 表示正在删除，S 表示挂起态，X 表示运行态；第三列为任务优先级；第四列为任务栈的历史最小剩余值，利用此信息可以合理规划任务栈大小；最后一列为任务的唯一编号，当多个任务使用同一个任务名时，可以通过此编号进行区分。

限于篇幅，本节不一一介绍所有任务管理相关 API 函数。表 6-7 中列出了常用的函数，更多详细介绍可参考 FreeRTOS 官方资料。

表 6-7　其他任务管理相关 API 函数

函 数 名 称	功 能 描 述
xTaskCreateStatic	使用静态方式创建任务
uxTaskPriorityGet	查询任务优先级
xTaskPrioritySet	设置任务优先级
xuTaskGetSystemState	获取任务状态
vTaskInfo	获取任务信息
xTaskGetApplicationTaskTag	获取任务标签（Tag）
xTaskGetCurrentTaskHandle	获取正在运行的任务的句柄
xTaskGetHandle	根据任务名查找任务句柄
xTaskGetIdleTaskHandle	获取空闲任务句柄
uxTaskGetStackHighWaterMark	获取任务栈的历史最小剩余值
pcTaskGetName	获取任务名
xTaskGetTickCount	获取系统时间计数器的值

续表

函 数 名 称	功 能 描 述
xTaskGetTicoCountFromISR	在中断服务函数中获取系统时间计数器的值
xTaskGetSchedulerState	获取任务调度器的状态，返回开启或未开启
uxTaskGetNumberOfTask	获取当前系统中的任务数量
vTaskGetRunTimeStats	获取每个任务的运行时间
vTaskSetApplicationTaskTag	设置任务标签
SetThreadLocalStroragePointer	设置线程本地存储指针
GetThreadLocalStroragePointer	获取线程本地存储指针

6.2 任务控制块（TCB）

与简易操作系统类似，FreeRTOS 也使用结构体来管理任务，该结构体称为任务控制块（Task Control Block，TCB），如程序清单 6-3 所示。任务控制块中包含栈顶指针、任务优先级、任务名等。

程序清单 6-3

```
typedef struct tskTaskControlBlock
{
    volatile StackType_t * pxTopOfStack;       //栈顶指针
    ListItem_t xStateListItem;                 //状态列表
    ListItem_t xEventListItem;                 //事件列表
    UBaseType_t uxPriority;                     //任务优先级
    StackType_t * pxStack;                      //任务栈首地址
    char pcTaskName[ configMAX_TASK_NAME_LEN ]; //任务名
    ...
} tskTCB;
typedef tskTCB TCB_t;
```

在操作系统中，为了准确且高效地进行任务计时，通常需要创建一个事件列表，其中包含了所有任务下一次运行的时间，且按照时间值大小升序排列，计时结束后即执行对应的任务。

6.3 列表和列表项

FreeRTOS 对任务数量没有限制，因此无法像简易操作系统那样使用一个简单的数组来统筹管理各个任务，而是需要使用双向循环链表，在 FreeRTOS 中称为列表和列表项。

链表是 C 语言中的一种基础数据结构，在操作系统中应用广泛，由于链表可以无限延伸，因此使用链表来进行任务管理时，任务数量可不受限制。双向循环链表如图 6-4 所示，每个元素称为一个节点（node）。双向循环链表可以正向/逆向遍历，并且首尾相连。与单向链表相比，双向循环链表的优势是便于插入和删除元素，即在操作系统中，便于任务的创建和删除。

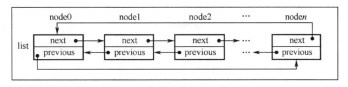

图 6-4 双向循环链表

双向循环链表的节点的定义如程序清单 6-4 所示。节点结构体中通常有指向下一节点的 next、指向上一节点的 previous 和数据项 data，data 可以为任一数据类型。

程序清单 6-4

```
typedef struct node
{
  node* next;
  node* previous;
  void* data;
}StructNode;
```

FreeRTOS 使用列表和列表项来管理任务，列表项为双向循环链表的节点，列表用于统筹管理双向循环链表，相应的函数在 list.h 和 list.c 文件中实现。

列表的定义如程序清单 6-5 所示，列表结构体中包含 3 个成员变量：uxNumberOfItems 表示链表节点数量，每新增一个节点便加 1；pxIndex 表示链表索引指针；xListEnd 表示链表的最后一个节点。

程序清单 6-5

```
typedef struct xLIST
{
    volatile UBaseType_t uxNumberOfItems;
    ListItem_t * pxIndex;     /*< Used to walk through the list.  Points to the last item returned
by a call to listGET_OWNER_OF_NEXT_ENTRY (). */
    MiniListItem_t xListEnd; /*< List item that contains the maximum possible item value meaning
it is always at the end of the list and is therefore used as a marker. */
} List_t;
```

列表项的定义如程序清单 6-6 所示。结构体中的 xItemValue 为辅助值，用于将节点按照升序或降序插入链表中，为了便于快速查找，xItemValue 被设为任务优先级值。pxNext 和 pxPrevious 分别指向下一个、上一个节点，与双向循环链表一致。pvOwner 指向任务控制块（TCB），任务控制块包含栈顶指针、任务栈区、任务优先级、任务入口等信息，与简易操作系统中的 StructTaskHandle 结构体类似，由于 pvOwner 为 void*类型，因此 pvOwner 存储的是任务控制块的首地址；pxContainer 指向拥有该节点的列表，方便插入或删除时修改链表节点数量，以及遍历时访问链表索引指针。

程序清单 6-6

```
struct xLIST;
struct xLIST_ITEM
{   TickType_t xItemValue;              /*< The value being listed.  In most cases this is used to
sort the list in ascending order. */
    struct xLIST_ITEM * pxNext;       /*< Pointer to the next ListItem_t in the list. */
    struct xLIST_ITEM * pxPrevious; /*< Pointer to the previous ListItem_t in the list. */
    void * pvOwner;                    /*< Pointer to the object (normally a TCB) that contains the
list item.  There is therefore a two way link between the object containing the list item and the
list item itself. */
    struct xLIST * pxContainer;       /*< Pointer to the list in which this list item is placed (if
any). */
};
```

```
typedef struct xLIST_ITEM ListItem_t;              /* For some reason lint wants this as two
separate definitions. */
```

列表项可以按照升序或降序的方式插入列表,列表项的插入和删除相关函数在 list.c 文件中定义。

操作系统中通常使用两个列表来管理任务,其中一个总的任务列表包含了系统中所有已注册且未删除的任务,另一个就绪任务列表包含了当前时刻系统中的所有就绪任务,按照优先级从高到低的顺序排列。因此,在切换任务时,只需从就绪任务列表中取出第一个节点,而无须遍历整个列表,从而缩短了异常处理时间,提高了系统的稳定性。

6.4 栈帧初始化

FreeRTOS 的栈帧初始化由 port.c 文件中的 pxPortInitialiseStack 函数实现,如程序清单 6-7 所示。其中,宏定义 portINITIAL_XPSR 的值为 0x01000000,portINITIAL_EXC_RETURN 的值为 0xFFFFFFFD。FreeRTOS 的栈帧初始化与简易操作系统的栈帧初始化类似,但 FreeRTOS 在初始化栈帧时并未考虑浮点运算单元,而是在 PendSV 异常中先判断是否使用了浮点运算单元,从而选择性地将浮点运算寄存器压入栈区。

程序清单 6-7

```
StackType_t * pxPortInitialiseStack( StackType_t * pxTopOfStack,
                                     TaskFunction_t pxCode,
                                     void * pvParameters )
{
    /* Simulate the stack frame as it would be created by a context switch
     * interrupt. */

    /* Offset added to account for the way the MCU uses the stack on entry/exit
     * of interrupts, and to ensure alignment. */
    pxTopOfStack--;

    *pxTopOfStack = portINITIAL_XPSR;                              /* xPSR */
    pxTopOfStack--;
    *pxTopOfStack = ( ( StackType_t ) pxCode ) & portSTART_ADDRESS_MASK; /* PC */
    pxTopOfStack--;
    *pxTopOfStack = ( StackType_t ) prvTaskExitError;             /* LR */

    /* Save code space by skipping register initialisation. */
    pxTopOfStack -= 5;                          /* R12, R3, R2 and R1. */
    *pxTopOfStack = ( StackType_t ) pvParameters; /* R0 */

    /* A save method is being used that requires each task to maintain its
     * own exec return value. */
    pxTopOfStack--;
    *pxTopOfStack = portINITIAL_EXC_RETURN;

    pxTopOfStack -= 8; /* R11, R10, R9, R8, R7, R6, R5 and R4. */

    return pxTopOfStack;
}
```

FreeRTOS 栈帧如表 6-8 所示，相比简易操作系统更为简洁明。

表 6-8　FreeRTOS 栈帧

地　址	寄 存 器	值	地　址	寄 存 器	值
top - 0	xPSR	0x01000000	top - 9	R11	x
top - 1	返回地址	任务入口地址	top - 10	R10	x
top - 2	LR	prvTaskExitError	top - 11	R9	x
top - 3	R12	x	top - 12	R8	x
top - 4	R3	x	top - 13	R7	x
top - 5	R2	x	top - 14	R6	x
top - 6	R1	x	top - 15	R5	x
top - 7	R0	pvParameters	top - 16	R4	x
top - 8	LR	0xFFFFFFFD			

FreeRTOS 的任务通常都是"死循环"，不支持返回。若意外从任务中返回，那么将返回 prvTaskExitError 函数。prvTaskExitError 函数也在 port.c 文件中定义，如程序清单 6-8 所示。在 prvTaskExitError 函数中，首先通过 portDISABLE_INTERRUPTS 函数禁用系统异常/中断，然后再进入一个无限循环。由于任务的切换均通过 PendSV 异常实现，禁用异常/中断后系统将无法进行任务调度，因此程序将无法从 prvTaskExitError 函数中跳出。

程序清单 6-8

```
static void prvTaskExitError( void )
{
    /* A function that implements a task must not exit or attempt to return to
     * its caller as there is nothing to return to.  If a task wants to exit it
     * should instead call vTaskDelete( NULL ).
     *
     * Artificially force an assert() to be triggered if configASSERT() is
     * defined, then stop here so application writers can catch the error. */
    configASSERT( uxCriticalNesting == ~0UL );
    portDISABLE_INTERRUPTS();

    for( ; ; )
    {
    }
}
```

FreeRTOS 也支持任务参数，因此在初始化栈帧时需设置寄存器 R0 为参数值，即 C 语言的参数传递通过工作寄存器实现。

pxPortInitialiseStack 函数中还将异常返回值设为 0xFFFFFFFD，表明从异常退出后要进入线程模式，并使用线程栈指针而非主栈指针。

6.5　SVC 异常处理

与简易操作系统类似，FreeRTOS 中的 SVC 异常同样用于启动第一个任务，如程序清单 6-9 所示，vPortSVCHandler 函数在 port.c 文件中定义。pxCurrentTCB 与简易操作系统中的

s_pCurrentTask 类似，均指向当前任务控制块，任务控制块的第一个成员变量为栈顶指针。

前文提到，FreeRTOS 任务中使用的是线程栈指针而非主栈指针，而 Cortex-M3/M4 内核中的异常/中断服务程序强制使用主栈指针，因此无法使用 PUSH/POP 指令保存/恢复任务现场数据，只能使用 STMDB、LDMIA 多数据加载指令。

程序清单 6-9

```
__asm void vPortSVCHandler( void )
{
    PRESERVE8

    ;获取栈顶指针
    ldr r3, =pxCurrentTCB      ;获取 pxCurrentTCB 指针的地址并存放在 R3 中
    ldr r1, [ r3 ]             ;获取 pxCurrentTCB 指针的内容并存放在 R1 中，即获取当前任务控制块的
                                首地址
    ldr r0, [ r1 ]             ;获取任务控制块的第一个成员变量的值并存放在 R0 中，即获取栈顶指针

    ;恢复部分预设的栈帧内容，剩下的由 CPU 自行恢复
    ldmia r0!, {r4-r11,r14}    ;以 R0 为基址，批量将数据保存到 R4~R11、R14 中，R0 自动自增
    msr psp, r0                ;将 R0 的值保存到线程栈指针（PSP）中

    ;打开中断开关
    isb                        ;清流水线
    mov r0, #0                 ;R0 清零
    msr basepri, r0            ;basepri 清零，使能系统中断

    ;从异常中返回
    bx r14
}
```

6.6　PendSV 异常处理

FreeRTOS 的 PendSV 异常处理如程序清单 6-10 所示，xPortPendSVHandler 函数在 port.c 文件中定义。与 SVC 异常处理类似，PendSV 异常处理只能使用 STMDB、LDMIA 多数据加载指令。

与简易操作系统的处理方式不同，FreeRTOS 会根据任务中是否使用了浮点运算单元来选择性地保存、恢复浮点运算工作寄存器 S16~S31。这样既减少了任务栈区的消耗，对于未使用浮点运算的任务而言，也缩短了 PendSV 异常的处理时间。

注意，本章所涉及的中断管理相关内容可参见第 15 章。

程序清单 6-10

```
__asm void xPortPendSVHandler( void )
{
    ;引入外部标号
    extern uxCriticalNesting;
    extern pxCurrentTCB;
    extern vTaskSwitchContext;

    ;代码段起始地址 8 字节对齐
    PRESERVE8
```

```
    ;获取当前线程栈指针
    mrs r0, psp  ;将当前线程栈指针保存到 R0 中
isb             ;清流水线


    ;获取当前任务控制块（TCB）首地址
    ldr r3, =pxCurrentTCB      ;获取 pxCurrentTCB 指针的地址到 R3 中
    ldr r2, [ r3 ]             ;获取 pxCurrentTCB 指针的值，即当前任务的任务控制块（TCB）首地址


    ;保存浮点运算工作寄存器到栈区中
    tst r14, #0x10            ;R14 与 0x10 按位与，并更新 APSR 中的 N 位和 Z 位，但 R14 保留原始值
    it eq                    ;告诉编译器后边的指令条件执行
    vstmdbeq r0!, {s16-s31}  ;如果使用了浮点运算单元（FPCA=1），则以 R0 为基址，将 S16～S31 保存到
                                任务堆栈中


    ;保存 R4～R11、R14 到任务堆栈中
    stmdb r0!, {r4-r11, r14}


    ;将当前 R0 值保存到 R2 指向的内存空间，即将 R0 值保存到任务控制块（TCB）第一个成员变量，即栈
顶指针中
    str r0, [ r2 ]


    ;查找优先级最高的就绪任务，并更新到 pxCurrentTCB 中
    stmdb sp!, {r0, r3}                                   ;将 R0～R3 保存到主栈中
    mov r0, #configMAX_SYSCALL_INTERRUPT_PRIORITY     ;设置 R0 的值为系统可管理最大中断优先级
    msr basepri, r0                                      ;关系统中断开关
    dsb                                                 ;清流水线
    isb                                                 ;清流水线
    bl vTaskSwitchContext                     ;调用 vTaskSwitchContext 函数查找优先级最高的任务
    mov r0, #0                                          ;设置 R0 的值为 0
    msr basepri, r0                                     ;开系统中断开关
    ldmia sp!, {r0, r3}                                 ;从主栈中恢复 R0～R3


    ;获取新任务控制块（TCB）首地址
    ldr r1, [ r3 ]  ;获取 pxCurrentTCB 指针的值，即新任务的任务控制块（TCB）首地址
    ldr r0, [ r1 ]  ;获取新任务的任务控制块（TCB）第一个成员变量的值，即之前保留下来的线程栈指针


    ;以 R0 为基址，恢复 R4～R11、R14 的值，R0 自动递增
    ldmia r0!, {r4-r11, r14}


    ;恢复浮点运算工作寄存器
    tst r14, #0x10            ;R14 与 0x10 按位与，并更新 APSR 中的 N 位和 Z 位，但 R14 保留原始值
    it eq                    ;告诉编译器后边的指令条件执行
    vldmiaeq r0!, {s16-s31}  ;如果使用了浮点运算单元（FPCA=1），则以 R0 为基址，恢复 S16～S31


    ;设置线程栈指针
    msr psp, r0  ;将线程栈指针的值设为 R0
    isb             ;清流水线


    ;从异常中返回
    bx r14
}
```

6.7　实例与代码解析

下面通过编写实例程序，在 GD32F3 苹果派开发板上测试 FreeRTOS 的任务创建、删除、挂起和从挂起中恢复等功能。

6.7.1　复制并编译原始工程

首先，将 "D:\GD32F3FreeRTOSTest\Material\04.FreeRTOS 任务管理" 文件夹复制到 "D:\GD32F3FreeRTOSTest\Product" 文件夹中。然后，双击运行 "D:\GD32F3FreeRTOSTest\Product\04.FreeRTOS 任务管理\Project" 文件夹下的 GD32KeilPrj.uvprojx，单击工具栏中的 🔨 按钮进行编译，Build Output 栏显示 "FromELF:creating hex file..." 表示已经成功生成.hex 文件，显示 "0 Error(s), 0Warning(s)" 表示编译成功。最后，将.axf 文件下载到微控制器的内部 Flash，下载成功后，若串口助手输出 "Init System has been finished." 则表明原始工程正确，可以进行下一步操作。

6.7.2　编写测试程序

在 Main.c 文件的 "内部变量" 区，添加测试任务句柄的定义，如程序清单 6-11 所示。

程序清单 6-11

```
TaskHandle_t g_handlerTestTask  = NULL; //测试任务句柄
```

在 "内部函数声明" 区，添加测试任务函数的声明，如程序清单 6-12 所示。

程序清单 6-12

```
static  void  TestTask(void* pvParameters);     //测试任务
```

在 "内部函数实现" 区的 LEDTask 函数实现区后，添加测试任务函数 TestTask 的实现代码，如程序清单 6-13 所示。在测试任务函数中，对三个按键进行扫描：若 KEY_1 按键按下，则挂起/恢复 LED 流水灯任务；若 KEY_2 按键按下，则打印操作系统任务信息列表；若 KEY_3 按键按下，则删除 LED 流水灯任务。

程序清单 6-13

```
1.   static void TestTask(void* pvParameters)
2.   {
3.     //字符串输出缓冲区
4.     static char s_arrTaskList[1024];
5.
6.     while(1)
7.     {
8.       //KEY1 按键扫描
9.       if(ScanKeyOne(KEY_NAME_KEY1, NULL, NULL))
10.      {
11.        //挂起 LED 任务
12.        if(eSuspended != eTaskGetState(g_handlerLEDTask))
13.        {
14.          printf("\r\n 挂起 LED 任务\r\n");
15.          vTaskSuspend(g_handlerLEDTask);
```

```
16.        }
17.
18.      //LED 任务退出挂起
19.      else
20.      {
21.        printf("\r\n 恢复 LED 任务\r\n");
22.        vTaskResume(g_handlerLEDTask);
23.      }
24.    }
25.
26.    //KEY₂ 按键扫描
27.    if(ScanKeyOne(KEY_NAME_KEY2, NULL, NULL))
28.    {
29.      vTaskList(s_arrTaskList);
30.      printf("\r\n 任务信息列表: \r\n");
31.      printf("%s", s_arrTaskList);
32.    }
33.
34.    //KEY₃ 按键扫描
35.    if(ScanKeyOne(KEY_NAME_KEY3, NULL, NULL))
36.    {
37.      printf("\r\n 删除 LED 流水灯任务\r\n");
38.      vTaskDelete(g_handlerLEDTask);
39.    }
40.
41.    //延时 10ms
42.    vTaskDelay(10);
43.  }
44. }
```

最后，将测试任务添加到 StartTask 函数的任务列表中，如程序清单 6-14 中的第 9 行代码所示。

程序清单 6-14

```
1.  static void StartTask(void *pvParameters)
2.  {
3.    int i = 0;
4.
5.    //FreeRTOS 任务列表
6.    StructCreatTask s_structCreatTask[] =
7.    {
8.      {2, 128, LEDTask , "LEDTask"  , &g_handlerLEDTask},
9.      {3, 128, TestTask , "TestTask" , &g_handlerTestTask},
10.   };
11.
12.    …
13. }
```

6.7.3　编译及下载验证

代码编写完成并编译通过后，下载程序并进行复位，GD32F3 苹果派开发板的 LED₁ 和 LED₂ 交替闪烁。打开串口助手，按下 KEY₁ 按键，两个 LED 停止闪烁，同时串口助手提示

"挂起 LED 任务";再次按下 KEY₁ 按键,两个 LED 再次交替闪烁,串口助手提示"恢复 LED 任务";按下 KEY₂ 按键,串口助手将打印任务信息列表;按下 KEY₃ 按键,LED 任务被删除,两个 LED 停止闪烁,串口助手提示"删除 LED 任务",如图 6-5 所示。

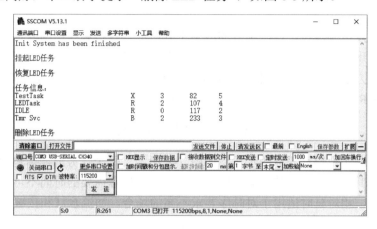

图 6-5 运行结果

本 章 任 务

测试多个任务公用同一任务函数。例如:新建两个优先级相同的任务,分别为任务 1 和任务 2,两个任务公用一个任务函数,通过任务函数参数来区分两个任务。任务 1 每 500ms 打印一次"Task1",任务 2 每 1s 打印一次"Task2"。

本 章 习 题

1. 任务状态有哪些?
2. 简述任务句柄的作用。
3. 如何确定任务栈的大小?
4. 任务优先级高低与其数值大小有何关联?
5. 如何创建和删除任务?
6. 任务切换时如何处理浮点运算工作寄存器?

第7章 时间管理

在嵌入式单片机领域中，延时函数的应用十分广泛。裸机系统中的软件延时函数往往是通过空循环来实现的，通过让单片机进行空循环来达到延时的目的。然而在复杂应用中，通常不建议使用此方法，因为这样不仅会浪费大量的 CPU 资源，还会极大地影响系统的实时性。本章将介绍 FreeRTOS 中的两种延时方式及其对应的延时函数。

7.1 相对延时

通过相对延时实现周期任务的示意图如图 7-1 所示，每个任务周期都包含任务处理和任务延时两部分。其中任务延时的时间是固定的，而任务处理需要的时间不可预测，即任务周期不可控。因此，相对延时适用于对时序要求不高的场合，如流水灯和按键扫描等。

图 7-1　相对延时示意图

7.2 绝对延时

通过绝对延时实现周期任务的示意图如图 7-2 所示，在调用延时函数时，操作系统将任务处理时间从绝对延时时长中减去，使任务周期等于绝对延时。注意，操作系统中任务运行的时间单位为时间片，当任务处理时间不足一个时间片时，按一个时间片计算。

绝对延时适用于对时序要求较高的场合，如通信领域、模拟信号采样等。

图 7-2　绝对延时示意图

7.3 时间管理相关 API 函数

1．vTaskDelay 函数

vTaskDelay 函数用于实现相对延时，具体描述如表 7-1 所示。在使用该函数前，需要将 FreeRTOSConfig.h 文件中的 INCLUDE_vTaskDelay 宏设为 1。

表 7-1　vTaskDelay 函数描述

函数名	vTaskDelay
函数原型	void vTaskDelay(const TickType_t xTicksToDelay)
功能描述	相对延时
输入参数	xTicksToDelay：延时时长，以时间片为单位。若系统时间片为 1ms，则延时时长为 xTicksToDelay ms；若系统时间片为 10ms，那么延时时长为(10 × xTicksToDelay) ms
输出参数	void
返回值	void

2. vTaskDelayUntil 函数

vTaskDelayUntil 函数用于实现绝对延时，具体描述如表 7-2 所示。在使用该函数前，需要将 FreeRTOSConfig.h 文件中的 INCLUDE_vTaskDelayUntil 宏设为 1。

表 7-2　vTaskDelayUntil 函数描述

函数名	vTaskDelayUntil
函数原型	void vTaskDelayUntil(TickType_t *pxPreviousWakeTime, const TickType_t xTimeIncrement)
功能描述	绝对延时
输入参数 1	pxPreviousWakeTime：该指针指向一个静态变量，用于存储任务唤醒时间节点
输入参数 2	xTimeIncrement：延时周期，以时间片为单位
输出参数	void
返回值	void

7.4　实例与代码解析

下面通过编写实例程序来创建两个任务，分别采用相对延时和绝对延时方式进行延时，并通过串口助手输出的信息比较二者的不同。

7.4.1　复制并编译原始工程

首先，将"D:\GD32F3FreeRTOSTest\Material\05.FreeRTOS 时间管理"文件夹复制到"D:\GD32F3FreeRTOSTest\Product"文件夹中。然后，双击运行"D:\GD32F3FreeRTOSTest\Product\05.FreeRTOS 时间管理\Project"文件夹下的 GD32KeilPrj.uvprojx，单击工具栏中的■按钮进行编译，Build Output 栏显示"FromELF:creating hex file..."表示已经成功生成.hex 文件，显示"0 Error(s), 0Warning(s)"表示编译成功。最后，将.axf 文件下载到微控制器的内部 Flash，下载成功后，若串口助手输出"Init System has been finished."则表明原始工程正确，可以进行下一步操作。

7.4.2　编写测试程序

在 Main.c 文件的"内部变量"区，添加任务 1 和任务 2 句柄的定义，如程序清单 7-1 所示。

程序清单 7-1

```
TaskHandle_t g_handlerTask1    = NULL; //任务 1 句柄
TaskHandle_t g_handlerTask2    = NULL; //任务 2 句柄
```

在"内部函数声明"区，添加任务 1 和任务 2 任务函数的声明，如程序清单 7-2 所示。

程序清单 7-2

```
static  void  Task1(void* pvParameters);      //任务 1
static  void  Task2(void* pvParameters);      //任务 2
```

在"内部函数实现"区的 LEDTask 函数实现区后，添加任务 1 和任务 2 函数的实现代码，如程序清单 7-3 所示。任务 1 和任务 2 分别采用相对延时和绝对延时的方式，每隔 500ms 获取并打印一次系统运行时间。由于获取系统运行时间和打印数据都需要消耗时间，因此任务 1 的执行周期并非为精确的 500ms，而任务 2 的执行周期为精确的 500ms。

注意，在任务 2 函数中，进入任务循环之前，需要先获取一次系统运行时间，否则可能导致延时失败。

程序清单 7-3

```
1.   static void Task1(void* pvParameters)
2.   {
3.     TickType_t xSysTime;
4.     while(1)
5.     {
6.       vTaskDelay(500);                      //相对延时
7.       xSysTime = xTaskGetTickCount();       //获取系统运行时间
8.       printf("Task1 time: %d\r\n", xSysTime); //打印系统运行时间
9.     }
10.  }
11.
12.  static void Task2(void* pvParameters)
13.  {
14.    TickType_t xLastWakeTime;
15.    TickType_t xSysTime;
16.
17.    //获取系统运行时间
18.    xLastWakeTime = xTaskGetTickCount();
19.
20.    //任务循环
21.    while(1)
22.    {
23.      vTaskDelayUntil(&xLastWakeTime, 500);   //绝对延时
24.      xSysTime = xTaskGetTickCount();         //获取系统运行时间
25.      printf("Task2 time: %d\r\n", xSysTime); //打印系统运行时间
26.    }
27.  }
```

最后将任务 1 和任务 2 添加到 StartTask 函数的任务列表中，如程序清单 7-4 的第 9 至 10 行代码所示。

程序清单 7-4

```
1.   static void StartTask(void *pvParameters)
2.   {
3.     int i = 0;
4.
5.     //FreeRTOS 任务列表
6.     StructCreatTask s_structCreatTask[] =
7.     {
8.       {2, 128, LEDTask , "LEDTask", &g_handlerLEDTask},
9.       {3, 128, Task1   , "Task1"  , &g_handlerTask1},
10.      {3, 128, Task2   , "Task2"  , &g_handlerTask2},
11.    };
12.
13.    …
14.  }
```

7.4.3　编译及下载验证

代码编写完成并编译通过后，下载程序并进行复位。下载成功后打开串口助手，结果如图 7-3 所示，可见任务 2 的执行周期为精确的 500ms，而任务 1 执行周期为 501ms，比预设周期长 1ms。

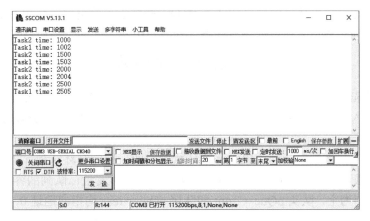

图 7-3　运行结果

本 章 任 务

使用绝对延时的方式控制 GD32F3 苹果派开发板的 LED 灯每隔 500ms 交替闪烁。

本 章 习 题

1．简述相对延时和绝对延时的优缺点。

2．调用延时函数后，任务将切换为何种状态？

3．调用延时函数后，任务如何移交 CPU 使用权？

4．假设时间片为 10ms，现需要通过 vTaskDelay 函数实现延时，那么函数参数应如何设置？

5．若绝对延时的任务优先级较低，是否还能准确延时？

6．若要将绝对延时部署到简易操作系统中，应如何实现？

第8章 消息队列

在前面的章节中，任务之间都是独立运行的，那么如何实现任务之间的通信呢？最直接的方法是使用静态变量来传递消息，而 FreeRTOS 提供了一种更便于使用且安全的任务通信机制——消息队列。消息队列是任务与任务、任务与中断之间的一种通信机制。

8.1 队列与循环队列

队列是一种先入先出（FIFO）的线性表，它只允许在表的一端插入元素，在另一端取出元素，即最先进入队列的元素最先离开。允许插入的一端称为队尾（rear），允许取出的一端称为队头（front）。

有时为了方便，将顺序队列想象为一个环状的空间，称为循环队列。下面举一个简单的例子。假设指针变量 pQue 指向一个队列，该队列为结构体变量，队列的容量为 8，如图 8-1 所示。起初，队列为空，队头 pQue→front 和队尾 pQue→rear 均指向地址 0，队列中的元素个数为 0，如图 8-1（a）所示；插入 J0～J5 六个元素后，队头 pQue→front 依然指向地址 0，队尾 pQue→rear 指向地址 6，队列中的元素个数为 6，如图 8-1（b）所示；取出 J0、J1、J2、J3 四个元素后，队头 pQue→front 指向地址 4，队尾 pQue→rear 指向地址 6，队列中的元素个数为 2，如图 8-1（c）所示；继续插入 J6～J11 六个元素后，队头 pQue→front 指向地址 4，队尾 pQue→rear 也指向地址 4，队列中的元素个数为 8，此时队列为满，如图 8-1（d）所示。

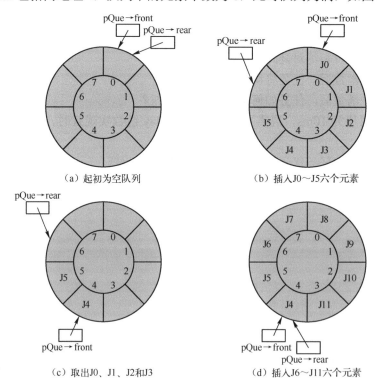

（a）起初为空队列　　　　　　　　　（b）插入J0～J5六个元素

（c）取出J0、J1、J2和J3　　　　　　（d）插入J6～J11六个元素

图 8-1　循环队列操作

在 FreeRTOS 中，消息队列是独立于任务存在的，所有任务和中断都可以向消息队列中插入数据或从中取出数据，类似于一个全局变量。FreeRTOS 的消息可以指定队列长度和数据长度，因此，FreeRTOS 的消息队列可以传递任何数据类型，包括整型、浮点型、指针，以及结构体、共用体等。

8.2　数　据　存　储

队列的数据传输方式通常有两种：传值和传引用。传值即通过复制数据的方式传递消息，而传引用通过传递数据的指针来传递消息。FreeRTOS 的消息队列使用传值的方式，传值相比传引用具有以下优势：

（1）临时变量可以被直接复制到队列中，即使临时变量被系统回收，数据也不会丢失。

（2）无须为数据新建缓冲区后再将数据复制进去。而传引用传递的是指针，即缓冲区首地址，因此需要新建一个缓冲区来暂存数据。

（3）发送任务和接收任务完全独立。

（4）如果过将传递的数据换成地址，则传值即具有传引用类似的功能。而传引用传递的是指针，一个系统中的指针具有固定位宽，因此传引用无法替代传值。

（5）在使用了 MPU（内存保护单元）的系统中，一个任务所能访问的 RAM 存在限制，在使用传引用时，要求两个任务必须能访问同一片 RAM 内存空间；传值则不存在此限制。

传引用的优势在于无须复制数据，在传输大量数据时其速度和效率都远高于传值。

8.3　多任务访问

由于消息队列独立于任务，因此任何任务或中断都能访问消息队列。可以有多个任务同时向消息队列写入数据，同样，消息队列也能同时被多个任务读取。在实际应用中，前者的使用场景较多，后者相对较少。

8.4　出　队　阻　塞

当一个任务尝试从消息队列中读取数据时，可以指定一个阻塞时间。若消息队列为空，任务将进入阻塞态，直至消息队列中的数据可用。当其他任务或中断向该消息队列发送数据后，上述处于阻塞态的任务将进入就绪态；若阻塞时间结束时消息队列仍为空，则该任务变为就绪态。

由于消息队列允许多个任务同时读取数据，因此一个消息队列为空可能导致多个任务进入阻塞态。当消息队列中新增有效数据时，系统将优先唤醒优先级最高的任务；若存在优先级相同的任务，则等待时间最长的任务将被唤醒。

8.5　入　队　阻　塞

与出队阻塞类似，当一个任务尝试向消息队列中写入数据时，可以指定一个阻塞时间。若消息队列为满，则任务将进入阻塞态，直至可以写入数据。当消息队列未满或阻塞时间结束时，上述处于阻塞态的任务将进入就绪态。

由于消息队列允许多个任务同时写入数据，因此一个已满的消息队列可能导致多个任务进入阻塞态。当消息队列变为未满时，系统将优先唤醒优先级最高的任务；若存在优先级相同的任务，则等待时间最长的任务将被唤醒。

8.6　消息队列集

在应用程序中，一个任务可能需要同时监听多个消息队列。在 FreeRTOS 中，多个消息队列可以组合成一个集合，即消息队列集（Queue Sets）。通过消息队列集即可实现一个任务同时监听多个消息队列，任一消息队列接收到数据都将使任务由阻塞态转变为就绪态，避免了任务通过轮询的方式依次检查所有消息队列。实现上述功能需要经过 3 个步骤：①创建消息队列集；②将消息队列添加到该集合中；③监听该集合。

此外，在使用消息队列集之前，需要将 FreeRTOSConfig.h 文件中的 configUSE_QUEUE_SETS 宏设为 1。更多关于消息队列集的详细资料可参见 FreeRTOS 官方资料。

8.7　消息队列相关 API 函数

1. xQueueCreate 函数

xQueueCreate 函数用于创建消息队列，并返回消息队列句柄，具体描述如表 8-1 所示。使用该函数前，需要将 FreeRTOSConfig.h 文件中的 configSUPPORT_DYNAMIC_ALLOCATION 宏设为 1，或不定义（使用默认配置）。使用 xQueueCreate 函数创建消息队列时，所使用的内存空间来自操作系统堆区（在 Heap 中定义），删除消息队列后内存将被回收。

表 8-1　xQueueCreate 函数描述

函数名	xQueueCreate
函数原型	QueueHandle_t xQueueCreate(UBaseType_t uxQueueLength, UBaseType_t uxItemSize)
功能描述	创建消息队列
输入参数 1	uxQueueLength：消息队列长度
输入参数 2	uxItemSize：数据单元大小，以字节（Byte）为单位。消息队列可以存储任意数据类型，如 char、int 型，以及结构体等
输出参数	void
返回值	NULL：内存不足，创建失败； 其他：消息队列句柄，任务和中断通过此句柄访问队列

xQueueCreate 函数的使用示例如程序清单 8-1 所示。创建消息队列时，首先要包含 queue.h 头文件，然后定义消息队列句柄，由于 QueueHandle_t 为指针类型，其原型为 typedef struct QueueDefinition*QueueHandle_t，因此可将其初始化为 NULL。在程序清单 8-1 中，通过 xQueueCreate 函数创建一个长度为 1024、数据单元大小为 1 字节的消息队列，并将消息队列的句柄保存在 g_handleQueue 中，其他任务或中断即可通过 g_handleQueue 来访问该消息队列。

由于消息队列是公用资源，因此这里将句柄设为全局变量。如果仅限于某个.c 文件使用，可将句柄设为内部变量。

程序清单 8-1

```
#include "queue.h"

QueueHandle_t g_handleQueue = NULL;

void QueueTask (void* pvParameters)
{
```

```
g_handleQueue = xQueueCreate(1024, 1);

while(1)
{
    ...
}
}
```

2. vQueueDelete 函数

vQueueDelete 函数用于删除消息队列，具体描述如表 8-2 所示。

表 8-2 vQueueDelete 函数描述

函数名	vQueueDelete
函数原型	void vQueueDelete(QueueHandle_t xQueue)
功能描述	删除消息队列
输入参数	xQueue：消息队列句柄
输出参数	void
返回值	void

vQueueDelete 函数的使用示例如程序清单 8-2 所示。注意，vQueueDelete 函数传入的是句柄而非指向句柄的指针，在删除消息队列后，句柄的值不变，仍指向系统堆区，但此时这片内存已被系统回收，应该禁止访问。因此，建议在删除消息队列后，将其句柄设为 NULL，防止其他任务或中断再次访问。

程序清单 8-2

```
#include "queue.h"

void QueueTask(void* pvParameters)
{

    extern QueueHandle_t g_handleQueue;

    while(1)
    {
        //删除之前创建的消息队列
        vQueueDelete(g_handleQueue);
        g_handleQueue = NULL;

        ...
    }
}
```

3. xQueueSend 函数

xQueueSend 函数用于将一个数据单元发送到消息队列中，具体描述如表 8-3 所示。

表 8-3 xQueueSend 函数描述

函数名	xQueueSend
函数原型	BaseType_t xQueueSend(QueueHandle_t xQueue, const void * pvItemToQueue, TickType_t xTicksToWait)

功能描述	将一个数据单元发送到消息队列中
输入参数 1	xQueue：消息队列句柄
输入参数 2	pvItemToQueue：数据单元所在地址
输入参数 3	xTicksToWait：最大等待时长，以时间片为单位。该参数为 0 表示无论发送是否成功都立即返回。使用 portTICK_PERIOD_MS 可以计算出实际等待时长。当 INCLUDE_vTaskSuspend 宏为 1，且 xTicksToWait 为 portMAX_DELAY 时，任务将进入无限期阻塞态，直至发送成功
输出参数	void
返回值	pdTRUE：发送成功；errQUEUE_FULL：消息队列已满，发送失败

xQueueSend 函数的使用示例如程序清单 8-3 所示。向消息队列写入数据时，句柄不能为空。在 xQueueSend 函数中使用了临界段，以确保在写入数据期间不被任何操作系统可管理的中断或任务打断，从而最大限度地保障数据安全。

程序清单 8-3

```c
#include "queue.h"

void QueueTask(void* pvParameters)
{
  extern QueueHandle_t g_handleQueue;
  char data;

  while(1)
  {
    //获取数据
    data = 0xA0;

    //通过消息队列传输数据
    if(NULL != g_handleQueue)
    {
      xQueueSend(g_handleQueue, &data, portMAX_DELAY);
    }

    ...
  }
}
```

4．xQueueSendFromISR 函数

xQueueSendFromISR 函数用于在中断中将一个数据单元发送到消息队列中，具体描述如表 8-4 所示。由于 xQueueSendFromISR 函数在中断中使用，因此不存在阻塞问题。

表 8-4　xQueueSendFromISR 函数描述

函数名	xQueueSendFromISR
函数原型	BaseType_t xQueueSendFromISR(QueueHandle_t xQueue, const void *pvItemToQueue, BaseType_t *pxHigherPriorityTaskWoken)
功能描述	在中断中将一个数据单元发送到消息队列中

续表

输入参数 1	xQueue：消息队列句柄
输入参数 2	pvItemToQueue：数据单元所在地址
输入参数 3	pxHigherPriorityTaskWoken：设置退出中断服务函数后是否进行任务切换。当其值为 pdTRUE 时，退出中断服务函数前要触发一次任务切换
输出参数	void
返回值	pdTRUE：发送成功； errQUEUE_FULL：消息队列已满，发送失败

xQueueSendFromISR 函数的使用示例如程序清单 8-4 所示。portYIELD_FROM_ISR 实质上是一个宏定义，会触发 PendSV 异常。因此，在中断服务函数退出后，调度器将立即进行任务切换，使正处于阻塞态的接收任务被唤醒，并第一时间进行数据处理。若在中断服务函数中不使用 portYIELD_FROM_ISR 宏，则接收任务在下一个时间片才被唤醒。

程序清单 8-4

```
void USART0_IRQHandler(void)
{
  extern QueueHandle_t g_handlerQueue;
  BaseType_t xHigherPriorityTaskWoken = pdFALSE;
  unsigned char uData = 0;

  if(usart_interrupt_flag_get(USART0, USART_INT_FLAG_RBNE) != RESET)   //接收缓冲区非空中断
  {
    usart_interrupt_flag_clear(USART0, USART_INT_FLAG_RBNE);        //清除 USART0 中断挂起
    uData = usart_data_receive(USART0);                  //将 USART0 接收到的数据保存到 uData
    xQueueSendFromISR(g_handlerQueue, &uData, &xHigherPriorityTaskWoken);//将数据发送到消息队列
  }

  if(usart_interrupt_flag_get(USART0, USART_INT_FLAG_ERR_ORERR) == SET)   //溢出错误标志为1
  {
    usart_interrupt_flag_clear(USART0, USART_INT_FLAG_ERR_ORERR);          //清除溢出错误标志
    usart_data_receive(USART0);   //读取 USART_DATA
  }

  //根据参数决定是否进行任务切换
  portYIELD_FROM_ISR(xHigherPriorityTaskWoken);
}
```

5. xQueueReceive 函数

xQueueReceive 函数用于接收消息队列数据，具体描述如表 8-5 所示。

表 8-5　xQueueReceive 函数描述

函数名	xQueueReceive
函数原型	BaseType_t xQueueReceive(QueueHandle_t xQueue, void *pvBuffer, TickType_t xTicksToWait)
功能描述	接收消息队列数据
输入参数 1	xQueue：消息队列句柄
输入参数 2	pvBuffer：接收缓冲区首地址

续表

输入参数 3	xTicksToWait：最大等待时长，以时间片为单位。该参数为 0 表示无论接收是否成功都立即返回。使用 portTICK_PERIOD_MS 可以计算出实际等待时长。当 INCLUDE_vTaskSuspend 宏为 1，且 xTicksToWait 为 portMAX_DELAY 时，任务将进入无限期阻塞态，直至接收成功
输出参数	void
返回值	pdTRUE：接收成功； pdFALSE：接收失败

6. xQueueReceiveFromISR 函数

与 xQueueSendFromISR 类似，xQueueReceiveFromISR 函数用于从中断中接收消息队列数据单元，具体描述如表 8-6 所示。

表 8-6　xQueueReceiveFromISR 函数描述

函数名	xQueueReceiveFromISR
函数原型	BaseType_t xQueueReceiveFromISR(QueueHandle_t xQueue, 　　　　　　　　　　　　　　　void *pvBuffer, 　　　　　　　　　　　　　　　BaseType_t *pxHigherPriorityTaskWoken)
功能描述	从中断中接收消息队列数据
输入参数 1	xQueue：消息队列句柄
输入参数 2	pvBuffer：接收缓冲区首地址
输入参数 3	pxHigherPriorityTaskWoken：设置退出中断服务函数后是否进行任务切换。当其值为 pdTRUE 时，退出中断服务函数前要触发一次任务切换。
输出参数	void
返回值	pdTRUE：接收成功； errQUEUE_FULL：消息队列为空，接收失败

7. xQueueOverwrite 函数

xQueueOverwrite 函数使用覆盖的方式向消息队列发送数据，队列已满时将自动覆盖最早入队的数据，即 xQueueOverwrite 函数必定能将数据成功发送至队列。该函数的具体描述如表 8-7 所示。

表 8-7　xQueueOverwrite 函数描述

函数名	xQueueOverwrite
函数原型	BaseType_t xQueueOverwrite(QueueHandle_t xQueue, const void * pvItemToQueue)
功能描述	以覆盖的方式向消息队列发送数据
输入参数 1	xQueue：消息队列句柄
输入参数 2	pvItemToQueue：数据单元所在地址
输出参数	void
返回值	总是返回 pdPASS

8. xQueueOverwriteFromISR 函数

xQueueOverwriteFromISR 函数使用覆盖的方式在中断中向消息队列发送数据，具体描述如表 8-8 所示。

表 8-8　xQueueOverwriteFromISR 函数描述

函数名	xQueueOverwriteFromISR
函数原型	BaseType_t xQueueOverwrite(QueueHandle_t xQueue, 　　　　　　　　　　　const void * pvItemToQueue 　　　　　　　　　　　BaseType_t *pxHigherPriorityTaskWoken)
功能描述	使用覆盖的方式在中断中向消息队列发送数据
输入参数 1	xQueue：消息队列句柄
输入参数 2	pvItemToQueue：数据单元所在地址
输入参数 3	pxHigherPriorityTaskWoken：设置退出中断服务函数后是否进行任务切换。当其值为 pdTRUE 时，退出中断服务函数前要触发一次任务切换。
输出参数	void
返回值	总是返回 pdPASS

其他消息队列相关 API 函数如表 8-9 所示。

表 8-9　其他消息队列相关 API 函数

函 数 名 称	功 能 描 述
xQueueCreateStatic	以静态的方式创建消息队列
xQueueSendToBack	向队尾写入数据，与 xQueueSend 函数的作用相同
xQueueSendToBackFromISR	在中断中向队尾写入数据
xQueueSendToFront	向队首写入数据
xQueueSendToFrontFromISR	在中断中向队首写入数据
uxQueueMessagesWaiting	获取消息队列中的数据量，以数据单元为单位
uxQueueMessagesWaitingFromISR	在中断中获取消息队列的数据量，以数据单元为单位
uxQueueSpacesAvailable	获取消息队列剩余容量，以数据单元为单位
xQueueReset	复位消息队列，其中的数据将被清除
xQueuePeek	获取消息队列中的数据，队首数据被保留
xQueuePeekFromISR	在中断中获取消息队列中的数据，队首数据被保留
vQueueAddToRegistry	为消息队列命名并将其加入注册表中
vQueueUnregisterQueue	将消息队列从注册表中删除
pcQueueGetName	获取队列名
xQueueIsQueueFullFromISR	在中断中判断消息队列是否为满
xQueueIsQueueEmptyFromISR	在中断中判断消息队列是否为空

8.8　消息队列集相关 API 函数

1. xQueueCreateSet 函数

xQueueCreateSet 函数用于创建一个消息队列集，具体描述如表 8-10 所示。使用该函数前，需要先将 FreeRTOSConfig.h 文件中的 configUSE_QUEUE_SETS 宏设为 1。消息队列集使得任务可以同时监听多个消息队列。此外，消息队列集也适用于信号量，在 FreeRTOS 中，信号量实际上是由消息队列演变而来的。使用消息队列集时需要注意以下几点。

（1）消息队列或信号量在被添加到消息队列集时必须为空。尤其需要注意二值信号量在某些情况下创建后为非空。

（2）消息队列集中含有互斥量时，无法触发优先级继承。

（3）使用消息队列集时，每个消息队列将多占用 4 字节内存空间，若计数型信号量的计数值较大，消息队列集将不适用。

（4）无法通过句柄直接获取单个消息队列或信号量的数据。

表 8-10   xQueueCreateSet 函数描述

函数名	xQueueCreateSet
函数原型	QueueSetHandle_t xQueueCreateSet(const UBaseType_t uxEventQueueLength)
功能描述	创建一个消息队列集
输入参数	uxEventQueueLength：消息队列集长度
输出参数	void
返回值	NULL：内存不足，创建失败； 其他：消息队列集句柄，任务通过此句柄访问队列

程序清单 8-5 为通过 xQueueCreateSet 函数创建一个长度为 2 的消息队列集的示例代码。使用消息队列集时，需要包含 queue.h 头文件，并将 FreeRTOSConfig.h 文件中的 configUSE_QUEUE_SETS 宏设为 1。

程序清单 8-5

```
1.   #include "queue.h"
2.
3.   QueueSetHandle_t g_handleQueueSet = NULL;
4.
5.   void QueueSetTask(void* pvParameters)
6.   {
7.     //创建消息队列集
8.     g_handleQueueSet = xQueueCreateSet(2);
9.
10.    //任务循环
11.    while(1)
12.    {
13.
14.    }
15.  }
```

2. xQueueAddToSet 函数

xQueueAddToSet 函数用于将消息队列或信号量添加到消息队列集，具体描述如表 8-11 所示。使用该函数前，需要先将 FreeRTOSConfig.h 文件中的 configUSE_QUEUE_SETS 宏设为 1。

表 8-11   xQueueAddToSet 函数描述

函数名	xQueueAddToSet
函数原型	BaseType_t xQueueAddToSet(QueueSetMemberHandle_t xQueueOrSemaphore, QueueSetHandle_t xQueueSet)

续表

功能描述	将消息队列或信号量添加到消息队列集
输入参数 1	xQueueOrSemaphore：消息队列或信号量句柄
输入参数 2	xQueueSet：消息队列集句柄
输出参数	void
返回值	pdPASS：成功； pdFAIL：失败，消息队列或信号量已加入其他消息队列集

程序清单 8-6 为通过 xQueueAddToSet 函数将消息队列添加到消息队列集的示例代码，这样即可通过 g_handleQueueSet 句柄同时监听两个消息队列。

程序清单 8-6

```
1.   #include "queue.h"
2.
3.   QueueSetHandle_t g_handleQueueSet = NULL;
4.   QueueHandle_t    g_handleQueue1 = NULL;
5.   QueueHandle_t    g_handleQueue2 = NULL;
6.
7.   void QueueSetTask(void* pvParameters)
8.   {
9.     //创建消息队列集
10.    g_handleQueueSet = xQueueCreateSet(2);
11.
12.    //创建消息队列
13.    g_handleQueue1 = xQueueCreate(1024, 1);
14.    g_handleQueue2 = xQueueCreate(1024, 1);
15.
16.    //将消息队列添加到消息队列集
17.    xQueueAddToSet(g_handleQueue1, g_handleQueueSet);
18.    xQueueAddToSet(g_handleQueue2, g_handleQueueSet);
19.
20.    //任务循环
21.    while(1)
22.    {
23.
24.    }
25. }
```

3. xQueueRemoveFromSet 函数

xQueueRemoveFromSet 函数用于将消息队列或信号量从消息队列集中移除，具体描述如表 8-12 所示。使用该函数前，需要先将 FreeRTOSConfig.h 文件中的 configUSE_QUEUE_SETS 宏设为 1。

表 8-12　xQueueRemoveFromSet 函数描述

函数名	xQueueRemoveFromSet
函数原型	BaseType_t xQueueRemoveFromSet(QueueSetMemberHandle_t xQueueOrSemaphore, 　　　　　　　　　　　　　QueueSetHandle_t xQueueSet)
功能描述	将消息队列或信号量从消息队列集中移除

续表

输入参数 1	xQueueOrSemaphore：消息队列或信号量句柄
输入参数 2	xQueueSet：消息队列集句柄
输出参数	void
返回值	pdPASS：成功； pdFAIL：移除失败，消息队列或信号量并未在消息队列集中

4．xQueueSelectFromSet 函数

xQueueSelectFromSet 函数用于监听消息队列集，具体描述如表 8-13 所示。使用该函数前，需要先将 FreeRTOSConfig.h 文件中的 configUSE_QUEUE_SETS 宏设为 1。

表 8-13　xQueueSelectFromSet 函数描述

函数名	xQueueSelectFromSet
函数原型	QueueSetMemberHandle_t xQueueSelectFromSet(QueueSetHandle_t xQueueSet, 　　　　　　　　　　　　　　　　　　const TickType_t xTicksToWait)
功能描述	监听消息队列集
输入参数 1	xQueueSet：消息队列集句柄
输入参数 2	xTicksToWait：阻塞事件，以时间片为单位
输出参数	void
返回值	NULL：阻塞结束，获取消息队列或信号量失败； 其他：成功，返回消息队列或信号量的句柄

程序清单 8-7 为通过 xQueueSelectFromSet 函数监听多个消息队列的示例代码。在 FreeRTOS 源码中，无论是 QueueSetHandle_t、QueueSetMemberHandle_t、QueueHandle_t，还是第 9 章将介绍的 SemaphoreHandle_t，这些句柄的原型均为 QueueDefinition*，它们之间可以相互转换。因此可以根据 xQueueSelectFromSet 函数的返回值来确定是哪个消息队列接收到了消息，从而进行相应的处理。

程序清单 8-7

```
1.    void QueueSetTask(void* pvParameters)
2.    {
3.      extern QueueSetHandle_t g_handleQueueSet;
4.      extern QueueHandle_t    g_handleQueue1;
5.      extern QueueHandle_t    g_handleQueue2;
6.      QueueSetMemberHandle_t queue;
7.      char data1;
8.      int  data2;
9.
10.     //任务循环
11.     while(1)
12.     {
13.       //监听消息队列集
14.       queue = xQueueSelectFromSet(g_handleQueueSet, portMAX_DELAY);
15.
16.       //消息队列 1
17.       if(queue == g_handleQueue1)
```

```
18.        {
19.            //从消息队列 1 中获取数据
20.            xQueueReceive(queue, &data1, 0);
21.
22.            //处理
23.            ...
24.        }
25.
26.        //消息队列 2
27.        else if(queue == g_handleQueue2)
28.        {
29.            //从消息队列 2 中获取数据
30.            xQueueReceive(queue, &data2, 0);
31.
32.            //处理
33.            ...
34.        }
35.    }
36. }
```

5. xQueueSelectFromSetFromISR 函数

xQueueSelectFromSetFromISR 函数用于在中断中监听消息队列集，具体描述如表 8-14 所示。使用该函数前，需要先将 FreeRTOSConfig.h 文件中的 configUSE_QUEUE_SETS 宏设为1。由于中断没有阻塞态，因此该函数仅有 xQueueSet 这一个形参。

表 8-14　xQueueSelectFromSetFromISR 函数描述

函数名	xQueueSelectFromSetFromISR
函数原型	QueueSetMemberHandle_t xQueueSelectFromSetFromISR(QueueSetHandle_t xQueueSet)
功能描述	在中断中监听消息队列集
输入参数	xQueueSet：消息队列集句柄
输出参数	void
返回值	NULL：获取消息队列或信号量失败； 其他：成功，返回消息队列或信号量的句柄

8.9　实例与代码解析

下面通过编写实例程序来创建两个任务，任务 1 通过消息队列向任务 2 发送数据，任务2 接收到数据后通过串口助手进行打印。

8.9.1　复制并编译原始工程

首先，将"D:\GD32F3FreeRTOSTest\Material\06.FreeRTOS 消息队列"文件夹复制到"D:\GD32F3FreeRTOSTest\Product"文件夹中。然后，双击运行"D:\GD32F3FreeRTOSTest\Product\06.FreeRTOS 消息队列\Project"文件夹下的 GD32KeilPrj.uvprojx，单击工具栏中的 ▓ 按钮进行编译，Build Output 栏显示"FromELF:creating hex file..."表示已经成功生成.hex 文件，显示"0 Error(s), 0Warning(s)"表示编译成功。最后，将.axf 文件下载到微控制器的内部 Flash，下载成功后，若串口助手输出"Init System has been finished."则表明原始工程正确，可以进行下一步操作。

8.9.2　编写测试程序

1. Main.c 文件

在 Main.c 文件的"包含头文件"区，添加包含头文件 queue.h 的代码，如程序清单 8-8 所示。

程序清单 8-8

```
#include "queue.h"
```

在"内部变量"区，添加消息队列句柄的定义，如程序清单 8-9 所示。由于需要在串口驱动文件中引用该句柄，因此将消息队列句柄定义为全局变量。

程序清单 8-9

```
//消息队列句柄
QueueHandle_t g_handlerQueue = NULL;
```

在"内部函数实现"区，按照程序清单 8-10 修改 Task1 函数的代码。在任务 1 中，每隔 10ms 扫描一次开发板上的 KEY_1 按键，若检测到 KEY_1 按键按下，则通过 xQueueSend 函数将数据写入消息队列中。

程序清单 8-10

```
1.    static void Task1(void* pvParameters)
2.    {
3.      //需要发送的信息
4.      const char* s_pSendData = "Task1 message\r\n";
5.
6.      //循环变量
7.      int i;
8.
9.      //任务循环，每隔10ms扫描一次KEY₁按键，KEY₁按键按下则向任务2发送一次信息
10.     while(1)
11.     {
12.       if(ScanKeyOne(KEY_NAME_KEY1, NULL, NULL))
13.       {
14.         //输出提示语句
15.         printf("Task1: 向任务2发送信息\r\n");
16.
17.         //依次发送所有数据
18.         i = 0;
19.         while(0 != s_pSendData[i])
20.         {
21.           xQueueSend(g_handlerQueue, s_pSendData + i, portMAX_DELAY);
22.           i++;
23.         }
24.       }
25.
26.       //延时10ms
27.       vTaskDelay(10);
28.     }
29.   }
```

按照程序清单 8-11 修改 Task2 函数的代码。在任务 2 中，通过 xQueueReceive 函数接收消息队列中的数据，并通过 printf 函数进行打印。

程序清单 8-11

```
1.  static void Task2(void* pvParameters)
2.  {
3.    //临时变量
4.    char data;
5.
6.    //创建消息队列
7.    g_handlerQueue = xQueueCreate(1024, sizeof(char));
8.
9.    //任务循环
10.   while(1)
11.   {
12.     //打印消息队列中的数据
13.     xQueueReceive(g_handlerQueue, &data, portMAX_DELAY);
14.     printf("%c", data);
15.   }
16. }
```

2. UART0.c 文件

在 UART0.c 文件的"包含头文件"区，添加包含头文件 FreeRTOS.h 和 queue.h 的代码，如程序清单 8-12 所示。

程序清单 8-12

```
#include "FreeRTOS.h"
#include "queue.h"
```

在"内部函数实现"区的 ConfigUART 函数中，将 USART0 中断的抢占优先级改为 5，如程序清单 8-13 的第 3 行代码所示。FreeRTOS 的中断管理由 FreeRTOSConfig.h 文件中的 configLIBRARY_MAX_SYSCALL_INTERRUPT_PRIORITY 宏控制，操作系统只能管理低于或等同于该优先级的中断，在更高优先级的中断中使用 FreeRTOS 的 API 函数可能会导致程序故障。

程序清单 8-13

```
1.  static  void  ConfigUART(unsigned int bound)
2.  {
3.    nvic_irq_enable(USART0_IRQn, 5, 0);   //使能串口中断，设置优先级
4.    rcu_periph_clock_enable(RCU_GPIOA);   //使能 GPIOA 时钟
5.
6.    …
7.  }
```

在 USART0_IRQHandler 函数中，添加程序清单 8-14 的第 3~4、12、21~22 行代码。在串口中断服务函数中，通过 xQueueSendFromISR 函数向消息队列发送数据，若发送成功，则需要通过 portYIELD_FROM_ISR 函数进行一次任务切换（其参数值为 pdTRUE 时有效，因此将 xHigherPriorityTaskWoken 设置为 pdFALSE）。

程序清单 8-14

```
1.   void USART0_IRQHandler(void)
2.   {
3.     extern QueueHandle_t g_handlerQueue;
4.     BaseType_t xHigherPriorityTaskWoken = pdFALSE;
5.     unsigned char uData = 0;
6.
7.     if(usart_interrupt_flag_get(USART0, USART_INT_FLAG_RBNE) != RESET) //接收缓冲区非空中断
8.     {
9.       usart_interrupt_flag_clear(USART0, USART_INT_FLAG_RBNE);  //清除 USART0 中断挂起
10.      uData = usart_data_receive(USART0);                //将 USART0 接收到的数据保存到 uData
11.      EnCirQueue(&s_structUARTRecCirQue, &uData, 1); //将接收到的数据写入接收缓冲区
12.      xQueueSendFromISR(g_handlerQueue, &uData, &xHigherPriorityTaskWoken);//将数据发送到消
                                                                       息队列
13.    }
14.
15.    if(usart_interrupt_flag_get(USART0, USART_INT_FLAG_ERR_ORERR) == SET) //溢出错误标志为 1
16.    {
17.      usart_interrupt_flag_clear(USART0, USART_INT_FLAG_ERR_ORERR); //清除溢出错误标志
18.      usart_data_receive(USART0);  //读取 USART_DATA
19.    }
20.
21.    //根据参数决定是否进行任务切换
22.    portYIELD_FROM_ISR(xHigherPriorityTaskWoken);
23.  }
```

8.9.3　编译及下载验证

代码编写完成并编译通过后，下载程序并进行复位。下载成功后打开串口助手，按下 KEY₁ 按键，任务 1 将向任务 2 发送消息，随后任务 2 打印"Task1 message"，如图 8-2 所示。

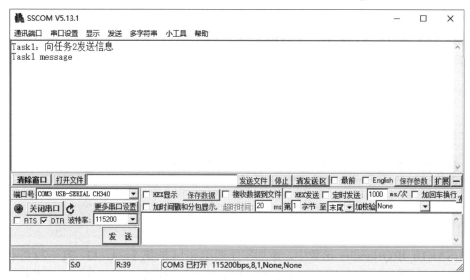

图 8-2　运行结果

本 章 任 务

编写程序测试消息队列集的功能。将 8.9 节例程中的 g_handlerQueue 拆分为两个消息队列，分别为 g_handlerQueue1 和 g_handlerQueue2，两个消息队列组成一个消息队列集，实现 Task2 同时监听两个消息队列的功能。

本 章 习 题

1．简述栈区和队列的异同点。

2．当低优先级任务正在写入消息队列时，能否被高优先级任务抢占？

3．消息队列能否触发中断？

4．在中断中如何获取消息队列信息？

5．如何访问其他.c 文件中定义的消息队列句柄？

6．若多个优先级不同的任务监听同一队列，操作系统内核将会如何处理？

7．如何用消息队列实现栈区功能？

第9章 二值信号量与计数信号量

除了消息队列，任务之间还可以通过信号量、事件标志组和任务通知来实现通信。其中，信号量又分为二值信号量、计数信号量、互斥信号量和递归互斥信号量。本章主要介绍二值信号量与计数信号量。

9.1 中 断 延 迟

程序的中断服务函数要求快进快出，原因如下。

（1）无论任务处于何种优先级，中断总比任务优先执行，这是由硬件机制决定的。若在处理中断时消耗过多时间，则会影响任务的实时性。

（2）当一个中断服务函数正在执行时，若关闭了全局中断开关，则系统无法接收新的中断请求，这将延长高优先级中断的响应时间。

（3）FreeRTOS 支持中断嵌套，但中断嵌套会增加系统复杂性，使中断行为变得不可预测，在嵌入式实时操作系统中，这可能会产生不可预知的影响。

综上所述，中断的处理时间越快，对系统实时性的影响就越低，出现中断嵌套的可能性也就越低，系统更稳定。

在中断服务函数中必须及时处理触发中断的事件，并清除中断标志位。以串口为例，串口中断的来源有多种，如接收缓冲区非空、发送缓冲区为空等，在中断服务函数中必须根据不同中断源进行相应的处理，并清除中断标志位。

为了实现中断的快进快出，可以将中断中必要但耗时的工作移交给任务处理，这个方法称为中断延迟。

中断延迟使不同中断的工作可以按照任务优先级来处理，最紧急的中断工作优先被处理。此外，中断延迟也使得在处理中断工作时可以使用 FreeRTOS 的 API 函数，因为 FreeRTOS 的大部分 API 函数只能在任务中调用，无法在中断中调用。

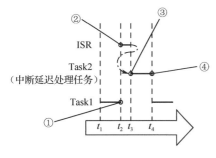

图 9-1 中断延迟

若需要处理中断工作的任务在系统中的优先级最高，那么退出中断服务函数后，该任务将被立即执行，如图 9-1 所示。其中，Task1 为普通任务，ISR 为中断处理，Task2 为中断延迟的对象，过程如下。

① 中断处理打断 Task1 的运行。

② 执行中断处理，解除用于中断延迟的 Task2 的阻塞。

③ 优先级较高的 Task2 进入运行态，完成中断处理。

④ Task2 等待下一次中断发生，进入阻塞态，Task1 继续运行。

在图 9-1 中，中断的起始时间为 t_2，实际结束的时间为 t_4，但响应时长实际为 $t_2 \sim t_3$，大部分工作交由 Task2 来完成，即实现了中断的快进快出。并非所有中断都需要使用中断延迟，中断延迟适用于以下情况。

（1）中断处理时间较长。以 ADC 为例，若只需要在中断服务函数中获取 ADC 的转换结果并保存到缓冲区，使用中断延迟反而会增加程序的复杂性；但若需要对输入信号进行滤波处理，而滤波通常比较耗时，那么此时可将滤波工作交由任务去处理，在中断服务函数中只进行数据采集。

（2）中断中存在无法执行的部分内容。例如，通过串口打印字符串、更新 LCD 显示等较为耗时的操作在中断中是禁止出现的。

（3）中断处理时长不定。当中断处理时长不确定时，交由任务去处理中断工作是更合适的选择。

中断延迟可以通过信号量、事件标志组、任务通知等方式实现。

9.2　二值信号量

在中断与任务同步或任务与任务同步的情况下，二值信号量可被看作长度为 1 的"消息队列"，即最多只能存储 1 字节数据。该"消息队列"有两种状态：队列为空和队列为满。任务并不关注队列中的数据，只关注队列中是否有数据。任务通过 xSemaphoreTake 函数获取信号量相当于从队列中读取数据，同时设置一个阻塞时间，若获取信号量失败（队列为空）则进入阻塞态。

中断事件发生时，中断通过 xSemaphoreGiveFromISR 函数释放信号量，相当于将信号量写入"消息队列"，使得消息队列为满，这样即可唤醒处于阻塞态的任务。任务从阻塞态退出后，由于从队列中获取了信号量，"消息队列"又重新变为空状态，这样当任务再次获取信号量时将再次进入阻塞态，等待下一个中断事件的发生，如图 9-2 所示。

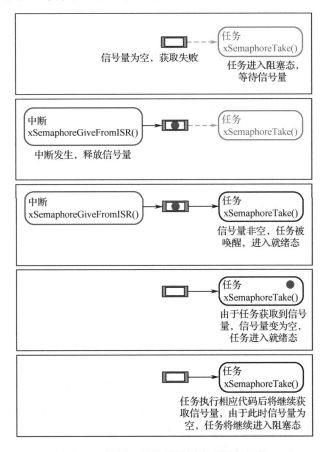

图 9-2　使用二值信号量同步中断与任务

若在任务运行过程中，中断又释放了信号量（见图 9-3），由于在任务运行期间队列为空，因此中断释放的信号量得以保存在消息队列中。当任务再次获取信号量时，由于中断已经释放信号量，任务可顺利获取信号量，而不会进入阻塞态。

当多个中断释放同一信号量时，可能会出现如图 9-4 所示的情况。由于二值信号量对应的消息队列长度为 1，因此当信号量非空时，再次释放信号量将会产生两个同步事件，但实际上任务只处理了一次，导致后释放的信号量无效。

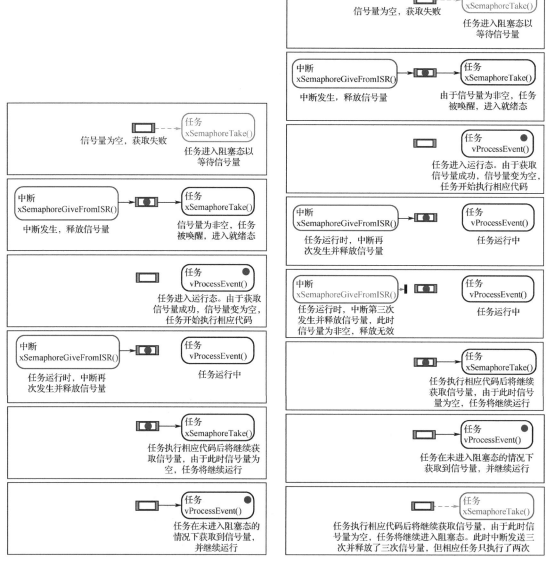

图 9-3　任务运行中中断释放信号量　　　　图 9-4　多个中断释放同一信号量

通过二值信号量可以有效实现中断延迟，二值信号量的 API 函数可以在特定的中断发生时解除某个任务的阻塞，从而有效地同步任务与中断，使中断服务函数可以将大部分工作分配给一个同步任务，自身只需要完成紧急部分的工作。

如果中断中的工作需要立即处理，则可以将同步任务的优先级设为最高，确保从中断退

出后该任务能立即执行。中断服务函数可以使用 portYIELD_FROM_ISR()宏命令触发 PendSV
异常，使中断退出后立即进行任务调度，若同步任务的优先级最高，则其将立即从阻塞态被
唤醒并开始处理相关工作。图 9-5 显示了使用二值信号量进行中断延迟的过程。

① 中断打断 Task1 的运行。

② 执行中断，释放 Task2 阻塞等待的二值信号量。

③ Task2 完成后再次获取二值信号量，进入阻塞状态，等待下一次中断发生并释放相应的二值信号量。

延迟处理任务可以使用带阻塞的方式获取（take）信号量，类似于任务因等待某个事件而进入阻塞态的形式。当事件发生时，中断将对同一信号量执行给予（give）操作来唤醒进入阻塞态的任务，这称为释放信号量。

获取信号量和释放信号量这两个概念在不同应用场景下有不同的含义。

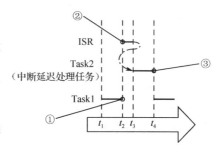

图 9-5　使用二值信号量进行中断延迟

9.3　计数信号量

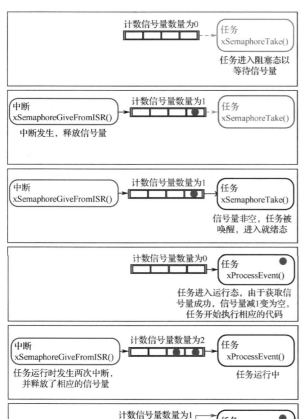

图 9-6　计数信号量的使用

与二值信号量类似，计数信号量也可被视为一种特殊的消息队列，该消息队列的长度为 N，任务只关注消息队列中的数据量，而不关注数据本身。每释放一个计数信号量，消息队列中的数据量加 1；每获取一次计数信号量，消息队列中的数据量减 1。要使用计数信号量组件，需要将FreeRTOSConfig.h 文件中的 configUSE_COUNTING_SEMAPHORES 宏设为 1。

计数信号量通常应用在事件计数和资源管理中。

1. 事件计数

当计数信号量用于事件计数时，每发生一个事件，中断都会释放一个计数信号量，使计数信号量的计数值加 1。任务每获取一次计数信号量，计数信号量的计数值减 1。计数信号量使每个事件都可以得到处理，弥补了二值信号量不能响应多个事件的缺陷，如图 9-6 所示。

计数信号量创建后可以指定初始计数值，一般设为 0。

2. 资源管理

当使用计数信号量进行资源管理时，计数信号量主要用于指示可用资源的数量。在获取资源之前，任务首先要获取计

数信号量，使计数信号量计数值减 1，表示有一个资源已被占用。当计数信号量计数值减到 0 时，表明资源已耗尽。资源使用完毕后，任务会释放信号量，使计数信号量计数值加 1，此时其他任务可以继续使用该资源。

注意，若使用计数信号量进行资源管理，在创建计数信号量时，要指定初始计数值以表明资源总数。

9.4　相关 API 函数

1. xSemaphoreCreateBinary 函数

xSemaphoreCreateBinary 函数用于创建二值信号量，具体描述如表 9-1 所示。使用该函数前，先将 FreeRTOSConfig.h 文件中的 configSUPPORT_DYNAMIC_ALLOCATION 宏设为 1，或不定义。创建成功后，该函数将返回信号量句柄，任务或中断通过此句柄即可访问信号量。

表 9-1　xSemaphoreCreateBinary 函数描述

函数名	xSemaphoreCreateBinary
函数原型	SemaphoreHandle_t xSemaphoreCreateBinary(void)
功能描述	创建二值信号量
输入参数	void
输出参数	void
返回值	NULL：内存不足，创建失败； 其他：信号量句柄，创建成功

xSemaphoreCreateBinary 函数的使用示例如程序清单 9-1 所示。使用二值信号量时需要包含 semphr.h 头文件，由于信号量可能会在不同文件之间访问，因此一般将其句柄设置为全局变量。通过查看 SemaphoreHandle_t 的定义，可知其原型为 QueueHandle_t，而 QueueHandle_t 的原型为 QueueDefinition*，因此 SemaphoreHandle_t 实际上是一个指针类型，可将其初始化为 NULL。

程序清单 9-1

```
#include "semphr.h"

SemaphoreHandle_t g_handleSemaphoreBinary = NULL;

void SemaphoreTask(void* pvParameters)
{
  //创建二值信号量
  g_handleSemaphoreBinary = xSemaphoreCreateBinary();

  //任务循环
  while(1)
  {
    ...
  }
}
```

2. xSemaphoreCreateBinaryStatic 函数

xSemaphoreCreateBinaryStatic 函数用于以静态方式创建二值信号量，具体描述如表 9-2 所示。使用该函数前，先将 FreeRTOSConfig.h 文件中的 configSUPPORT_STATIC_ALLOCATION 宏设为 1。

表 9-2　xSemaphoreCreateBinaryStatic 函数描述

函数名	xSemaphoreCreateBinaryStatic
函数原型	SemaphoreHandle_t xSemaphoreCreateBinaryStatic(StaticSemaphore_t* pxSemaphoreBuffer)
功能描述	以静态方式创建二值信号量
输入参数	pxSemaphoreBuffer：二值信号量缓冲区首地址，必须为 StaticSemaphore_t 类型的指针，即需要开辟的缓冲区大小至少为 sizeof(StaticSemaphore_t)
输出参数	void
返回值	NULL：pxSemaphoreBuffer 参数非法（为 NULL），创建失败； 其他：信号量句柄，创建成功

xSemaphoreCreateBinaryStatic 函数的使用示例如程序清单 9-2 所示。以静态方式创建二值信号量前，先新建一个 StaticSemaphore_t 类型的结构体，由于无须在其他文件中访问，因此可将其设为内部静态变量。然后在 xSemaphoreCreateBinaryStatic 函数的参数中输入 StaticSemaphore_t 结构体的首地址，并将返回值作为句柄保存到 SemaphoreHandle_t 类型的全局变量中，这样其他任务或中断可通过此句柄来访问该二值信号量。

以静态方式创建二值信号量时，除了可以创建 StaticSemaphore_t 类型的结构体，还可以定义一个数组缓冲区，只要数组的长度大于或等于 sizeof(StaticSemaphore_t)即可。

程序清单 9-2

```
#include "semphr.h"

static StaticSemaphore_t s_structSemaphoreBinary;
SemaphoreHandle_t g_handleSemaphoreBinary = NULL;

void SemaphoreTask(void* pvParameters)
{
  //以静态方式创建二值信号量
  g_handleSemaphoreBinary = xSemaphoreCreateBinaryStatic(&s_structSemaphoreBinary);

  //任务循环
  while(1)
  {
    ...
  }
}
```

3. xSemaphoreCreateCounting 函数

xSemaphoreCreateCounting 函数用于创建计数信号量，具体描述如表 9-3 所示。使用该函数前，先将 FreeRTOSConfig.h 文件中的 configSUPPORT_DYNAMIC_ALLOCATION 宏设为 1，或不定义。创建成功后，该函数将返回信号量句柄，任务或中断通过此句柄即可访问计数信号量。该函数的用法与 xSemaphoreCreateBinary 函数类似，具体可参考程序清单 9-1。

表 9-3　xSemaphoreCreateCounting 函数描述

函数名	xSemaphoreCreateCounting
函数原型	SemaphoreHandle_t xSemaphoreCreateCounting(UBaseType_t uxMaxCount, UBaseType_t uxInitialCount)
功能描述	创建计数信号量
输入参数 1	uxMaxCount：最大计数值
输入参数 2	uxInitialCount：创建后默认计数值
输出参数	void
返回值	NULL：内存不足，创建失败； 其他：信号量句柄，创建成功

4．xSemaphoreCreateCountingStatic 函数

xSemaphoreCreateCountingStatic 函数用于以静态方式创建计数信号量，具体描述如表 9-4 所示。使用该函数前，先将 FreeRTOSConfig.h 文件中的 configSUPPORT_STATIC_ALLOCATION 宏设为 1。该函数的用法与 xSemaphoreCreateBinaryStatic 函数类似，可参见程序清单 9-2。

表 9-4　xSemaphoreCreateCountingStatic 函数描述

函数名	xSemaphoreCreateCountingStatic
函数原型	SemaphoreHandle_t xSemaphoreCreateCountingStatic(　　　　　　　　　　UBaseType_t uxMaxCount, 　　　　　　　　　　UBaseType_t uxInitialCount 　　　　　　　　　　StaticSemaphore_t *pxSemaphoreBuffer)
功能描述	以静态方式创建计数信号量
输入参数 1	uxMaxCount：最大计数值
输入参数 2	uxInitialCount：创建后默认计数值
输入参数 3	pxSemaphoreBuffer：计数信号量缓冲区首地址，必须为 StaticSemaphore_t 类型的指针，即需要开辟的缓冲区大小至少为 sizeof(StaticSemaphore_t)
输出参数	void
返回值	NULL：pxSemaphoreBuffer 参数非法（为 NULL），创建失败； 其他：信号量句柄，创建成功

5．vSemaphoreDelete 函数

vSemaphoreDelete 函数用于删除信号量，具体描述如表 9-5 所示。二值信号量、计数信号量、互斥信号量及递归互斥信号量均可通过此函数进行删除。注意，若有任务因等待某信号量而正处于阻塞状态中，则不可删除该信号量，否则任务将被唤醒。

表 9-5　vSemaphoreDelete 函数描述

函数名	vSemaphoreDelete
函数原型	void vSemaphoreDelete(SemaphoreHandle_t xSemaphore)
功能描述	删除信号量
输入参数	xSemaphore：信号量句柄
输出参数	void
返回值	void

vSemaphoreDelete 函数的使用示例如程序清单 9-3 所示。建议在删除信号量后，将其句柄设置为 NULL，以避免程序再次调用该句柄，导致产生未知的错误。

程序清单 9-3

```
#include "semphr.h"

void SemaphoreTask(void* pvParameters)
{
  extern SemaphoreHandle_t g_handleSemaphoreBinary;

  //任务循环
  while(1)
  {
    //删除信号量
    vSemaphoreDelete(g_handleSemaphoreBinary);
    g_handleSemaphoreBinary = NULL;

    ...
  }
}
```

6. xSemaphoreGive 函数

xSemaphoreGive 函数用于释放信号量，具体描述如表 9-6 所示。二值信号量、计数信号量和互斥信号量均可通过此函数被释放，而递归互斥信号量有专用的信号量释放函数（xSemaphoreGiveRecursive）。与消息队列类似，释放信号量的 API 函数有任务和中断两种。

表 9-6　xSemaphoreGive 函数描述

函数名	xSemaphoreGive
函数原型	BaseType_t xSemaphoreGive(SemaphoreHandle_t xSemaphore)
功能描述	释放信号量
输入参数	xSemaphore：信号量句柄
输出参数	void
返回值	pdTRUE：成功； pdFALSE：失败，信号量通过消息队列来实现，信号量释放失败说明消息队列已满，之前释放的信号量还在消息队列中，尚未被接收任务获取

xSemaphoreGive 函数的使用示例如程序清单 9-4 所示。释放信号量时，需判断信号量句柄是否为 NULL。若一个信号量创建后就不再删除，则无须判断。

程序清单 9-4

```
#include "semphr.h"

void SemaphoreTask(void* pvParameters)
{
  extern SemaphoreHandle_t g_handleSemaphoreBinary;

  //任务循环
  while(1)
```

```
{
  //释放信号量
  if(NULL != g_handleSemaphoreBinary)
  {
    xSemaphoreGive(g_handleSemaphoreBinary);
  }

  ...
}
}
```

7. xSemaphoreGiveFromISR 函数

xSemaphoreGiveFromISR 函数用于在中断中释放信号量，具体描述如表 9-7 所示。与消息队列类似，在中断中释放信号量后，要根据参数 pxHigherPriorityTaskWoken 来决定退出中断服务函数后是否立即进行任务切换，以提高任务的响应速度。

表 9-7　xSemaphoreGiveFromISR 函数描述

函数名	xSemaphoreGiveFromISR
函数原型	xSemaphoreGiveFromISR(SemaphoreHandle_t xSemaphore, 　　　　　　　　　　signed BaseType_t *pxHigherPriorityTaskWoken)
功能描述	在中断中释放信号量
输入参数 1	xSemaphore：信号量句柄
输入参数 2	pxHigherPriorityTaskWoken：设置退出中断服务函数后是否进行任务切换，当其值为 pdTRUE 时，退出中断服务函数前要触发一次任务切换。
输出参数	void
返回值	pdTRUE：成功； errQUEUE_FULL：失败

xSemaphoreGiveFromISR 函数的使用示例如程序清单 9-5 所示。portYIELD_FROM_ISR 实际上是一个宏，若其输入参数值为 pdTRUE，则将触发一次 PendSV 异常，退出中断服务函数后立即进行任务切换，这样即可迅速唤醒处于阻塞态的任务。

程序清单 9-5

```
#include "semphr.h"

void XXX_IRQHandler(void)
{
  extern SemaphoreHandle_t g_handleSemaphoreBinary;
  BaseType_t xHigherPriorityTaskWoken = pdFALSE;

  //在中断中释放信号量
  xSemaphoreGiveFromISR(g_handleSemaphoreBinary, &xHigherPriorityTaskWoken);

  //根据参数决定是否进行任务切换
  portYIELD_FROM_ISR(xHigherPriorityTaskWoken);
}
```

8. xSemaphoreTake 函数

xSemaphoreTake 函数用于获取信号量,具体描述如表 9-8 所示。该函数适用于二值信号量、计数信号量和互斥信号量,而递归互斥信号量有专用的信号量获取函数(xSemaphoreTakeRecursive)。与消息队列类似,获取信号量的 API 函数有任务和中断两种。

表 9-8　xSemaphoreTake 函数描述

函数名	xSemaphoreTake
函数原型	xSemaphoreTake(SemaphoreHandle_t xSemaphore, TickType_t xTicksToWait)
功能描述	获取信号量
输入参数 1	xSemaphore:信号量句柄
输入参数 2	xTicksToWait:最大等待时长,以时间片为单位。其值为 0 表示查询信号量状态。使用 portTICK_PERIOD_MS 可以计算出实际时长。当 INCLUDE_vTaskSuspend 宏为 1,且 xTicksToWait 为 portMAX_DELAY 时,任务将进入无限期阻塞状态,直至信号量有效
输出参数	void
返回值	pdTRUE:获取信号量成功; pdFALSE:获取信号量失败

xSemaphoreTake 函数的使用示例如程序清单 9-6 所示。注意,若信号量在其他任务中创建,则在该函数中使用该信号量前应先判断信号量是否已被创建。在 FreeRTOS 中,通常在开始任务中向系统注册所有任务。由于所有任务注册后均为就绪态,因此退出开始任务后调度器将选择执行优先级最高的任务。若创建信号量的任务的优先级低于获取信号量的任务的优先级,则获取信号量的任务将先被执行,由于此时信号量尚未创建,因此直接获取信号量将导致不可预知的错误。

vTaskDelay 函数用于移交 CPU 使用权,使低优先级任务得以运行;否则程序将一直停留在获取信号量的任务循环中,导致低优先级任务永远无法被执行,信号量也就无法被创建。

程序清单 9-6

```
#include "semphr.h"

void SemaphoreTask(void* pvParameters)
{
  extern SemaphoreHandle_t g_handleSemaphoreBinary;

  //任务循环
  while(1)
  {
    if(NULL != g_handleSemaphoreBinary)
    {
      //获取信号量
      xSemaphoreTake(g_handleSemaphoreBinary, portMAX_DELAY);

      ...
    }

    //移交 CPU 使用权
    else
```

```
  {
    vTaskDelay(10);
  }
 }
}
```

9. xSemaphoreTakeFromISR 函数

xSemaphoreTakeFromISR 函数用于在中断中获取信号量，具体描述如表 9-9 所示。该函数与 xSemaphoreTake 函数的区别在于该函数无须设置阻塞时间。

表 9-9　xSemaphoreTakeFromISR 函数描述

函数名	xSemaphoreTakeFromISR
函数原型	xSemaphoreTakeFromISR(SemaphoreHandle_t xSemaphore, 　　　　　　　　　signed BaseType_t *pxHigherPriorityTaskWoken)
功能描述	在中断中获取信号量
输入参数 1	xSemaphore：信号量句柄
输入参数 2	pxHigherPriorityTaskWoken：设置退出中断服务函数后是否进行任务切换，当其值为 pdTRUE 时，退出中断服务函数前要触发一次任务切换
输出参数	void
返回值	pdTRUE：成功； pdFALSE：失败

xSemaphoreTakeFromISR 函数的使用示例如程序清单 9-7 所示。需要将参数 pxHigherPriorityTaskWoken 预设为 pdFALSE，因为 xSemaphoreTakeFromISR 可能不会执行。

程序清单 9-7

```
void XXX_IRQHandler(void)
{
  extern SemaphoreHandle_t g_handleSemaphoreBinary;
  BaseType_t xHigherPriorityTaskWoken = pdFALSE;

  //在中断中获取信号量
  if(NULL != g_handleSemaphoreBinary)
  {
    if(pdTRUE == xSemaphoreTakeFromISR(g_handleSemaphoreBinary, &xHigherPriorityTaskWoken))
    {
      ...
    }
  }

  //根据参数决定是否进行任务切换
  portYIELD_FROM_ISR(xHigherPriorityTaskWoken);
}
```

10. uxSemaphoreGetCount 函数

uxSemaphoreGetCount 函数用于获取计数信号量的计数值，具体描述如表 9-10 所示。

表 9-10　uxSemaphoreGetCount 函数描述

函数名	uxSemaphoreGetCount
函数原型	UBaseType_t uxSemaphoreGetCount(SemaphoreHandle_t xSemaphore)
功能描述	获取计数信号量的计数值
输入参数	xSemaphore：信号量句柄
输出参数	void
返回值	计数信号量的计数值

9.5　实例与代码解析

下面通过编写实例程序创建两个任务：任务 1 用于进行按键扫描，检测到按键按下后释放信号量；任务 2 在获取信号量后进行按键按下处理。

9.5.1　复制并编译原始工程

首先，将"D:\GD32F3FreeRTOSTest\Material\07.FreeRTOS 二值信号量"文件夹复制到"D:\GD32F3FreeRTOSTest\Product"文件夹中。然后，双击运行"D:\GD32F3FreeRTOSTest\Product\07.FreeRTOS 二值信号量\Project"文件夹下的 GD32KeilPrj.uvprojx，单击工具栏中的 按钮进行编译，Build Output 栏显示"FromELF:creating hex file..."表示已经成功生成.hex 文件，显示"0 Error(s), 0Warning(s)"表示编译成功。最后，将.axf 文件下载到微控制器的内部 Flash，下载成功后，若串口助手输出"Init System has been finished."，表明原始工程正确，可以进行下一步操作。

9.5.2　编写测试程序

在 Main.c 文件的"包含头文件"区，添加包含头文件 semphr.h 的代码，如程序清单 9-8 所示。

程序清单 9-8

```
#include "semphr.h"
```

在"内部变量"区，添加二值信号量句柄的定义，如程序清单 9-9 所示。

程序清单 9-9

```
SemaphoreHandle_t g_handlerBinary = NULL; //二值信号量句柄
```

在"内部函数实现"区，按照程序清单 9-10 修改 Task1 函数的代码。在任务 1 中，每隔 10ms 扫描一次开发板上的 KEY$_1$ 按键，若检测到 KEY$_1$ 按键按下则释放信号量，交由任务 2 处理。

程序清单 9-10

```
1.   static void Task1(void* pvParameters)
2.   {
3.       //任务循环，每隔 10ms 扫描一次 KEY₁ 按键，KEY₁ 按键按下则释放信号量，由任务 2 处理
4.       while(1)
5.       {
```

```
6.        if(ScanKeyOne(KEY_NAME_KEY1, NULL, NULL))
7.        {
8.           xSemaphoreGive(g_handlerBinary);
9.        }
10.       vTaskDelay(10);
11.    }
12.  }
```

按照程序清单 9-11 修改 Task2 函数的代码。在任务 2 中,首先通过 xSemaphoreCreateBinary 函数创建一个二值信号量,然后在任务循环中通过 xSemaphoreTake 函数获取信号量,并进入阻塞态。在任务 1 释放信号量后,任务 2 将从阻塞态被唤醒,并通过串口助手打印 "KEY1 Press",模拟按键按下处理程序。

程序清单 9-11

```
1.   static void Task2(void* pvParameters)
2.   {
3.     //创建二值信号量
4.     g_handlerBinary = xSemaphoreCreateBinary();
5.
6.     //任务循环
7.     while(1)
8.     {
9.        xSemaphoreTake(g_handlerBinary, portMAX_DELAY);
10.       printf("KEY1 Press\r\n");
11.    }
12.  }
```

9.5.3　编译及下载验证

代码编写完成并编译通过后,下载程序并进行复位。然后打开串口助手,按下 KEY$_1$ 按键,任务 1 将释放信号量,任务 2 获取到信号量后打印 "KEY1 Press" 字符串,如图 9-7 所示。

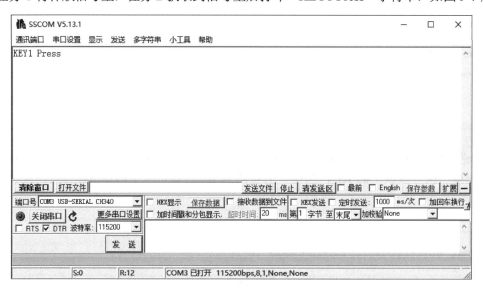

图 9-7　运行结果

本 章 任 务

进行中断延迟测试。删除 9.5 节例程中的 Task1 函数，使用外部中断检测 KEY_1 按键，当 KEY_1 按键按下后在中断服务函数中释放信号量，然后交由任务 2 处理。

本 章 习 题

1．简述分别以静态方式和以动态方式创建二值信号量及计数信号量的优缺点。
2．请列举二值信号量和计数信号量的应用场景。
3．简述中断延迟的作用。
4．如何使用消息队列构建二值信号量和计数信号量？
5．如何用二值信号量实现全局资源的互斥访问？

第 10 章 互斥信号量

互斥信号量（Mutex）实际上是特殊的二值信号量，互斥信号量特有的优先级继承机制使其更适用于共享资源保护。什么是优先级继承机制？为什么互斥信号量更适用于互斥访问？本章将通过深入的介绍来解答这些问题。

10.1 共享资源与互斥访问

10.1.1 共享资源

共享资源又称为阶段资源，它既可以是静态变量、寄存器、处理器外设，也可以是 LCD 屏等外围设备，甚至可以是一个代码段。在多任务系统中，当一个任务正在使用未被保护的共享资源时，若被其他任务或中断强行打断，则可能使程序运行结果出错，具体通过以下几个示例来理解。

1. 打印字符串

假设有两个任务均要通过串口打印字符串，且任务 A 的优先级较低。任务具体执行情况如下。

① 任务 A 将要发送字符串"hello world"到串口。

② 任务 A 已输出部分字符串"hello w"。

③ 任务 B 的优先级较高，强行打断了任务 A 的进程，并输出字符串"ABCD"。

④ 任务 B 完成输出，调度器切换至任务 A 继续运行，输出剩余字符串"orld"。

⑤ 任务 A 完成字符串的输出。

在该应用场景下，由于任务 B 打断了任务 A 的输出，串口将输出字符串"hello wABCDorld"。

2. "读改写"操作

程序清单 10-1 给出了一条 C 语言语句及翻译后的汇编语句，其中 GPIOA_ODR 为 GPIOA 输出控制寄存器。为了实现仅修改 PA0 引脚的输出电平而不影响其他引脚，需要先读取 GPIOA_ODR 寄存器的值，修改 PA0 引脚对应的位后，再将修改后的值重新写入 GPIOA_ODR 寄存器，这一操作称为"读改写"。

程序清单 10-1

```
//C 语言语句
GPIOA_ODR =| 0x01; //PA0 输出 1

//汇编语句
LDR R0, =GPIOA_ODR //获取 GPIOA_ODR 寄存器地址到 R0
LDR R1, [R0]       //获取 GPIOA_ODR 寄存器的值到 R1
ORR R1, #0x01      //R1 与 0x01 进行或运算
STR R1, [R0]       //将运算结果输出到 GPIOA_ODR 寄存器
```

如程序清单 10-1 所示，该 C 语言语句需要多条汇编指令才能完成。实际上，在执行这些汇编指令的过程中，程序存在被打断的风险，即程序存在安全隐患。

假设当前有两个任务均要通过 GPIOA_ODR 寄存器控制 LED 输出，任务 A 需要通过修改 PA0 引脚的输出来控制 LED_1，任务 B 需要通过修改 PA1 引脚的输出来控制 LED_2，且任务 B 的优先级较高。可能出现以下情况。

① 任务 A 读取了 GPIOA_ODR 寄存器的值，尚未修改。

② 任务 B 强行打断了任务 A 的进程。

③ 任务 B 通过"读改写"操作更新了 GPIOA_ODR 寄存器的值。

④ 任务 B 完成更新后，调度器切换至任务 A 继续运行。

⑤ 任务 A 修改①中读取到的值后，将其更新到 GPIOA_ODR 寄存器。

⑥ 任务 A 完成更新。

在上述应用场景中，GPIOA_ODR 寄存器的值被任务 B 更新后立即被任务 A 重新覆盖，相当于任务 B 对 GPIOA_ODR 寄存器的更新无效，此时 LED_2 的输出将出现错误。

这里以寄存器为例说明保护共享资源的必要性，实际上，微控制器修改静态变量的值也是通过"读改写"操作实现的，当多个任务或中断同时访问同一静态变量时，也会产生类似的错误。这里的静态变量既可以是简单的 char、int 类型数据，也可以是复杂的枚举、结构体、联合体等。

3. 线程安全函数

线程安全函数是指那些能够被多个任务或中断同时访问而不发生数据或逻辑错误的函数。在操作系统中，每个任务都有自己独立的栈区，用于保存现场数据，包括局部变量、工作寄存器的值等。若某函数只访问局部变量，不访问静态数据（如静态变量、寄存器等），则称该函数是线程安全的，见程序清单 10-2 中的函数。而在程序清单 10-3 中，每当 FunctionB 被调用一次，s_iSum 的值都会被修改，当有多个任务同时访问该函数时，运算结果将无法预测，可能导致程序出错。

因此，对于多优先级系统而言，任何访问到共享资源（如静态变量、寄存器等）的函数都不是线程安全的，无论是裸机系统还是实时操作系统。

程序清单 10-2

```
int FunctionA(int a)
{
  int b;
  b = a + 100;
  return b;
}
```

程序清单 10-3

```
int FunctionB(int a)
{
  static int s_iSum = 0;
  s_iSum = s_iSum + a;
  return s_iSum;
}
```

为了保证任务访问共享资源时不被其他任务或中断打断，需要引入"互斥访问"机制，即当一个任务在访问一个共享资源时，该任务将独享这个共享资源，此时其他任何任务或中断都不得访问并修改该共享资源。

FreeRTOS 中的临界段、调度器和信号量等均提供了互斥访问机制。而对于嵌入式裸机系统，则可以通过开关总中断或设置标志位来实现互斥访问。

10.1.2　通过临界段实现资源管理

临界段即为执行时独享 CPU 使用权且不会被打断的一段代码。

FreeRTOS 分别通过 taskENTER_CRITICAL() 和 taskEXIT_CRITICAL() 标明临界段的起点和终点，如程序清单 10-4 所示。

程序清单 10-4

```
void Task(void* pvParameters)
{
  while(1)
  {
    //进入临界段
    taskENTER_CRITICAL();

    //临界段处理
    ...

    //退出临界段
    taskEXIT_CRITICAL();

    ...
  }
}
```

1．taskENTER_CRITICAL()

taskENTER_CRITICAL() 实际上是一个宏定义，其本质为 vPortEnterCritical 函数，该函数在 port.c 文件中定义，如程序清单 10-5 所示。在 vPortEnterCritical 函数中，先通过 portDISABLE_INTERRUPTS() 关闭所有中断（具体原理可参见第 15 章），再通过变量 uxCriticalNesting 记录临界段嵌套次数，每调用一次该函数，uxCriticalNesting 加 1。

程序清单 10-5

```
void vPortEnterCritical( void )
{
    portDISABLE_INTERRUPTS();
    uxCriticalNesting++;

    /* This is not the interrupt safe version of the enter critical function so
     * assert() if it is being called from an interrupt context.  Only API
     * functions that end in "FromISR" can be used in an interrupt.  Only assert if
     * the critical nesting count is 1 to protect against recursive calls if the
     * assert function also uses a critical section. */
    if( uxCriticalNesting == 1 )
    {
        configASSERT( ( portNVIC_INT_CTRL_REG & portVECTACTIVE_MASK ) == 0 );
    }
}
```

2. taskEXIT_CRITICAL()

taskEXIT_CRITICAL()实际上也是宏定义，其本质为 vPortExitCritical 函数，如程序清单 10-6 所示。每调用一次该函数，uxCriticalNesting 减 1，当递减至 0 时表示无临界段嵌套。portENABLE_INTERRUPTS()用于开启所有中断（具体原理可参见第 15 章）。

程序清单 10-6

```c
void vPortExitCritical( void )
{
    configASSERT( uxCriticalNesting );
    uxCriticalNesting--;

    if( uxCriticalNesting == 0 )
    {
        portENABLE_INTERRUPTS();
    }
}
```

从上述示例代码可知，FreeRTOS 的临界段实际上是通过开关中断来实现的。关闭中断后，系统调度器将停止工作，因此不会有高优先级任务来打断当前任务。对于共享资源的互斥访问，临界段可以提供有效的保护。

在程序清单 10-5 和程序清单 10-6 中，变量 uxCriticalNesting 用于记录临界段嵌套次数。临界段嵌套实际上是在一个临界段之间又嵌套了一个临界段，如程序清单 10-7 所示。Task 任务中包含了一个临界段，而临界段中调用的 func 函数又包含一个临界段，如果未记录临界段嵌套的次数，对于 Task 任务来说，调用 func 函数后临界段即结束，而“临界段处理 2”部分将无法得到保护。由于变量 uxCriticalNesting 为 UBaseType_t 类型，位宽为 32 位，因此临界段嵌套的次数最多可达 0xFFFFFFFF。但由于临界段通过开关中断来实现，嵌套次数过多势必会影响系统的实时性，其他任务和中断将受到干扰，因此临界段也要像中断一样快进快出。

程序清单 10-7

```c
void Task(void* pvParameters)
{
  while(1)
  {
    //进入临界段
    taskENTER_CRITICAL();

    //临界段处理 1
    ...

    //调用含有临界段的函数
    func();

    //临界段处理 2
    ...

    //退出临界段
    taskEXIT_CRITICAL();
```

```
        ...
    }
}

void func(void)
{
    //进入临界段
    taskENTER_CRITICAL();

    //临界段处理
    ...

    //退出临界段
    taskEXIT_CRITICAL();
}
```

注意，FreeRTOS 能管理的中断由 FreeRTOSConfig.h 文件中的 configMAX_SYSCALL_INTERRUPT_PRIORITY 宏决定，FreeRTOS 无法管理高于此优先级的中断，即无法开关其中断。例如，若 FreeRTOS 可管理的中断最高优先级为 5，而某个定时器的中断优先级为 0，那么即便开启了临界段，定时器中断仍然可响应。

taskENTER_CRITICAL()和 taskEXIT_CRITICAL()必须成对使用，且不能在临界段中调用任何可能引起系统调度的指令，也不能执行类似于 printf 函数等耗时的任务。另外，taskENTER_CRITICAL()和 taskEXIT_CRITICAL()不适用于中断，若需要在中断中实现临界段，可以通过 taskENTER_CRITICAL_FROM_ISR()和 taskEXIT_CRITICAL_FROM_ISR()来实现，如程序清单 10-8 所示。

程序清单 10-8

```
void XXX_IRQHandler(void)
{
  UBaseType_t uxSavedInterruptStatus;

  //进入临界段
  uxSavedInterruptStatus = taskENTER_CRITICAL_FROM_ISR();

  //临界段处理
  ...

  //退出临界段
  taskEXIT_CRITICAL_FROM_ISR(uxSavedInterruptStatus);
}
```

10.1.3 通过调度器实现资源管理

FreeRTOS 中不仅可以通过 taskENTER_CRITICAL()和 taskEXIT_CRITICAL()设置临界段，还可以通过暂停、唤醒调度器来实现。暂停调度器又称为锁定调度器。

临界段能保护任务执行某段关键代码时不被其他任务或中断打断，但通过暂停调度器实现的临界段只能保证该段代码不被其他任务打断，而不能保证其不被中断打断，因为此时中断开关仍然处于开启状态。当临界段中需要执行某些耗时任务时，使用开关中断的方式实现临界段会严重干扰中断的响应，甚至可能导致系统崩溃。此时可分别通过 vTaskSuspendAll 和 xTaskResumeAll 函数暂停、唤醒调度器来实现临界段。下面简要介绍这两个调度器控制函数。

1．vTaskSuspendAll 函数

vTaskSuspendAll 函数用于暂停（锁定）调度器，具体描述如表 10-1 所示。暂停调度器后，系统将无法进行任务切换，但中断依旧处于开启状态，可以正常响应。若在中断中请求切换任务，那么该请求将被挂起，直至调度器被唤醒后再处理该请求。暂停调度器期间禁止使用 FreeRTOS 的 API 函数，唤醒调度器函数除外。

表 10-1　vTaskSuspendAll 函数描述

函数名	vTaskSuspendAll
函数原型	void vTaskSuspendAll(void)
功能描述	暂停调度器
输入参数	void
输出参数	void
返回值	void

2．xTaskResumeAll 函数

xTaskResumeAll 函数用于唤醒调度器，具体描述如表 10-2 所示。

表 10-2　xTaskResumeAll 函数描述

函数名	xTaskResumeAll
函数原型	BaseType_t xTaskResumeAll(void)
功能描述	唤醒调度器
输入参数	void
输出参数	void
返回值	pdTRUE：暂停调度器期间无任务切换请求； pdFALSE：暂停调度器期间有中断申请任务切换

使用 vTaskSuspendAll 和 xTaskResumeAll 函数创建临界段时，系统会记录嵌套深度，因此 vTaskSuspendAll 和 xTaskResumeAll 函数必须成对使用。在程序清单 10-9 中，因为 printf 函数不是线程安全函数，需要将其封装成线程安全函数。但由于 printf 函数的执行时间较长且不可预测，因此不能用开关中断的方式创建临界段，而应使用暂停、唤醒调度器的方式来实现 printf 函数的互斥访问。

程序清单 10-9

```
void vPrintString( const char *pcString )
{
 //暂停调度器，进入临界段
 vTaskSuspendScheduler();
 {
   printf("%s", pcString);
 }
```

```
//唤醒调度器，退出临界段
xTaskResumeScheduler();
}
```

10.1.4 通过互斥信号量实现资源管理

互斥信号量是一种特殊的二值信号量，被广泛运用于共享资源的互斥访问中。在使用互斥信号量组件之前，应先将 FreeRTOSConfig.h 文件中的 configUSE_MUTEXES 宏设为 1。

在互斥访问中，当任务需要使用互斥信号量保护的共享资源时，必须先获取互斥信号量，并在资源使用完毕后必须归还互斥信号量，这样其他任务才可以使用该共享资源。互斥信号量的使用示例如图 10-1 所示。

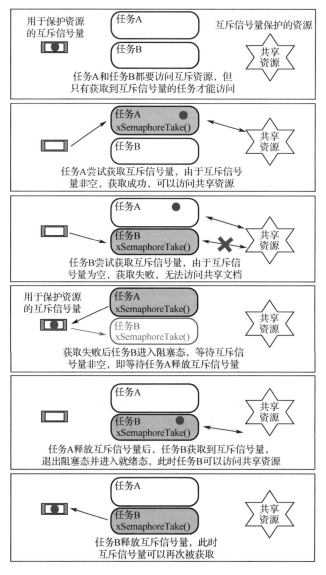

图 10-1 使用互斥信号量实现互斥访问示例

互斥访问机制完全由用户通过程序代码控制，FreeRTOS 中没有任何规则限定任务必须先获取信号量才能使用共享资源，但为了合理、安全地使用共享资源，必须创建一个机制来统筹共享资源的使用。

10.2　优先级翻转与继承

10.2.1　优先级翻转

如果仅为了实现互斥访问，那么使用二值信号量表示资源状态即可，为什么还要引入互斥信号量呢？这就涉及操作系统中的优先级翻转。优先级翻转示意图如图 10-2 所示。

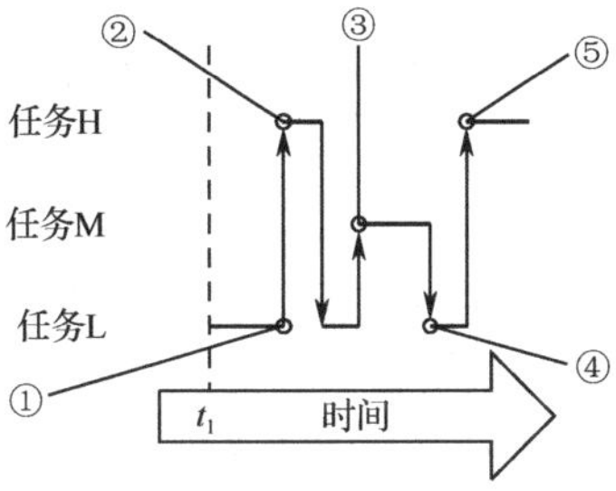

假设 3 个任务的优先级关系为：任务 H 高于任务 M 高于任务 L，时间轴从左往右，下面按照时间顺序详细介绍优先级翻转的过程。

① 低优先级任务 L 在高优先级任务 H 就绪前获取了互斥信号量。

图 10-2　优先级翻转示意图

② 任务 H 尝试获取互斥信号量，但由于互斥信号量被任务 L 持有，获取失败，任务 H 进入阻塞态，等待互斥信号量，任务 L 继续运行。

③ 中优先级任务 M 就绪，由于任务 M 的优先级高于正在运行的任务 L 的优先级，任务 M 开始运行，任务 L 被抢占。

④ 任务 M 运行结束后，任务 L 继续运行，运行结束后释放互斥信号量。

⑤ 由于互斥信号量被释放，等待互斥信号量的任务 H 进入就绪态，并因其优先级高而进入运行态。

在上述应用场景中，优先级最高的任务 H 反而在优先级低的任务 M 运行结束之后才开始运行，从结果上看相当于任务 M 的优先级高于任务 H 的优先级，即形成优先级翻转。

10.2.2　优先级继承

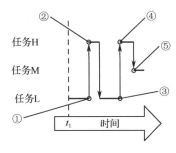

图 10-3　优先级继承

互斥信号量与二值信号量使用的 API 函数相同，因此互斥信号量也能设置阻塞事件。与二值信号量不同的是，互斥信号量具有优先级继承的特性。当互斥信号量被一个低优先级任务占用时，若有一个高优先级任务也尝试获取该互斥信号量，则该高优先级任务将进入阻塞态。但此时该高优先级任务会将低优先级任务的优先级提高到与自身优先级相同，这个过程即为优先级继承（见图 10-3）。优先级继承可缩短高优先级任务处于阻塞态的时间，降低优先级翻转造成的影响，其过程如下。

① 低优先级任务 L 在高优先级任务 H 就绪前获取了互斥信号量。

② 任务 H 尝试获取互斥信号量，但由于互斥信号量被任务 L 持有，获取失败，任务 H 进入阻塞态，等待互斥信号量。

③ 由于任务 L 阻止了任务 H 的执行，互斥信号量使任务 L 继承任务 H 的优先级，此时任务 L 不会被中优先级任务 M 抢占 CPU 使用权。任务 L 在释放互斥信号量之后将恢复到其初始优先级。

④ 由于互斥信号量被释放，等待互斥信号量的任务 H 进入就绪态，并因其优先级高而

进入运行态。

⑤ 任务 M 在任务 H 运行结束后开始运行。

注意，优先级继承并不能完全消除优先级翻转（任务 L 继承了任务 H 的优先级后，其优先级高于任务 M），但会降低优先级翻转对更高优先级任务（任务 H）造成的影响。实际中应在程序设计之初就避免出现优先级翻转。

互斥信号量只能在任务中应用，而不能在中断中应用，原因有两点：

① 互斥信号量具有优先级继承的机制，而中断的优先级不能在运行过程中被改变。

② 在中断服务函数中，不能为了等待互斥信号量而设置阻塞时间并进入阻塞态。

10.3   递归互斥信号量

递归互斥信号量可被视为特殊的互斥信号量，其与互斥信号量的区别在于，任务在获取互斥信号量后必须先释放该互斥信号量才能再次获取；而递归互斥信号量可以被连续多次获取，但获取次数必须等于释放次数。

递归互斥信号量也具有优先级继承的特性。通过 xSemaphoreTakeRecursive 和 xSemaphoreGiveRecursive 函数分别实现递归互斥信号量的获取和释放。

10.4   死   锁

死锁是使用互斥信号量的一种潜在隐患。当两个任务需要同时获取两个互斥信号量时，将可能触发死锁。例如，当任务 A 和任务 B 同时尝试获取互斥信号量 MutexX 和 MutexY 时，若

① 任务 A 进入运行态并成功获取了 MutexX；

② 任务 A 被优先级更高的任务 B 抢占；

③ 任务 B 进入运行态并成功获取了 MutexY，当尝试获取 MutexX 时，由于此时 MutexX 被任务 A 持有，因此任务 B 进入阻塞态；

④ 任务 A 继续运行，然后尝试获取 MutexY，而此时 MutexY 被任务 B 持有，因此任务 A 也进入阻塞态。

在上述情况下，任务 B 所等待的互斥信号量被任务 A 持有，而任务 A 所等待的互斥信号量被任务 B 持有，由于任务 A 和任务 B 均无法从阻塞态退出，因此程序产生死锁。

在多优先级系统中，没有较好的方法或机制可避免产生死锁，因此用户在编程时需要注意规避此类问题。可通过在获取互斥信号量时指定阻塞时间来避免任务因获取互斥信号量失败而持续阻塞。

10.5   互斥信号量与调度器

当一个低优先级任务持有互斥信号量时，若一个高优先级任务也尝试获取该互斥信号量，则高优先级任务将进入阻塞态。一旦低优先级任务释放了互斥信号量，将触发系统的任务调度，高优先级任务将立即被唤醒并成功获取该互斥信号量。

若两个任务的优先级相同，则实际运行过程如下（见图 10-4）。

① 任务 2 处于运行态并持有互斥信号量。

② 任务 1 因等待时间结束或其他原因而被唤醒。

③ 任务 1 获取互斥信号量失败而进入阻塞态，因为此时互斥信号量仍被任务 2 持有。

④ 任务 2 继续运行。

⑤ 任务 2 释放互斥信号量，由于任务 1 与任务 2 的优先级相同，因此任务 1 将在下一个时间片开始运行。

⑥ 任务 1 开始正常运行。

在上述场景下，任务 2 释放互斥信号量后，任务 1 并不能立即响应，而是要等到下一个时间片开始时才响应。若一个时间片对应的时间较短，则任务 1 的延迟响应不会产生太大的影响；但当一个时间片为 10ms 甚至 100ms 时，任务 1 可能要等待几毫秒甚至几十毫秒才能响应，这将严重影响系统的实时性。

如果任务 2 在循环中使用互斥信号量，如程序清单 10-10 所示，此时的任务运行过程如图 10-5 所示。

程序清单 10-10

```
void Task2(void* pvParameters)
{
  //互斥信号量
  extern SemaphoreHandle_t g_handleSemaphoreMutex;

  //任务循环
  while(1)
  {
    //获取互斥信号量
    xSemaphoreTake(g_handleSemaphoreMutex, portMAX_DELAY);

    ...

    //释放互斥信号量
    xSemaphoreGive(g_handleSemaphoreMutex);
  }
}
```

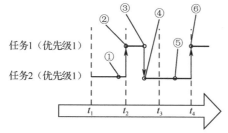

图 10-4　优先级相同的两个任务使用同一互斥信号量

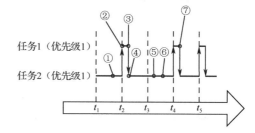

图 10-5　在循环中使用互斥信号量

① 任务 2 处于运行态并持有互斥信号量。

② 任务 1 因等待时间结束或其他原因而被唤醒。

③ 任务 1 获取互斥信号量失败而进入阻塞态（因为此时互斥信号量仍被任务 2 持有）。

④ 任务 2 继续运行。

⑤ 任务 2 释放互斥信号量，由于任务 1 与任务 2 的优先级相同，因此任务 1 将在下一个时间片开始运行。

⑥ 任务 2 释放互斥信号量后再次获取了互斥信号量。

⑦ 任务 1 被唤醒并再次尝试获取互斥信号量，由于互斥信号量仍然被任务 2 持有，因此

任务 1 只能再次进入阻塞态。

在上述场景下，任务 2 持续持有互斥信号量，而任务 1 可能永远无法获取到互斥信号量。此时可通过在任务 2 中主动发起任务调度来解决上述问题，如程序清单 10-11 所示。

程序清单 10-11

```
void Task2(void* pvParameters)
{
  //互斥信号量
  extern SemaphoreHandle_t g_handleSemaphoreMutex;

  //任务循环
  while(1)
  {
    //获取互斥信号量
    xSemaphoreTake(g_handleSemaphoreMutex, portMAX_DELAY);

    ...

    //释放互斥信号量
    xSemaphoreGive(g_handleSemaphoreMutex);

    //发起任务调度
    taskYIELD();
  }
}
```

taskYIELD()实际上是一个宏定义，其原型为 portYIELD()，portYIELD()的定义如程序清单 10-12 所示。taskYIELD()可触发 PendSV 异常，引发系统任务调度。在任务优先级相同时，调度器会优先唤醒正在等待事件的任务。因此，在任务 2 中可通过 taskYIELD()唤醒任务 1，避免任务 2 持续占用共享资源。

程序清单 10-12

```
/* Scheduler utilities. */
    #define portYIELD()                                        \
    {                                                          \
        /* Set a PendSV to request a context switch. */ \
        portNVIC_INT_CTRL_REG = portNVIC_PENDSVSET_BIT; \
                                                               \
        /* Barriers are normally not required but do ensure the code is completely \
         * within the specified behaviour for the architecture. */ \
        __dsb( portSY_FULL_READ_WRITE );                       \
        __isb( portSY_FULL_READ_WRITE );                       \
    }
```

此外，让任务 2 进入阻塞态是移交 CPU 使用权的另一种方法。如程序清单 10-13 所示，通过调用 vTaskDelay 函数，任务 2 将进入阻塞态，并在下一个时间片被唤醒，这样任务 1 即可获取互斥信号量并使用共享资源。

程序清单 10-13

```
void Task2(void* pvParameters)
{
  //互斥信号量
  extern SemaphoreHandle_t g_handleSemaphoreMutex;

  //任务循环
  while(1)
  {
    //获取互斥信号量
    xSemaphoreTake(g_handleSemaphoreMutex, portMAX_DELAY);

    ...

    //释放互斥信号量
    xSemaphoreGive(g_handleSemaphoreMutex);

    //延时
    vTaskDelay(1);
  }
}
```

10.6　守　护　任　务

守护任务（Gatekeeper Task）也是一种实现资源管理的方法，可防止共享资源被多个任务同时使用并产生错误。以串口打印为例，串口是所有任务都可以访问的共享资源，如果为串口设置互斥信号量，那么通过串口打印字符串之前须成功获取互斥信号量，若获取失败则将进入阻塞态，这样的流程不仅烦琐，而且可能带来优先级翻转、死锁等问题。此时可以创建一个守护任务专门用于打印字符串，如程序清单 10-14 所示。

PrintGatekeeperTask 函数保护着串口打印这一共享资源，其他任务通过消息队列发送需要打印的字符串的首地址，PrintGatekeeperTask 函数在接收到信息后调用 printf 函数打印该字符串。由于字符串长度未知，因此使用传引用的方式更为高效。

由于只有 PrintGatekeeperTask 任务访问串口，因此不存在互斥访问的问题。当消息队列容量足够时，通过 xQueueSend 发送消息几乎必定成功，因此无须设置阻塞事件。

程序清单 10-14

```
#include "queue.h"

//守护任务
void PrintGatekeeperTask(void* pvParameters)
{
  extern QueueHandle_t g_handlePrintQueue;
  char* pcMessageToPrint;

  //任务循环
  while(1)
  {
    //获取要打印的数据
```

```
        xQueueReceive(g_handlePrintQueue, &pcMessageToPrint, portMAX_DELAY);

        //输出
        printf("%s", pcMessageToPrint);
    }
}

//普通任务
void xxxTask(void* pvParameters)
{
    extern QueueHandle_t g_handlePrintQueue;
    char* pcMessageToPrint;

    while(1)
    {
        //设置要打印的内容
        pcMessageToPrint = "hello world\r\n";

        //通过消息队列打印字符串
        xQueueSend(g_handlePrintQueue, &pcMessageToPrint, 0);

        ...
    }
}
```

通常情况下，用于保护串口打印的守护任务会被设置为最低优先级，因为字符串打印通常用于调试，对时间要求不高，所以在系统空闲时进行打印即可，避免了影响系统其他部分的正常运行。

10.7　互斥信号量相关 API 函数

1. xSemaphoreCreateMutex 函数

xSemaphoreCreateMutex 函数用于创建互斥信号量，具体描述如表 10-3 所示。使用该函数前，先将 FreeRTOSConfig.h 文件中的 configSUPPORT_DYNAMIC_ALLOCATION 宏设为 1，或不定义。释放和获取互斥信号量所使用的 API 函数与二值信号量、计数信号量相同。

表 10-3　xSemaphoreCreateMutex 函数描述

函数名	xSemaphoreCreateMutex
函数原型	SemaphoreHandle_t xSemaphoreCreateMutex(void)
功能描述	创建互斥信号量
输入参数	void
输出参数	void
返回值	NULL：内存不足，创建失败； 其他：信号量句柄，创建成功

2. xSemaphoreCreateMutexStatic 函数

xSemaphoreCreateMutexStatic 函数用于静态创建互斥信号量，具体描述如表 10-4 所示。

表 10-4　xSemaphoreCreateMutexStatic 函数描述

函数名	xSemaphoreCreateMutexStatic
函数原型	SemaphoreHandle_t xSemaphoreCreateMutexStatic(StaticSemaphore_t *pxMutexBuffer)
功能描述	静态创建互斥信号量
输入参数	pxMutexBuffer：互斥信号量缓冲区，必须为 StaticSemaphore_t 结构体的地址，用于存储互斥信号量数据
输出参数	void
返回值	NULL：pxMutexBuffer 为 NULL，创建失败； 其他：信号量句柄，创建成功

3．xSemaphoreCreateRecursiveMutex 函数

xSemaphoreCreateRecursiveMutex 函数用于创建递归互斥信号量，具体描述如表 10-5 所示。使用该函数前，先将 FreeRTOS.h 文件中的 configSUPPORT_DYNAMIC_ALLOCATION 和 configUSE_RECURSIVE_MUTEXES 宏设为 1。

表 10-5　xSemaphoreCreateRecursiveMutex 函数描述

函数名	xSemaphoreCreateRecursiveMutex
函数原型	SemaphoreHandle_t xSemaphoreCreateRecursiveMutex(void)
功能描述	创建递归互斥信号量
输入参数	void
输出参数	void
返回值	NULL：内存不足，创建失败； 其他：信号量句柄，创建成功

4．xSemaphoreCreateRecursiveMutexStatic 函数

xSemaphoreCreateRecursiveMutexStatic 函数用于静态创建递归互斥信号量，具体描述如表 10-6 所示。使用该函数前，先将 FreeRTOS.h 文件中的 configSUPPORT_STATIC_ALLOCATION 和 configUSE_RECURSIVE_MUTEXES 宏设为 1。

表 10-6　xSemaphoreCreateRecursiveMutexStatic 函数描述

函数名	xSemaphoreCreateRecursiveMutexStatic
函数原型	SemaphoreHandle_t xSemaphoreCreateRecursiveMutexStatic(StaticSemaphore_t *pxMutexBuffer)
功能描述	静态创建互斥信号量
输入参数	pxMutexBuffer：互斥信号量缓冲区，必须为 StaticSemaphore_t 结构体的地址，用于存储互斥信号量数据
输出参数	void
返回值	NULL：pxMutexBuffer 为 NULL，创建失败； 其他：信号量句柄，创建成功

5．xSemaphoreTakeRecursive 函数

xSemaphoreTakeRecursive 函数用于获取递归互斥信号量，具体描述如表 10-7 所示。使用该函数前，先将 FreeRTOS.h 文件中的 configUSE_RECURSIVE_MUTEXES 宏设为 1。调用该函数后，递归互斥信号量将减 1。

表 10-7   xSemaphoreTakeRecursive 函数描述

函数名	xSemaphoreTakeRecursive
函数原型	xSemaphoreTakeRecursive(SemaphoreHandle_t xMutex, TickType_t xTicksToWait)
功能描述	获取递归互斥信号量
输入参数 1	xMutex：信号量句柄
输入参数 2	xTicksToWait：阻塞时长，以时间片为单位
输出参数	void
返回值	pdTRUE：获取递归互斥信号量成功； pdFALSE：阻塞时间结束，获取递归互斥信号量失败

6．xSemaphoreGiveRecursive 函数

xSemaphoreGiveRecursive 函数用于释放递归互斥信号量，具体描述如表 10-8 所示。使用该函数前，先将 FreeRTOS.h 中的 configUSE_RECURSIVE_MUTEXES 宏设为 1。调用该函数后，递归互斥信号量将加 1。

表 10-8   xSemaphoreGiveRecursive 函数描述

函数名	xSemaphoreGiveRecursive
函数原型	xSemaphoreGiveRecursive(SemaphoreHandle_t xMutex)
功能描述	释放递归互斥信号量
输入参数	xMutex：信号量句柄
输出参数	void
返回值	pdTRUE：释放递归互斥信号量成功； pdFALSE：释放递归互斥信号量失败

10.8　实例与代码解析

下面通过编写实例程序创建两个任务，以串口为共享资源，实现串口的互斥访问。

10.8.1　复制并编译原始工程

首先，将"D:\GD32F3FreeRTOSTest\Material\08.FreeRTOS 互斥信号量"文件夹复制到"D:\GD32F3FreeRTOSTest\Product"文件夹中。然后，双击运行"D:\GD32F3FreeRTOSTest\Product\08.FreeRTOS 互斥信号量\Project"文件夹下的 GD32KeilPrj.uvprojx，单击工具栏中的 按钮进行编译，Build Output 栏显示"FromELF:creating hex file..."表示已经成功生成.hex 文件，显示"0 Error(s), 0Warning(s)"表示编译成功。最后，将.axf 文件下载到微控制器的内部 Flash，下载成功后，若串口助手输出"Init System has been finished."，表明原始工程正确，可以进行下一步操作。

10.8.2　编写测试程序

在 Main.c 文件的"包含头文件"区，添加包含头文件 semphr.h 与 Delay.h 的代码，如程序清单 10-15 所示。

程序清单 10-15

```
#include "semphr.h"
#include "Delay.h"
```

在"内部变量"区，添加互斥信号量句柄的定义，如程序清单 10-16 所示。

程序清单 10-16

```
SemaphoreHandle_t g_handlerMutex = NULL;    //互斥信号量句柄
```

在"内部函数实现"区，按照程序清单 10-17 修改 Task1 函数的代码。任务 1 采用软件延时的方法模拟打印大量字符串。打印的字符串长度为 18，每隔 100ms 打印一个字符，因此打印一个字符串大约需要 1.8s。

注意，DelayNms 延时函数的原理为软件延时，不会产生任务调度。

程序清单 10-17

```
1.   static void Task1(void* pvParameters)
2.   {
3.     const char* string = "Task1 print info\r\n";
4.     u32 i;
5.
6.     //创建互斥信号量
7.     g_handlerMutex = xSemaphoreCreateMutex();
8.
9.     //任务循环
10.    while(1)
11.    {
12.      //获取互斥信号量，上锁
13.      xSemaphoreTake(g_handlerMutex, portMAX_DELAY);
14.
15.      //循环打印字符串，使用软件延时模拟打印大量字符串
16.      i = 0;
17.      while(0 != string[i])
18.      {
19.        printf("%c", string[i]);
20.        DelayNms(100);
21.        i++;
22.      }
23.
24.      //释放互斥信号量，解锁
25.      xSemaphoreGive(g_handlerMutex);
26.
27.      //延时 500ms
28.      vTaskDelay(500);
29.    }
30.  }
```

按照程序清单 10-18 修改 Task2 函数的代码。任务 2 主要用于等待互斥信号量释放，然后每隔 100ms 打印一次"Task2"。

程序清单 10-18

```
1.   static void Task2(void* pvParameters)
2.   {
3.     //等待互斥信号量注册完成
4.     while(NULL == g_handlerMutex)
5.     {
6.       //主动放弃CPU使用权，使其他任务能够注册互斥信号量
7.       vTaskDelay(100);
8.     }
9.
10.    //任务循环
11.    while(1)
12.    {
13.      //获取互斥信号量，上锁
14.      xSemaphoreTake(g_handlerMutex, portMAX_DELAY);
15.
16.      //打印信息
17.      printf("Task2\r\n");
18.
19.      //释放互斥信号量，解锁
20.      xSemaphoreGive(g_handlerMutex);
21.
22.      //延时100ms
23.      vTaskDelay(100);
24.    }
25.  }
```

10.8.3　编译及下载验证

代码编写完成并编译通过后，下载程序并进行复位。然后打开串口助手，可见虽然任务 1 打印字符串的速度较慢，且任务 2 的优先级更高，但任务 2 始终未打断任务 1，如图 10-6 所示。

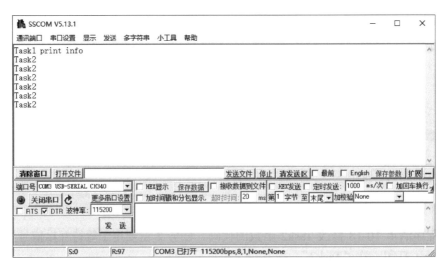

图 10-6　运行结果

本 章 任 务

编写程序测试守护任务的功能。例如：创建一个守护任务，专门用于字符串打印。针对守护任务封装消息队列发送函数，实现自己的 printf 函数，并要求具有字符串转换功能。

本 章 习 题

1．简述使用临界段和调度器实现资源管理的异同点。

2．什么是优先级翻转？

3．简述优先级继承的概念及作用。

4．优先级继承可以完全避免优先级翻转吗？请举例说明。

5．简述递归互斥信号量的应用场景。

6．如何避免程序出现死锁？

7．简述守护任务实现资源互斥访问的原理。

第11章　事件标志组

在前面的章节中，无论使用消息队列还是信号量，一个任务在同一个时刻只能等待一个事件，不能同时等待多个事件。对此，FreeRTOS 提供了事件标志组（Event Group）机制，本章将详细介绍事件标志组的原理及应用。

11.1　事件标志组特性

嵌入式实时操作系统必须对各类事件做出响应。前面章节介绍了 FreeRTOS 如何通过消息队列和信号量来实现任务与任务、任务与中断之间的通信，这种方式具有以下特性：

（1）允许任务在等待某个事件发生时进入阻塞态；

（2）事件发生时可以唤醒任务，且被唤醒的任务优先级最高，等待事件时间最长。

而事件标志组除了具有上述特性，还允许任务因同时等待多个事件而进入阻塞态，事件发生时也可以唤醒所有等待此事件或事件集的任务。这些特性使得事件标志组的应用场景更为广泛（如等待多个任务、将事件广播给多个任务、任一事件发生即可唤醒任务、所有事件均发生才唤醒任务等场合），且通过适当的配置可以减少 RAM 的使用，同时完成多个二值信号量的工作。

事件标志组是一个可选的组件，在使用事件标志组时，需要将 event_groups.c 文件添加到工程中。

11.2　事件标志组原理

一个事件标志位用 1 位二进制数表示事件是否发生，对应的取值为 0 或 1，因此一个事件的状态可以用 1 位内存来存储。将所有事件标志位组合到一起，即形成一个事件标志组，因此可将多个事件标志位以事件标志组的形式存储在一个整型变量中。

在 FreeRTOS 中，使用 EventBits_t 类型的变量表示一个事件标志组。每个事件标志位的状态由 EventBits_t 中的 1 位表示（见图 11-1），该位为 1 表示对应的事件已发生，若为 0 则表示事件未发生。

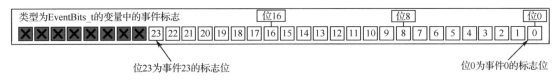

图 11-1　事件标志组的表示

若事件标志组的值为 0x92（1001 0010b），各个位的状态如图 11-2 所示。位 1、位 4 和位 7 的值为 1，即表示位 1、位 4 和位 7 对应的事件已经发生。

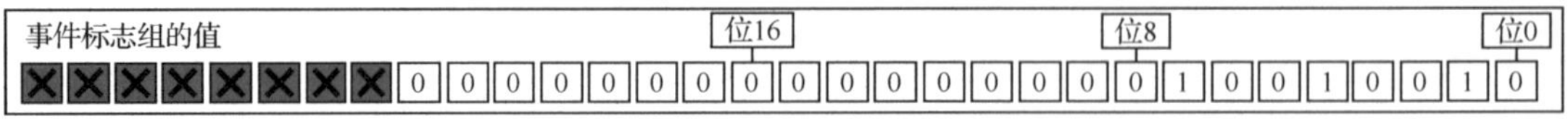

图 11-2　事件标志组的各个位状态

用户可以指定各个事件标志位所代表的事件，例如将位 0 指定为 KEY$_1$ 按键按下事件，将位 1 指定为 KEY$_2$ 按键按下事件，将位 2 指定为 KEY$_3$ 按键按下事件等。

事件标志组的位宽由 FreeRTOSConfig.h 文件中的 ConfigUSE_16_BIT_TICKS 宏决定，当该宏为 1 时，位宽为 8，即一个事件标志组能表示 8 个事件；当该宏为 0 时，位宽为 24，即一个事件标志组能表示 24 个事件。

事件标志组对于任务和中断而言是独立存在的，任务和中断都能在同一事件标志组中设置事件标志位，且任何任务都能获取该事件标志组的值。

11.3　事件标志组相关 API 函数

1. xEventGroupCreate 函数

xEventGroupCreate 函数用于创建一个事件标志组并返回相应句柄，具体描述如表 11-1 所示。使用该函数前，需要先将 FreeRTOSConfig.h 文件中的 configSUPPORT_DYNAMIC_ ALLOCATION 宏设为 1，或不定义，并将 event_groups.c 文件添加到工程中。

事件标志组消耗的 RAM 空间较小，若使用 xEventGroupCreate 函数创建事件标志组，则所需的 RAM 空间由操作系统的堆区自动分配；若使用 xEventGroupCreateStatic 函数创建，则所需的 RAM 空间由开发人员分配，此时的事件标志组相当于一个静态变量，存在于程序的整个生命周期。

表 11-1　xEventGroupCreate 函数描述

函数名	xEventGroupCreate
函数原型	EventGroupHandle_t xEventGroupCreate(void)
功能描述	创建事件标志组
输入参数	void
输出参数	void
返回值	NULL：内存不足，创建失败； 其他：事件标志组句柄，创建成功

xEventGroupCreate 函数的使用示例如程序清单 11-1 所示。使用事件标志组组件时，需要包含 event_groups.h 头文件。由于事件标志组通常会被多个任务访问，且这些任务可能分布在不同文件中，因此通常将事件标志组句柄设为全局变量。又由于 EventGroupHandle_t 的原型为 EventGroupDef_t*，即指针类型，因此可以将句柄初始化为 NULL。动态创建的事件标志组的实体保存在操作系统的堆区，由操作系统进行管理。

程序清单 11-1

```
#include "event_groups.h"

EventGroupHandle_t g_handleEventGroup = NULL;

void xxxTask(void* pvParameters)
{
  //创建事件标志组
  g_handleEventGroup = xEventGroupCreate();

  //任务循环
```

```
  while(1)
  {

  }
}
```

2. xEventGroupCreateStatic 函数

xEventGroupCreateStatic 函数用于静态创建事件标志组并返回其句柄，具体描述如表 11-2 所示。使用该函数前，需要先将 FreeRTOSConfig.h 文件中的 configSUPPORT_STATIC_ALLOCATION 宏设为 1，并将 event_groups.c 文件添加到工程中。

表 11-2　xEventGroupCreateStatic 函数描述

函数名	xEventGroupCreateStatic
函数原型	EventGroupHandle_t xEventGroupCreateStatic(StaticEventGroup_t *pxEventGroupBuffer)
功能描述	静态创建事件标志组
输入参数	pxEventGroupBuffer：必须为 StaticEventGroup 类型的指针，若为数组，则要求缓冲区容量大于或等于 sizeof(StaticEventGroup)
输出参数	void
返回值	NULL：输入的 pxEventGroupBuffer 为 NULL，创建失败； 其他：事件标志组句柄，创建成功

xEventGroupCreateStatic 函数的使用示例如程序清单 11-2 所示。StaticEventGroup_t 即为事件标志组本体，实际上是一个结构体，由于其他中断和任务通过句柄来访问事件标志组，因此可将其句柄设为私有静态变量。静态创建的事件标志组无须考虑内存不足的问题，因为事件标志组的本体在编译初期已确定，并存在于程序的整个生命周期。但静态分配的方式也使得 RAM 的利用率降低，不适用于 RAM 容量较小的微控制器。

程序清单 11-2

```
#include "event_groups.h"

//事件标志组本体
static StaticEventGroup_t s_structEventGroup;

//事件标志组句柄
EventGroupHandle_t g_handleEventGroup = NULL;

void xxxTask(void* pvParameters)
{
  //创建事件标志组
  g_handleEventGroup = xEventGroupCreateStatic(&s_structEventGroup);

  //任务循环
  while(1)
  {

  }
}
```

3. vEventGroupDelete 函数

vEventGroupDelete 函数用于删除事件标志组，具体描述如表 11-3 所示。注意，删除事件标志组后，等待该事件标志组的所有任务都将从阻塞态退出。

表 11-3　vEventGroupDelete 函数描述

函数名	vEventGroupDelete
函数原型	void vEventGroupDelete(EventGroupHandle_t xEventGroup)
功能描述	删除事件标志组
输入参数	xEventGroup：事件标志组句柄
输出参数	void
返回值	void

vEventGroupDelete 函数的使用示例如程序清单 11-3 所示。建议在删除事件标志组后，将其句柄设为 NULL，以避免后续其他任务访问该事件标志组时产生不可预知的错误。

程序清单 11-3

```
#include "event_groups.h"

void xxxTask(void* pvParameters)
{
  extern EventGroupHandle_t g_handleEventGroup;

  //任务循环
  while(1)
  {
    //删除事件标志组
    vEventGroupDelete(g_handleEventGroup);
    g_handleEventGroup = NULL;

    ...
  }
}
```

4. xEventGroupSetBits 函数

xEventGroupSetBits 函数用于将事件标志位置 1，具体描述如表 11-4 所示。

表 11-4　xEventGroupSetBits 函数描述

函数名	xEventGroupSetBits
函数原型	EventBits_t xEventGroupSetBits(EventGroupHandle_t xEventGroup, const EventBits_t uxBitsToSet)
功能描述	将事件标志位置 1
输入参数 1	xEventGroup：事件标志组句柄
输入参数 2	uxBitsToSet：要置 1 的标志位，例如，其值为 0x08 表示将位 3 置 1，为 0x09 表示将位 3 和位 0 置 1
输出参数	void
返回值	置 1 前的事件标志组的值

xEventGroupSetBits 函数仅支持在任务中使用，如程序清单 11-4 所示。

程序清单 11-4

```
#include "event_groups.h"

void xxxTask(void* pvParameters)
{
  extern EventGroupHandle_t g_handleEventGroup;

  //任务循环
  while(1)
  {
    //将事件标志组的位 0 置 1
    if(NULL != g_handleEventGroup)
    {
      xEventGroupSetBits(g_handleEventGroup, 0x01);
    }

    ...
  }
}
```

5. xEventGroupSetBitsFromISR 函数

xEventGroupSetBitsFromISR 函数用于在中断中将事件标志位置 1，具体描述如表 11-5 所示。将事件标志位置 1 后，因等待对应事件而进入阻塞态的任务将被自动唤醒。

设置事件标志位是一个无法预测（执行时间未知）的操作，因为有多少任务在等待事件标志位是未知的，且执行时间取决于系统状态，无法预知。而 FreeRTOS 禁止在中断或临界段中执行无法预测的操作，因为这有可能使中断和临界段的处理时间变长，存在系统崩溃的风险。因此，xEventGroupSetBitsFromISR 函数会向 Daemon Task（软件定时器服务）发送一条消息，通知 Daemon Task 将指定事件标志位置 1，相当于中断延迟。Daemon Task 通过开关调度器的方式保护资源，因此用于处理不可预测的操作是相对安全的。

与其他任务类似，Daemon Task 也具有优先级。若将事件标志位置 1 的操作需要立即完成，则 Daemon Task 的优先级必须高于其他使用事件标志组的任务的优先级。Daemon Task 的优先级取决于 FreeRTOSConfig.h 文件的 configTIMER_TASK_PRIORITY 宏。

使用 xEventGroupSetBitsFromISR 函数前，需要先将 INCLUDE_xEventGroupSetBitFromISR、configUSE_TIMERS 和 INCLUDE_xTimerPendFunctionCall 宏设为 1，且要将软件定时器组件添加到工程中（参见第 13 章）。

表 11-5   xEventGroupSetBitsFromISR 函数描述

函数名	xEventGroupSetBitsFromISR

函数原型	BaseType_t xEventGroupSetBitsFromISR(
	       EventGroupHandle_t xEventGroup,
	       const EventBits_t uxBitsToSet,
	       BaseType_t *pxHigherPriorityTaskWoken)

功能描述	在中断中将事件标志位置 1
输入参数 1	xEventGroup：事件标志组句柄
输入参数 2	uxBitsToSet：要置 1 的标志位，例如，其值为 0x08 表示将位 3 置 1，为 0x09 表示将位 3 和位 0 置 1

续表

输入参数 3	pxHigherPriorityTaskWoken：由于调用该函数会向 Daemon Task 发送一条消息，若 Daemon Task 任务的优先级高于当前任务的优先级（当前任务指被中断打断的任务），则 pxHigherPriorityTaskWoken 将被设为 pdTRUE，表明在退出中断前应发起一次任务调度请求，从而在中断退出后立即触发任务调度
输出参数	void
返回值	若成功向 Daemon Task 发送消息，则返回 pdPASS，否则返回 pdFAIL。若软件定时器的命令队列为满，则将返回 pdFAIL（参见第 13 章）

xEventGroupSetBitsFromISR 函数的使用示例如程序清单 11-5 所示。成功向 Daemon Task 发送消息后，通过 portYIELD_FROM_ISR 触发任务调度，触发成功后，Daemon Task 将立即被执行，然后将事件标志位置 1。

程序清单 11-5

```c
#include "event_groups.h"

#define EVENT_0 (1 << 0)

void XXX_IRQHandler(void)
{
  extern EventGroupHandle_t g_handleEventGroup;
  BaseType_t xResult;
  BaseType_t xHigherPriorityTaskWoken = pdFALSE;


  //在中断中将事件标志位置 1
  if(NULL != g_handleEventGroup)
  {
    xResult = xEventGroupSetBitsFromISR(g_handleEventGroup, EVENT_0, &xHigherPriorityTaskWoken);
  }

  //中断其他处理，如清除标志位等
  ...

  //消息发送成功后，根据参数决定是否进行任务切换
  if(pdFAIL != xResult)
  {
    portYIELD_FROM_ISR(xHigherPriorityTaskWoken);
  }
}
```

6. xEventGroupClearBits 函数

xEventGroupClearBits 函数用于将事件标志组的事件标志位清零，具体描述如表 11-6 所示。该函数只能在任务中使用，在中断中需通过 xEventGroupClearBitsFromISR 函数将事件标志位清零。

表 11-6 xEventGroupClearBits 函数描述

函数名	xEventGroupClearBits
函数原型	EventBits_t xEventGroupClearBits(EventGroupHandle_t xEventGroup, const EventBits_t uxBitsToClear)
功能描述	将事件标志组的事件标志位清零

续表

输入参数 1	xEventGroup：事件标志组句柄
输入参数 2	uxBitsToClear：要清零的事件标志位，例如，其值为 0x08 时表示将位 3 清零，为 0x09 时表示将位 3 和位 0 清零
输出参数	void
返回值	清零前的事件标志组的值

xEventGroupClearBits 函数的使用示例如程序清单 11-6 所示。

程序清单 11-6

```c
#include "event_groups.h"

#define EVENT_0 (1 << 0)
#define EVENT_1 (1 << 4)

void xxxTask(void* pvParameters)
{
  extern EventGroupHandle_t g_handleEventGroup;
  EventBits_t uxBits;

  //任务循环
  while(1)
  {
    //获取事件标志组的值并清零指定位
    uxBits = xEventGroupClearBits(g_handleEventGroup, (EVENT_0 | EVENT_1));

    //事件 0 处理
    if(uxBits & EVENT_0)
    {
      ...
    }

    //事件 1 处理
    if(uxBits & EVENT_1)
    {
      ...
    }

  }
}
```

7. xEventGroupClearBitsFromISR 函数

xEventGroupClearBitsFromISR 函数用于在中断中将事件标志位清零，具体描述如表 11-7 所示。与 xEventGroupSetBitsFromISR 函数类似，清零操作同样由 Daemon Task 完成。由于清零并操作不会将任务从阻塞态唤醒，因此无须在退出中断后触发系统调度。

表 11-7　xEventGroupClearBitsFromISR 函数描述

函数名	xEventGroupClearBitsFromISR
函数原型	BaseType_t xEventGroupClearBitsFromISR(EventGroupHandle_t xEventGroup, const EventBits_t uxBitsToClear)

功能描述	在中断中将事件标志位清零
输入参数 1	xEventGroup：事件标志组句柄
输入参数 2	uxBitsToClear：要清零的事件标志位，例如，其值为 0x08 表示将位 3 清零，为 0x09 表示将位 3 和位 0 清零
输出参数	void
返回值	若成功向 Daemon Task 发送消息，则将返回 pdPASS，否则返回 pdFAIL。若软件定时器的命令队列为满，则将返回 pdFAIL

　　xEventGroupClearBitsFromISR 函数的使用示例如程序清单 11-7 所示。注意，该函数无须与 portYIELD_FROM_ISR 配合使用。

程序清单 11-7

```
#include "event_groups.h"

#define EVENT_0 (1 << 0)
#define EVENT_1 (1 << 4)

void XXX_IRQHandler(void* pvParameters)
{
  extern EventGroupHandle_t g_handleEventGroup;
  BaseType_t xSuccess;

  //在中断中将事件标志位清零
  xSuccess = xEventGroupClearBitsFromISR(g_handleEventGroup, (EVENT_0 | EVENT_1));

  //通知 Daemon Task 成功
  if(pdPASS == xSuccess)
  {
    ...
  }

  //通知 Daemon Task 失败
  else
  {
    ...
  }
}
```

8. xEventGroupGetBits 函数

　　xEventGroupGetBits 函数用于获取事件标志组的值，具体描述如表 11-8 所示。注意，该函数只能在任务中使用，在中断中需通过 xEventGroupGetBitsFromISR 函数获取事件标志组的值。

表 11-8　xEventGroupGetBits 函数描述

函数名	xEventGroupGetBits
函数原型	EventBits_t xEventGroupGetBits(EventGroupHandle_t xEventGroup)
功能描述	获取事件标志组的值
输入参数	xEventGroup：事件标志组句柄

续表

输出参数	void
返回值	事件标志组的值

9. xEventGroupGetBitsFromISR 函数

xEventGroupGetBitsFromISR 函数用于在中断中获取事件标志组的值，具体描述如表 11-9 所示。该函数仅获取事件标志组的值，不会唤醒处于阻塞态的任务，因此也无须配合 portYIELD_FROM_ISR 使用。

表 11-9　xEventGroupGetBitsFromISR 函数描述

函数名	xEventGroupGetBitsFromISR
函数原型	EventBits_t xEventGroupGetBitsFromISR (EventGroupHandle_t xEventGroup)
功能描述	在中断中获取事件标志组的值
输入参数	xEventGroup：事件标志组句柄
输出参数	void
返回值	事件标志组的值

10. xEventGroupWaitBits 函数

xEventGroupWaitBits 函数用于等待事件标志组的事件标志位，任务在等待期间将进入阻塞态，具体描述如表 11-10 所示。

表 11-10　xEventGroupWaitBits 函数描述

函数名	xEventGroupWaitBits
函数原型	EventBits_t xEventGroupWaitBits(const EventGroupHandle_t xEventGroup, 　　　　　　const EventBits_t uxBitsToWaitFor, 　　　　　　const BaseType_t xClearOnExit, 　　　　　　const BaseType_t xWaitForAllBits, 　　　　　　TickType_t xTicksToWait)
功能描述	等待事件标志组的事件标志位
输入参数 1	xEventGroup：事件标志组句柄
输入参数 2	uxBitsToWaitFor：需要等待的事件标志位，例如，其值为 0x05 表示要等待位 0 或位 2
输入参数 3	xClearOnExit：退出时清零标志位。其值为 pdTRUE 时，函数退出前会将等待的事件标志位清零；其值为 pdFALSE 时，等待的事件标志位保持不变
输入参数 4	xWaitForAllBits：等待所有事件标志位。其值为 pdTRUE 时，uxBitsToWaitFor 中的所有事件标志位均为 1 或阻塞时间结束才会退出该函数；其值为 pdFALSE 时，uxBitsToWaitFor 中的任意事件标志位为 1 或阻塞时间结束就会退出该函数
输入参数 5	xTicksToWait：等待时间，单位为时间片
输出参数	void
返回值	返回所等待的事件标志位置 1 后的事件标志组的值，根据该返回值即可得知哪些事件标志位被置 1。若由于阻塞时间结束而返回，则该返回值没有意义

通过 xEventGroupWaitBits 函数可以实现任务与多个事件的同步，如程序清单 11-8 所示。当 xEventGroupWaitBits 函数的参数 xClearOnExit 为 pdTRUE 时，表示退出 xEventGroupWaitBits 函数前将对应的事件标志位清零，若参数 xClearOnExit 为 pdFALSE，则需要通过

xEventGroupClearBits 函数清除事件标志位，否则事件将被一直响应。若参数 xWaitForAllBits 为 pdFALSE，则任一事件发生都可以唤醒 xxxTask 任务；若该参数为 pdTRUE，则所有事件均发生时才会唤醒 xxxTask 任务。

程序清单 11-8

```
#include "event_groups.h"

#define EVENT_0 (1 << 0)
#define EVENT_1 (1 << 1)
#define EVENT_2 (1 << 2)

void xxxTask(void* pvParameters)
{
  extern EventGroupHandle_t g_handleEventGroup;
  EventBits_t uxBits;

  //任务循环
  while(1)
  {
    //同步三个事件，任一事件发生都将被唤醒
    uxBits = xEventGroupWaitBits(g_handleEventGroup, EVENT_0 | EVENT_1 | EVENT_2, pdTRUE, pdFALSE,
portMAX_DELAY);

    //事件 0 处理
    if(uxBits & EVENT_0)
    {
      ...
    }

    //事件 1 处理
    if(uxBits & EVENT_1)
    {
      ...
    }

    //事件 2 处理
    if(uxBits & EVENT_2)
    {
      ...
    }

  }
}
```

此外，通过 xEventGroupWaitBits 函数也可以实现一个事件同步多个任务，如程序清单 11-9 所示。多个任务可以同时与某个事件标志位同步，当该事件发生时，所有等待该事件的任务均会被唤醒。

程序清单 11-9

```
#include "event_groups.h"

#define EVENT_0 (1 << 0)

void xxxTask1(void* pvParameters)
{
  extern EventGroupHandle_t g_handleEventGroup;
  EventBits_t uxBits;

  //任务循环
  while(1)
  {
    //同步事件
    uxBits = xEventGroupWaitBits(g_handleEventGroup, EVENT_0, pdTRUE, pdFALSE, portMAX_DELAY);

    //事件 0 处理
    if(uxBits & EVENT_0)
    {
      ...
    }
  }
}

void xxxTask2(void* pvParameters)
{
  extern EventGroupHandle_t g_handleEventGroup;
  EventBits_t uxBits;

  //任务循环
  while(1)
  {
    //同步事件
    uxBits = xEventGroupWaitBits(g_handleEventGroup, EVENT_0, pdTRUE, pdFALSE, portMAX_DELAY);

    //事件 0 处理
    if(uxBits & EVENT_0)
    {
      ...
    }
  }
}
```

11．xEventGroupSync 函数

xEventGroupSync 函数用于实现任务的同步，具体描述如表 11-11 所示。xEventGroupSync 函数使用"原子操作"（不会被任务调度机制打断的操作）设置事件标志位，然后使当前任务进入阻塞态等待下一个触发事件，该函数无法在中断中使用。

如果任务所等待的事件标志位均已置 1，则任务从阻塞态退出。注意，该函数会自动清除任务所等待的事件标志位，因此无须在任务中再次清除事件标志位。

表 11-11　xEventGroupSync 函数描述

函数名	xEventGroupSync
函数原型	EventBits_t xEventGroupSync(EventGroupHandle_t xEventGroup, 　　　　　　　const EventBits_t uxBitsToSet, 　　　　　　　const EventBits_t uxBitsToWaitFor, 　　　　　　　TickType_t xTicksToWait)
功能描述	实现任务的同步
输入参数 1	xEventGroup：事件标志组句柄
输入参数 2	uxBitsToSet：设置事件标志位
输入参数 3	uxBitsToWaitFor：需要等待的事件标志位，例如，其值为 0x05 表示要等待位 0 或位 2
输入参数 4	xTicksToWait：等待时间，单位为时间片
输出参数	void
返回值	若任务因所等待的事件标志位均已置 1 而从阻塞态退出，则返回事件标志位被置 1 时的事件标志组的值（事件标志位未被清除）；若任务因阻塞时间结束而退出，则返回阻塞时间结束时事件标志组的值

11.4　实例与代码解析

下面通过编写实例程序来创建两个任务。任务 1 进行独立按键检测，任务 2 进行按键响应处理，两个任务之间通过事件标志组来同步按键按下事件。

11.4.1　复制并编译原始工程

首先，将 "D:\GD32F3FreeRTOSTest\Material\09.FreeRTOS 事件标志组" 文件夹复制到 "D:\GD32F3FreeRTOSTest\Product" 文件夹中。然后，双击运行 "D:\GD32F3FreeRTOSTest\ Product\09.FreeRTOS 事件标志组\Project" 文件夹下的 GD32KeilPrj.uvprojx，单击工具栏中的 ▦按钮进行编译，Build Output 栏显示 "FromELF:creating hex file..." 表示已经成功生成.hex 文件，显示 "0 Error(s), 0 Warning(s)" 表示编译成功。最后，将.axf 文件下载到微控制器的内部 Flash，下载成功后，若串口助手输出 "Init System has been finished." 则表明原始工程正确，可以进行下一步操作。

11.4.2　编写测试程序

在 Main.c 文件的 "包含头文件" 区，添加包含头文件 event_groups.h 的代码，如程序清单 11-10 所示。

程序清单 11-10

```
#include "event_groups.h"
```

在 "内部变量" 区，添加事件标志组句柄的定义，如程序清单 11-11 所示。

程序清单 11-11

```
EventGroupHandle_t g_handlerEventGroup = NULL; //事件标志组句柄
```

在 "内部函数实现" 区，按照程序清单 11-12 修改 Task1 函数的代码。在任务 1 中，每隔 10ms 进行一次按键扫描，若检测到按键按下，则将相应事件标志位置 1，再通过任务 2 进行按键响应处理。在事件标志组中，位 0 为 KEY$_1$ 按键按下事件标志位，位 1 为 KEY$_2$ 按键按下事件标志位，位 2 为 KEY$_3$ 按键按下事件标志位。

程序清单 11-12

```
1.    static void Task1(void* pvParameters)
2.    {
3.      //创建事件标志组
4.      g_handlerEventGroup = xEventGroupCreate();
5.
6.      //任务循环，每隔10ms进行一次按键扫描
7.      while(1)
8.      {
9.        //KEY1按键扫描
10.       if(ScanKeyOne(KEY_NAME_KEY1, NULL, NULL))
11.       {
12.         xEventGroupSetBits(g_handlerEventGroup, 0x01);
13.       }
14.
15.       //KEY2按键扫描
16.       if(ScanKeyOne(KEY_NAME_KEY2, NULL, NULL))
17.       {
18.         xEventGroupSetBits(g_handlerEventGroup, 0x02);
19.       }
20.
21.       //KEY3按键扫描
22.       if(ScanKeyOne(KEY_NAME_KEY3, NULL, NULL))
23.       {
24.         xEventGroupSetBits(g_handlerEventGroup, 0x04);
25.       }
26.
27.       //延时 10ms
28.       vTaskDelay(10);
29.     }
30.   }
```

按照程序清单 11-13 修改 Task2 函数的代码。在任务 2 中，首先等待任务 1 创建事件标志组，然后通过 xEventGroupWaitBits 函数进入阻塞态，此时若按下 KEY$_1$、KEY$_2$ 或 KEY$_3$ 中的任一按键，任务 2 将打印按键响应信息。

程序清单 11-13

```
1.    static void Task2(void* pvParameters)
2.    {
3.      //事件标志位
4.      EventBits_t bit;
5.
6.      //等待事件标志组注册完成
7.      while(NULL == g_handlerEventGroup)
8.      {
9.        //主动放弃CPU使用权，使其他任务能注册事件标志组
10.       vTaskDelay(100);
11.     }
```

```
12.
13.    //任务循环
14.    while(1)
15.    {
16.      //等待事件标志组的事件标志位
17.      bit = xEventGroupWaitBits(g_handlerEventGroup, 0x07, pdTRUE, pdFALSE, portMAX_DELAY);
18.
19.      //KEY₁ 响应
20.      if(0x01 & bit)
21.      {
22.        printf("KEY1 Press\r\n");
23.      }
24.
25.      //KEY₂ 响应
26.      if(0x02 & bit)
27.      {
28.        printf("KEY2 Press\r\n");
29.      }
30.
31.      //KEY₃ 响应
32.      if(0x04 & bit)
33.      {
34.        printf("KEY3 Press\r\n");
35.      }
36.    }
37. }
```

11.4.3　编译及下载验证

代码编写完成并编译通过后，下载程序并进行复位。下载成功后打开串口助手，依次按下 KEY₁、KEY₂ 和 KEY₃ 按键，串口助手将依次打印 "KEY1 Press" "KEY2 Press" 和 "KEY3 Press"，如图 11-3 所示。若将 xEventGroupWaitBits 函数的参数 xWaitForAllBits 改为 pdTRUE，则 3 个按键都按下后任务 2 才会从阻塞态退出，并打印结果。

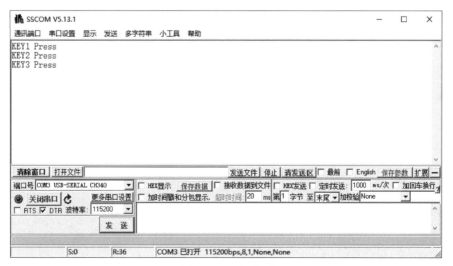

图 11-3　运行结果

本 章 任 务

　　使用 **xEventGroupSync** 实现事件同步。创建 3 个任务，分别检测 KEY$_1$、KEY$_2$ 和 KEY$_3$，检测到 3 个按键均按下后，KEY$_1$ 的任务函数打印"KEY1"，KEY$_2$ 的任务函数打印"KEY2"，KEY$_3$ 的任务函数打印"KEY3"。

本 章 习 题

　　1．列举事件标志组的应用场景。

　　2．如何使用事件标志组实现二值信号量？

　　3．如何用事件标志组实现资源的互斥访问？

　　4．简述事件标志组与二值信号量的优缺点。

　　5．如何在中断中设置和清除事件标志组的事件标志位？

第12章 任务通知

无论是消息队列、信号量还是事件标志组，都需要先创建再使用。实际上，FreeRTOS还提供了更好的机制来实现任务通信，即任务通知。使用任务通知机制进行任务通信既方便又快捷。

12.1 任务通知原理

FreeRTOS 的应用由一系列独立的任务组成，为了使系统更强大、功能更丰富，这些应用必须互相通信。

1. 通过中间通信对象来通信

前面已经介绍了几种任务通信机制，包括消息队列、信号量和事件标志组。这几种通信机制在使用前都需要创建中间通信对象，然后利用中间通信对象来传递消息。

在使用中间通信对象时，事件和数据并非直接发送到接收任务（或接收中断），而是发到中间通信对象。同样，任务和中断必须从中间通信对象获取数据，而不是直接从发送任务或发送中断中获取数据，如图 12-1 所示。

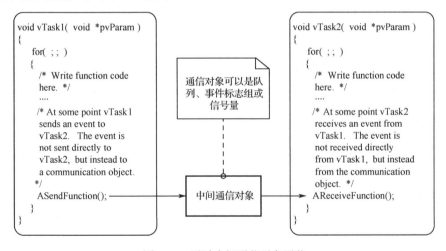

图 12-1 通过中间通信对象通信

2. 通过任务通知通信

任务通知（Task Notifications）提供了一种任务到任务、中断到任务的点对点通信机制，无须使用中间通信对象。使用任务通知时，任务和中断能直接向接收任务发送消息或事件，如图 12-2 所示。

任务通知组件在 FreeRTOS 中是可选的，使用该组件前，需先将 FreeRTOSConfig.h 文件中的 configUSE_TASK_NOTIFICATIONS 宏设为 1，此时，每个任务具有一个通知状态和一个通知值。任务通知状态只能为挂起态或未挂起态，任务通知值为一个 32 位无符号整型数。当任务接收到通知后，其通知状态将变为挂起态；当任务读取通知值后，其通知状态又变为挂起态。

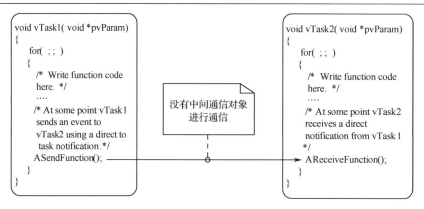

图 12-2　通过任务通知通信

与消息队列、信号量和事件标志组类似，任务在等待通知时可以进入阻塞态，并且可以设置阻塞时间。

使用任务通知具有以下优势。

（1）使用任务通知传递事件或数据的速度更快。使用任务通知实现二值信号功能时，解锁任务阻塞的时间比直接使用二值信号量快约 45%（数据来源于 FreeRTOS 官方测试）。

（2）使用任务通知完成消息队列、信号量和事件标志组的工作时，消耗的 RAM 空间较少。因为消息队列、信号量和事件标志组在使用前都需要创建中间通信对象，而任务通知是任务控制块（TCB_t）的一部分，随着任务的创建而创建，且每个任务只占用 8 字节。

然而，任务通知也存在使用限制，并非所有应用场景都适用，具体如下所述。

（1）任务通知不能发送事件或数据到中断。在使用中间通信对象时，通信方向可以为中断到任务，也可以为任务到中断。但任务通知的通信方向只能为中断到任务，因为中断没有类似任务控制块（TCB_t）的机制。

（2）任务通知只能有一个接收任务。中间通信对象可以被任何任务、中断访问（发送或接收数据），且访问的任务和中断数量不限。但使用任务通知时，一次通信只能有一个接收任务。

（3）任务通知无法缓存大量数据。在使用任务通知时，由于每个任务只有一个通知值，相当于长度为 1 的消息队列，因此无法缓存大量数据。

（4）任务通知无法广播唤醒多个任务。事件标志组中的一个事件可以唤醒多个任务，而一次任务通知只能唤醒一个任务，若需要唤醒多个任务，则必须开启多次任务通知。

（5）任务通知不具有发送阻塞功能。

12.2　任务通知相关 API 函数

使用任务通知前，需先将 FreeRTOSConfig.h 文件中的 configUSE_TASK_NOTIFICATIONS 宏设为 1，或不定义（使用默认配置）。

1. xTaskNotifyGive 函数

xTaskNotifyGive 函数用于将接收任务的通知值加 1，具体描述如表 12-1 所示。使用该函数可以模拟二值信号量和计数信号量。

表 12-1　xTaskNotifyGive 函数描述

函数名	xTaskNotifyGive
函数原型	BaseType_t xTaskNotifyGive(TaskHandle_t xTaskToNotify)
功能描述	将接收任务的通知值加 1
输入参数	xTaskToNotify：接收任务句柄
输出参数	void
返回值	总是返回 pdPASS（成功）

xTaskNotifyGive 函数的使用示例如程序清单 12-1 所示，使用任务通知相关 API 函数时，需要添加 task.h 头文件。

程序清单 12-1

```
#include "task.h"

void xxxTask(void* pvParameters)
{
  //接收任务句柄
  extern TaskHandle_t s_structTargetTask;

  //任务循环
  while(1)
  {
    //接收任务通知值加 1
    xTaskNotifyGive(s_structTargetTask);

    ...
  }
}
```

2. vTaskNotifyGiveFromISR 函数

vTaskNotifyGiveFromISR 函数用于在中断中使接收任务的通知值加 1，具体描述如表 12-2 所示。

表 12-2　vTaskNotifyGiveFromISR 函数描述

函数名	vTaskNotifyGiveFromISR
函数原型	void vTaskNotifyGiveFromISR(TaskHandle_t xTaskToNotify, 　　　　　　　　　　　　BaseType_t *pxHigherPriorityTaskWoken)
功能描述	在中断中使接收任务的通知值加 1
输入参数 1	xTaskToNotify：接收任务句柄
输入参数 2	pxHigherPriorityTaskWoken：*pxHigherPriorityTaskWoken 必须初始化为 pdFALSE。若目标任务的优先级高于当前任务（被中断打断的任务）的优先级，则该函数会将*pxHigherPriorityTaskWoken 设为 pdTRUE，此时，退出中断服务函数前要触发一次任务切换
输出参数	void
返回值	void

vTaskNotifyGiveFromISR 函数的使用示例如程序清单 12-2 所示。与其他中断的 API 函数

类似，在退出中断前，要根据参数决定是否通过 portYIELD_FROM_ISR 触发一次任务切换，以使目标任务能立即被唤醒。

程序清单 12-2

```
#include "task.h"

void XXX_IRQHandler(void)
{
  extern TaskHandle_t s_structTargetTask;
  BaseType_t xHigherPriorityTaskWoken = pdFALSE;

  //接收任务通知值加 1
  vTaskNotifyGiveFromISR(s_structTargetTask, &xHigherPriorityTaskWoken);

  //中断其他处理，如清除标志位等
  ...

  //根据参数决定是否进行任务切换
  portYIELD_FROM_ISR(xHigherPriorityTaskWoken);
}
```

3. xTaskNotify 函数

xTaskNotify 函数用于发送任务通知，具体描述如表 12-3 所示。

表 12-3　xTaskNotify 函数描述

函数名	xTaskNotify
函数原型	BaseType_t xTaskNotify(TaskHandle_t xTaskToNotify, 　　　　　　　　uint32_t ulValue, 　　　　　　　　eNotifyAction eAction)
功能描述	发送任务通知
输入参数 1	xTaskToNotify：接收任务句柄
输入参数 2	ulValue：通知值
输入参数 3	eAction：eAction 参数为枚举类型，具体描述如表 12-4 所示
输出参数	void
返回值	pdFALSE：通知失败； pdPASS：通知成功

eAction 参数为枚举类型，具体描述如表 12-4 所示。

表 12-4　eAction 参数描述

可　取　值	描　　　述
eNoAction	目标任务将接收到一个通知，但任务通知值不会更新。此时 ulValue 参数无意义
eSetBits	目标任务通知值将与 ulValue 进行或运算。例如，若 ulValue 为 0x01，则目标任务通知值的位 0 被置 1；若 ulValue 为 0x05，则目标任务通知值的位 2 和位 0 被置 1。此时，任务通知机制的功能类似于轻量级的事件标志组
eIncrement	目标任务通知值加 1，此时 ulValue 参数无意义

可　取　值	描　　　述
eSetValueWithOverwrite	目标任务通知值设为 ulValue，此时任务通知机制的功能类似于轻量级的消息队列，xTaskNotify 函数相当于 xQueueOverwrite 函数
eSetValueWithoutOverwrite	若目标任务并未挂起通知，则任务通知值将被设为 ulValue；若目标任务已具有挂起的通知，则不会更新其通知值，因为这样会覆盖之前的通知值，在这种情况下将会返回 pdFALSE。此时任务通知机制的功能类似于轻量级的消息队列，xTaskNotify 函数相当于 xQueueSend 函数

xTaskNotify 函数的功能丰富，合理使用该函数能实现轻量级的消息队列、二值信号量、计数信号量、事件标志组等。

4．xTaskNotifyFromISR 函数

xTaskNotifyFromISR 函数用于在中断中发送任务通知，具体描述如表 12-5 所示。

表 12-5　xTaskNotifyFromISR 函数描述

函数名	xTaskNotifyFromISR
函数原型	BaseType_t xTaskNotifyFromISR(TaskHandle_t xTaskToNotify, 　　　　　　　uint32_t ulValue, 　　　　　　　eNotifyAction eAction, 　　　　　　　BaseType_t *pxHigherPriorityTaskWoken)
功能描述	在中断中发送任务通知
输入参数 1	xTaskToNotify：接收任务句柄
输入参数 2	ulValue：通知值
输入参数 3	eAction：eAction 参数为枚举类型，具体描述如表 12-4 所示
输入参数 4	pxHigherPriorityTaskWoken：*pxHigherPriorityTaskWoken 必须初始化为 pdFALSE。若目标任务的优先级高于当前任务（被中断打断的任务），则该函数会将*pxHigherPriorityTaskWoken 设为 pdTRUE，此时，退出中断服务函数前要触发一次任务切换
输出参数	void
返回值	pdFALSE：通知失败； pdPASS：通知成功

5．xTaskNotifyAndQuery 函数

xTaskNotifyAndQuery 函数的功能与 xTaskNotify 函数类似，但多了一个用于保存更新前的任务通知值的参数，具体描述如表 12-6 所示。

表 12-6　xTaskNotifyAndQuery 函数描述

函数名	xTaskNotifyAndQuery
函数原型	BaseType_t xTaskNotifyAndQuery(TaskHandle_t xTaskToNotify, 　　　　　　　uint32_t ulValue, 　　　　　　　eNotifyAction eAction, 　　　　　　　uint32_t *pulPreviousNotifyValue)
功能描述	发送任务通知
输入参数 1	xTaskToNotify：接收任务句柄
输入参数 2	ulValue：通知值

续表

输入参数 3	eAction：eAction 参数为枚举类型，具体描述如表 12-4 所示
输入参数 4	pulPreviousNotifyValue：用于保存更新前的任务通知值
输出参数	void
返回值	pdFALSE：通知失败； pdPASS：通知成功

6. xTaskNotifyAndQueryFromISR 函数

xTaskNotifyAndQueryFromISR 函数为 xTaskNotifyAndQuery 函数的中断版本，具体描述如表 12-7 所示。

表 12-7　xTaskNotifyAndQueryFromISR 函数描述

函数名	xTaskNotifyAndQueryFromISR
函数原型	BaseType_t xTaskNotifyAndQueryFromISR(　　　　TaskHandle_t xTaskToNotify, 　　　　uint32_t ulValue, 　　　　eNotifyAction eAction, 　　　　uint32_t *pulPreviousNotifyValue, 　　　　BaseType_t *pxHigherPriorityTaskWoken)
功能描述	在中断中发送任务通知
输入参数 1	xTaskToNotify：接收任务句柄
输入参数 2	ulValue：通知值
输入参数 3	eAction：eAction 参数为枚举类型，具体描述如表 12-4 所示
输入参数 4	pulPreviousNotifyValue：用于保存更新前的任务通知值
输入参数 5	pxHigherPriorityTaskWoken：*pxHigherPriorityTaskWoken 必须初始化为 pdFALSE。若目标任务的优先级高于当前任务（被中断打断的任务）的优先级，则该函数会将*pxHigherPriorityTaskWoken 设为 pdTRUE，此时，退出中断服务函数前要触发一次任务切换
输出参数	void
返回值	pdFALSE：通知失败； pdPASS：通知成功

7. ulTaskNotifyTake 函数

ulTaskNotifyTake 函数用于在接收任务中获取任务通知值，具体描述如表 12-8 所示。

表 12-8　ulTaskNotifyTake 函数描述

函数名	ulTaskNotifyTake
函数原型	uint32_t ulTaskNotifyTake(BaseType_t xClearCountOnExit, TickType_t xTicksToWait)
功能描述	在接收任务中获取任务通知值
输入参数 1	xClearCountOnExit：清零标志。 pdFALSE：返回时任务通知值减 1，可以实现计数信号量功能； pdTRUE：返回时任务通知值清零，可以实现二值信号量功能
输入参数 2	xTicksToWait：最大等待时长，以时间片为单位，利用 pdMS_TO_TICKS()宏可以计算实际等待时长
输出参数	void
返回值	减 1 或清零之前的任务通知值

8. xTaskNotifyWait 函数

xTaskNotifyWait 函数同样用于获取任务通知值，具体描述如表 12-9 所示。

表 12-9　xTaskNotifyWait 函数描述

函数名	xTaskNotifyWait
函数原型	BaseType_t xTaskNotifyWait(uint32_t ulBitsToClearOnEntry, 　　　　　　　　uint32_t ulBitsToClearOnExit, 　　　　　　　　uint32_t *pulNotificationValue, 　　　　　　　　TickType_t xTicksToWait)
功能描述	获取任务通知值
输入参数 1	ulBitsToClearOnEntry：进入函数时清除标志位。若为 0x01，则表示要清除任务通知的位 0；若为 0xFFFFFFFF，则表示要清除所有位
输入参数 2	ulBitsToClearOnExit：退出函数时清除标志位。若为 0x01，则表示要清零任务通知的位 0；若为 0xFFFFFFFF，则表示要清除所有位
输入参数 3	pulNotificationValue：用与保存修改前的任务通知值
输入参数 4	xTicksToWait：最大等待时长，以时间片为单位，利用 pdMS_TO_TICKS() 宏可以计算实际等待时长
输出参数	void
返回值	pdTRUE：接收到任务通知值； pdFALSE：接收失败，超时退出

9. xTaskNotifyStateClear 函数

xTaskNotifyStateClear 函数用于清除任务通知状态，清除后，任务通知状态将变为未挂起态，具体描述如表 12-10 所示。

表 12-10　xTaskNotifyStateClear 函数描述

函数名	xTaskNotifyStateClear
函数原型	BaseType_t xTaskNotifyStateClear(TaskHandle_t xTask)
功能描述	清除任务通知状态
输入参数	xTask：目标任务句柄
输出参数	void
返回值	若目标任务的通知状态为挂起态，那么通知状态将被清除变为未挂起态，并返回 pdTRUE；若目标任务的通知状态为未挂起态，则清除失败，并返回 pdFALSE

10. ulTaskNotifyValueClear 函数

ulTaskNotifyValueClear 函数用于清除任务通知值，具体描述如表 12-11 所示。

表 12-11　ulTaskNotifyValueClear 函数描述

函数名	ulTaskNotifyValueClear
函数原型	uint32_t ulTaskNotifyValueClear(TaskHandle_t xTask, uint32_t ulBitsToClear)
功能描述	清除任务通知值
输入参数 1	xTask：目标任务句柄
输入参数 2	ulBitsToClear：清除指定位。若为 0x01，则表示要清除位 0；若为 0xFFFFFFFF，则表示要清除所有位
输出参数	void
返回值	清零前的任务通知值

12.3　任务通知的应用

1. 模拟二值信号量

通过组合使用 xTaskNotifyGive 和 ulTaskNotifyTake 函数即可模拟二值信号量的功能。在 ulTaskNotifyTake 函数退出时，选择将任务通知值清零，如程序清单 12-3 所示。模拟的二值信号量不适用于资源的互斥访问，只适用于任务同步。

程序清单 12-3

```c
#include "task.h"

void GiveTask(void* pvParameters)
{
  //接收任务句柄
  extern TaskHandle_t s_structTakeTask;

  //任务循环
  while(1)
  {
    //接收任务通知值加 1
    xTaskNotifyGive(s_structTakeTask);

    //任务处理
    ...
  }
}

void TakeTask(void* pvParameters)
{
  //任务循环
  while(1)
  {
    //获取任务通知值，退出并清零
    ulTaskNotifyTake(pdTRUE, portMAX_DELAY);

    //任务处理
    ...
  }
}
```

发送任务也可以使用 xTaskNotify 函数发送任务通知，如程序清单 12-4 所示。由于通知为 eNoAction 类型，因此第二个参数 0x00 无意义。

程序清单 12-4

```c
void GiveTask(void* pvParameters)
{
  //接收任务句柄
  extern TaskHandle_t s_structTakeTask;

  //任务循环
  while(1)
```

```
{
  //发送任务通知
  xTaskNotify(s_structTakeTask, 0x00, eNoAction);

  //任务处理
  ...
  }
}
```

2. 模拟计数信号量

通过组合使用 xTaskNotifyGive 和 ulTaskNotifyTake 函数即可模拟计数信号量功能。在 ulTaskNotifyTake 函数退出时，选择将任务通知值减 1，如程序清单 12-5 所示。

程序清单 12-5

```
#include "task.h"

void GiveTask(void* pvParameters)
{
  //接收任务句柄
  extern TaskHandle_t s_structTakeTask;

  //任务循环
  while(1)
  {
    //接收任务通知值加 1
    xTaskNotifyGive(s_structTakeTask);

    //任务处理
    ...
  }
}

void TakeTask(void* pvParameters)
{
  //任务循环
  while(1)
  {
    //获取任务通知值，退出时任务通知值减 1
    ulTaskNotifyTake(pdFALSE, portMAX_DELAY);

    //任务处理
    ...
  }
}
```

此时发送任务也可以通过 xTaskNotify 函数发送任务通知，发送类型选择 eIncrement，如程序清单 12-6 所示，此时第二个参数 0x00 无意义。

程序清单 12-6

```
void GiveTask(void* pvParameters)
{
```

```
//接收任务句柄
extern TaskHandle_t s_structTakeTask;

//任务循环
while(1)
{
  //发送任务通知
  xTaskNotify(s_structTakeTask, 0x00, eIncrement);

  //任务处理
  ...
}
}
```

3. 模拟事件标志组

通过组合使用 xTaskNotify 和 ulTaskNotifyTake 函数即可模拟事件标志组功能。使用发送函数 xTaskNotify 选择更新指定位，然后在接收任务中判断哪些位被置 1，如程序清单 12-7 所示。在使用任务通知模拟事件标志组时，除了可以发送 eSetValueWithOverwrite 类型的通知，还可以选择发送 eSetValueWithoutOverwrite 通知，此时若接收任务有通知尚未处理，xTaskNotify 函数将发送失败，以避免出现通知被覆盖的问题。但是，在使用任务通知模拟事件标志组时存在一个缺陷，即无法选择当所有事件都发生时才退出阻塞态。

程序清单 12-7

```
#include "task.h"

#define EVENT_0 (1 << 0)
#define EVENT_1 (1 << 4)

void GiveTask(void* pvParameters)
{
  //接收任务句柄
  extern TaskHandle_t s_structTakeTask;

  //任务循环
  while(1)
  {
    //发送任务通知
    xTaskNotify(s_structTakeTask, EVENT_0 | EVENT_1, eSetValueWithOverwrite);

    //任务处理
    ...

  }
}

void TakeTask(void* pvParameters)
{
  //任务通知值
  uint32_t ulNotificationValue;
```

```
//任务循环
while(1)
{
  //获取任务通知值,退出时任务通知值清零
  ulNotificationValue = ulTaskNotifyTake(pdTRUE, portMAX_DELAY);

  //事件 0 处理
  if(EVENT_0 & ulNotificationValue)
  {
    ...
  }

  //事件 1 处理
  if(EVENT_1 & ulNotificationValue)
  {
    ...
  }
}
}
```

在接收任务中,除了可以使用 ulTaskNotifyTake 函数获取通知值,还可以使用 xTaskNotifyWait 函数,如程序清单 12-8 所示。

程序清单 12-8

```
void TakeTask(void* pvParameters)
{
  //任务通知值
  uint32_t ulNotificationValue;

  //任务循环
  while(1)
  {
    //获取任务通知值,进入和退出任务通知值均清零
    xTaskNotifyWait(0xFFFFFFFF, 0xFFFFFFFF, &ulNotificationValue, portMAX_DELAY);

    //事件 0 处理
    if(EVENT_0 & ulNotificationValue)
    {
      ...
    }

    //事件 1 处理
    if(EVENT_1 & ulNotificationValue)
    {
      ...
    }
  }
}
```

4. 邮箱

若将任务通知值视为一个变量,则可以使用任务通知值来传递数值,此时任务通知相当

于一个轻量级的消息队列，该消息队列的长度为 1。由于长度为 1 的消息队列每次只能传输一个值，因此，在 FreeRTOS 中，该机制也称为"邮箱"。

12.4　实例与代码解析

下面通过编写实例程序创建两个任务，并使用任务通知实现"邮箱"功能。

12.4.1　复制并编译原始工程

首先，将"D:\GD32F3FreeRTOSTest\Material\10.FreeRTOS 任务通知"文件夹复制到"D:\GD32F3FreeRTOSTest\Product"文件夹中。然后，双击运行"D:\GD32F3FreeRTOSTest\Product\10.FreeRTOS 任务通知\Project"文件夹下的 GD32KeilPrj.uvprojx，单击工具栏中的 🔳 按钮进行编译，Build Output 栏显示"FromELF:creating hex file..."表示已经成功生成 .hex 文件，显示"0 Error(s), 0Warning(s)"表示编译成功。最后，将 .axf 文件下载到微控制器的内部 Flash，下载成功后，若串口助手输出"Init System has been finished."则表明原始工程正确，可以进行下一步操作。

12.4.2　编写测试程序

在 Main.c 文件的"内部函数实现"区，按照程序清单 12-9 修改 Task1 函数的代码。任务 1 通过 xTaskNotify 函数每隔 500ms 向任务 2 发送消息 0xA0，并且在发送消息时使用了通知覆盖的方式。

程序清单 12-9

```
1.    static void Task1(void* pvParameters)
2.    {
3.      //任务循环
4.      while(1)
5.      {
6.        //通过任务通知发送消息
7.        xTaskNotify(g_handlerTask2, 0xA0, eSetValueWithOverwrite);
8.
9.        //延时 500ms
10.       vTaskDelay(500);
11.     }
12.   }
```

按照程序清单 12-10 修改 Task2 函数的代码。任务 2 将获取到的任务通知值打印在串口助手上。

程序清单 12-10

```
1.    static void Task2(void* pvParameters)
2.    {
3.      uint32_t data;
4.
5.      //任务循环
6.      while(1)
7.      {
8.        //获取任务通知值
```

```
9.      data = ulTaskNotifyTake(pdTRUE, portMAX_DELAY);
10.
11.     //打印通知值
12.     printf("Task2: Notify value = 0x%X\r\n", data);
13.   }
14. }
```

12.4.3 编译及下载验证

代码编写完成并编译通过后，下载程序并进行复位。下载成功后打开串口助手，如图 12-3 所示，任务 2 通过任务通知成功获取消息并将其打印在串口助手上。

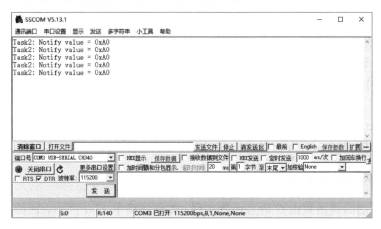

图 12-3 运行结果

本 章 任 务

通过任务通知模拟事件标志组，实现与第 11 章例程相同的功能。

本 章 习 题

1. 如何使用任务通知模拟二值信号量和计数信号量？
2. 如何使用任务通知模拟事件标志组？
3. 任务通知是否具有发送阻塞？
4. 如何使用任务通知实现资源的互斥访问？
5. 任务通知是否具有优先级继承的特性？
6. 如何获取其他文件中定义的任务句柄？

第 13 章 软件定时器

定时器是微控制器非常重要的外设，GD32 微控制器的定时器功能强大，除了定时，还具有输入捕获、PWM、死区和刹车等功能。但微控制器的定时器属于硬件资源，数量有限。本章将介绍 FreeRTOS 提供的软件定时器，并通过软件定时器执行周期任务。

13.1　软件定时器简介

软件定时器可以单次或周期性地调用一个函数，该函数被称为定时器的回调函数。在 FreeRTOS 中，软件定时器独立于内核之外，不消耗硬件资源，无需硬件定时器的参与。除了执行回调函数，软件定时器不消耗任何 CPU 资源。

FreeRTOS 中的软件定时器是一个可选的组件，在使用软件定时器之前需要先完成两个步骤：

（1）将 timers.c 文件添加到工程中；

（2）将 FreeRTOSConfig.h 文件中的 USE_TIMERS 宏设为 1。

13.1.1　软件定时器的回调函数

软件定时器的回调函数由 C 语言函数实现，如程序清单 13-1 所示，回调函数的返回值类型必须为 void，且带有一个 TimerHandle_t 类型的形参。

程序清单 13-1

```
#include "timers.h"

void ATimerCallback(TimerHandle_t xTimer)
{
  ...
}
```

软件定时器回调函数与普通 C 语言函数一样，按顺序执行并正常返回。与中断服务函数类似，回调函数要求快进快出，且不能在回调函数中使用任何可能导致阻塞的 API 函数。

注意，回调函数被软件定时器服务调用，该服务同样为一个任务，由系统调度器在初始化时自动创建，因此，在回调函数中禁止调用任何可能会使该服务进入阻塞态的 API 函数，如 vTaskDelay 函数等。可以使用 xQueueReceive 函数从消息队列中获取数据，但阻塞时间必须设置为 0；其他 API 函数与之类似。

13.1.2　软件定时器的模式

软件定时器的周期是从软件定时器启动到回调函数被执行的这段时间。软件定时器按照工作模式的不同可分为单次模式和周期模式。

1．单次模式

在单次模式下，软件定时器的回调函数只会被执行一次。但是可以通过手动重启软件定时器使回调函数再次被调用，而软件定时器不会自动复位。

2. 周期模式

在周期模式下，软件定时器能够自动复位。一旦启动软件定时器后，回调函数将被周期性地调用。

软件定时器的单次模式和周期模式示意图如图 13-1 所示。

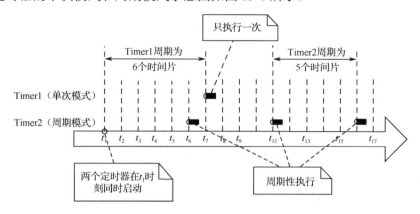

图 13-1　软件定时器的单次模式和周期模式示意图

Timer1 工作在单次模式下，其周期为 6 个时间片。Timer1 在 t_1 时刻启动，因此，其回调函数将在 6 个时间片后（t_7 时刻）被调用，且仅会被调用一次。

Timer2 工作在周期模式下，其周期为 5 个时间片。Timer2 同样在 t_1 时刻启动，因此，其回调函数将在 5 个时间片后（t_6 时刻）第一次被调用，且此后每隔 5 个时间片将再次被调用。

13.1.3　软件定时器的状态

软件定时器有两种状态：休眠态和运行态。

1. 休眠态

处于休眠态的软件定时器仍存在于系统中，可以通过其句柄访问。但由于该软件定时器并未运行，因此其回调函数将不会被执行。

2. 运行态

软件定时器进入运行态或复位后，一旦定时结束（定时器到期），便会执行其回调函数。

图 13-2 和图 13-3 展示了软件定时器在周期模式和单次模式下的状态转换。图 13-2 和图 13-3 的不同之处在于定时器执行回调函数后，周期模式下的软件定时器会重新进入运行态，而单次模式下的软件定时器将进入休眠态。

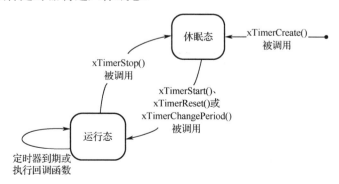

图 13-2　周期模式下的软件定时器状态转换图

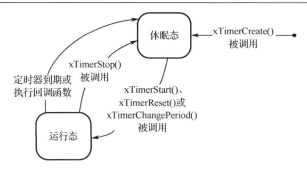

图 13-3　单次模式下的软件定时器状态转换图

xTimerDelete 函数用于删除软件定时器，软件定时器可以在任何时刻被删除。

13.2　软件定时器服务

软件定时器的所有工作都由 Daemon Task（软件定时器服务）处理，包括定时器的管理、回调函数的执行等。Daemon Task 也是一个任务，在调度器启动时被系统自动创建。Daemon Task 的任务优先级和栈区大小分别由 FreeRTOSConfig.h 文件中的 configTIMER_TASK_PRIORITY 宏和 configTIMER_TASK_STACK_DEPTH 宏决定。在软件定时器的回调函数中不能执行可能导致任务阻塞的 API 函数，否则会使 Daemon Task 进入阻塞态。

13.2.1　软件定时器的命令队列

软件定时器的 API 函数通过消息队列向 Daemon Task 发送命令，如图 13-4 所示，该消息队列称为软件定时器的命令队列。常用的命令有启动定时器、暂停定时器和复位定时器。

软件定时器的命令队列在调度器启动时被系统自动创建，命令队列的长度取决于 FreeRTOSConfig.h 文件中的 configTIMER_QUEUE_LENGTH 宏。

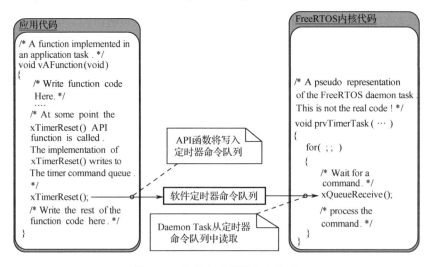

图 13-4　软件定时器的命令队列

13.2.2　软件定时器服务调度

Daemon Task 由系统调度器管理，主要用于处理命令和执行回调函数。图 13-5 和图 13-6

展示了 Daemon Task 的优先级及对应的执行时序。

在图 13-5 中，Task1 的优先级高于 Daemon Task，Daemon Task 的优先级高于空闲任务。接下来将按照步骤分析运行过程。

在 t_1 时刻，Task1 处于运行态，Daemon Task 处于阻塞态。Daemon Task 可以由两种方式唤醒，一种是通过向命令队列发送命令，Daemon Task 将被唤醒并处理命令；另一种是软件定时器定时结束，Daemon Task 将被唤醒并执行定时器回调函数。

在 t_2 时刻，Task1 调用了 xTimerStart 函数。xTimerStart 函数将会向命令队列发送一条定时器启动命令，使 Daemon Task 从阻塞态唤醒。由于 Task1 的优先级高于 Daemon Task，Daemon Task 无法打断 Task1 的运行，因此 Daemon Task 将从阻塞态退出并进入就绪态。

在 t_3 时刻，Task1 从 xTimerStart 函数返回。Task1 在 $t_2 \sim t_3$ 时间段一直处于运行态，并未被 Daemon Task 打断。

在 t_4 时刻，Task1 调用了 FreeRTOS 的相关 API 函数进入阻塞态。此时，Daemon Task 在就绪任务中优先级最高，因此调度器将执行 Daemon Task，Daemon Task 进入运行态并开始处理命令队列中的命令。注意，软件定时器从向命令队列发送启动命令的那一刻即开始计时，而不是从 Daemon Task 处理启动命令后才开始计时。

在 t_5 时刻，Daemon Task 处理完命令队列中的命令后进入阻塞态。此时，空闲任务在就绪任务中优先级最高，因此调度器将执行空闲任务，空闲任务进入运行态。

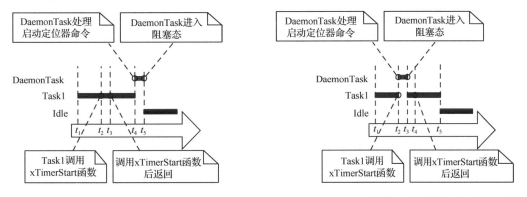

图 13-5　Daemon Task 优先级低时的定时器创建时序图　　图 13-6　Daemon Task 优先级高时的定时器创建时序图

在图 13-6 中，Daemon Task 的优先级高于 Task1，Task1 的优先级高于空闲任务。接下来将按照步骤分析运行过程。

在 t_1 时刻，Task1 处于运行态，Daemon Task 处于阻塞态。

在 t_2 时刻，Task1 调用了 xTimerStart 函数，使 Daemon Task 从阻塞态退出并进入就绪态。由于 Daemon Task 的优先级高于 Task1，因此调度器将执行 Daemon Task，Daemon Task 进入运行态并开始处理命令队列里的启动定时器命令。而 Task1 因被 Daemon Task 打断而进入就绪态。

在 t_3 时刻，Daemon Task 处理完命令队列中的命令后进入阻塞态。此时，Task1 在就绪任务中优先级最高，因此调度器将执行 Task1，Task1 进入运行态。

在 t_4 时刻，Task1 从 xTimerStart 函数退出。

在 t_5 时刻，Task1 调用了 FreeRTOS 相关 API 函数进入阻塞态。此时，空闲任务在就绪任务中优先级最高，因此调度器将执行空闲任务，空闲任务进入运行态。

命令队列收到的命令通常包含一个时间戳，时间戳确保定时器能按照指定时间执行回调函数。例如，某个任务向命令队列发送启动定时器命令，目标定时器的周期为 10 个时间片，时间戳用于确保从发送启动定时器命令的时刻开始，经过 10 个时间片后执行回调函数，而不是在 Daemon Task 处理该命令后再经过 10 个时间片才执行回调函数。

13.3　软件定时器 ID

FreeRTOS 给每个软件定时器分配一个 ID，该 ID 是一个特征值，可以有多种用途。软件定时器的 ID 实际上是一个 void 类型的指针（void*），既可以是一个简单的整型数据，也可以是任意数据类型的地址，甚至可以是一个函数指针，具体的意义由开发人员决定。

软件定时器在创建时即可设定一个 ID，也可在创建后通过 vTimerSetTimerID 函数来设置 ID。在任务中，可以通过 pvTimerGetTimerID 函数来获取定时器的 ID。

与软件定时器的其他 API 函数不同，vTimerSetTimerID 和 pvTimerGetTimerID 函数可以直接访问软件定时器，无须通过命令队列。

13.4　复位软件定时器

顾名思义，复位软件定时器的功能是重新启动软件定时器，软件定时器将重新开始计时。复位软件定时器与开启软件定时器不同，开启软件定时器后，软件定时器将会继续计时，而不是清零后重新计时。如图 13-7 所示为软件定时器 Timer1 多次复位时的执行情况，Timer1 的周期为 6 个时间片。

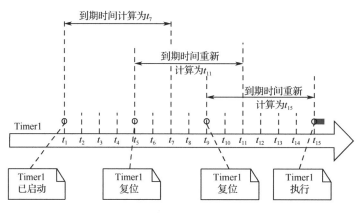

图 13-7　复位软件定时器

13.5　软件定时器相关 API 函数

1. xTimerCreate 函数

xTimerCreate 函数用于创建软件定时器，并返回软件定时器句柄，具体描述如表 13-1 所示。使用该函数前，需先将 FreeRTOSConfig.h 文件中的 configSUPPORT_DYNAMIC_ALLOCATION 宏设为 1，或不定义（使用默认配置）。

表 13-1　　xTimerCreate 函数描述

函数名	xTimerCreate
函数原型	TimerHandle_t xTimerCreate(const char * const pcTimerName, 　　　　　　const TickType_t xTimerPeriod, 　　　　　　const UBaseType_t uxAutoReload, 　　　　　　void * const pvTimerID, 　　　　　　TimerCallbackFunction_t pxCallbackFunction)
功能描述	创建软件定时器
输入参数 1	pcTimerName：定时器名，用于调试
输入参数 2	xTimerPeriod：定时器周期，以节拍（时间片）为单位。通过 pdMS_TO_TICKS 可以将毫秒时间值转换为节拍数，例如 pdMS_TO_TICKS(500) 为 500ms 对应的节拍数。注意，定时器周期必须大于零
输入参数 3	uxAutoReload：自动重装载使能。pdTRUE：周期定时器；pdFALSE：单次定时器
输入参数 4	pvTimerID：定时器 ID。FreeRTOS 支持多个定时器使用同一个回调函数，在回调函数中可以根据定时器 ID 来处理不同的定时器
输入参数 5	pxCallbackFunction：定时器回调函数，函数原型为 void vCallbackFunction (TimerHandle_t xTimer)。定时器会将其句柄以形参的形式传递给回调函数，回调函数则可以通过该句柄获取定时器 ID，以区分不同的定时器
输出参数	void
返回值	NULL：内存不足，创建失败； 其他：软件定时器句柄，创建成功

　　xTimerCreate 函数的使用示例如程序清单 13-2 所示。使用软件定时器组件时，需要添加包含头文件 timers.h。与其他句柄类似，软件定时器的句柄同样为指针类型，其原型为 tmrTimerControl*，因此，在定义句柄时，可以将其初始化为 NULL。通常建议将句柄定义为全局变量，若该句柄只在当前文件中使用，则可以定义为内部静态变量。

　　在程序清单 13-2 中，通过 xTimerCreate 函数创建了一个名为 timer 的软件定时器，其周期为 500 个时间片，ID 为 1，且为周期模式，回调函数为 ATimerCallback。因此，该软件定时器每隔 500 个时间片执行一次 ATimerCallback 函数。

　　注意，①软件定时器创建后会进入休眠态，必须通过 xTimerStart 或 xTimerReset 函数来启动。②软件定时器不会将定时器名复制到其控制结构体中，只会保存定时器名的字符串首地址。

程序清单 13-2

```
#include "timers.h"

//定时器句柄
TimerHandle_t g_handlerTimer = NULL;

//定时器回调函数
void ATimerCallback(TimerHandle_t xTimer)
{
  ...
}

//xxx 任务
void xxxTask(void* pvParameters)
```

```
{
//创建软件定时器
g_handlerTimer = xTimerCreate("timer", 500, pdTRUE, (void*)1, ATimerCallback);

//任务循环
while(1)
{

}
}
```

2. xTimerCreateStatic 函数

xTimerCreateStatic 函数用于静态创建软件定时器，具体描述如表 13-2 所示。使用该函数前，需先将 FreeRTOSConfig.h 文件中的 configSUPPORT_STATIC_ALLOCATION 宏设为 1。xTimerCreateStatic 函数比 xTimerCreate 函数多一个参数，用户必须自行创建 StaticTimer_t 结构体，并将结构体首地址传给 xTimerCreateStatic 函数，否则将导致软件定时器创建失败。

表 13-2　xTimerCreateStatic 函数描述

函数名	xTimerCreateStatic
函数原型	TimerHandle_t xTimerCreateStatic 　　　(const char * const pcTimerName, 　　　const TickType_t xTimerPeriod, 　　　const UBaseType_t uxAutoReload, 　　　void * const pvTimerID, 　　　TimerCallbackFunction_t pxCallbackFunction 　　　StaticTimer_t *pxTimerBuffer)
功能描述	静态创建软件定时器
输入参数 1	pcTimerName：定时器名，用于调试
输入参数 2	xTimerPeriod：定时器周期，以节拍（时间片）为单位。通过 pdMS_TO_TICKS 可以将毫秒时间值转换为节拍数，例如 pdMS_TO_TICKS(500)为 500ms 对应的节拍数。注意，定时器周期必须大于零
输入参数 3	uxAutoReload：自动重装载使能。pdTRUE：周期定时器；pdFALSE：单次定时器
输入参数 4	pvTimerID：定时器 ID。FreeRTOS 支持多个定时器使用同一个回调函数，在回调函数中可以根据定时器 ID 来处理不同的定时器
输入参数 5	pxCallbackFunction：定时器回调函数，函数原型为 void vCallbackFunction (TimerHandle_t xTimer)。定时器会将其句柄以形参的形式传递给回调函数，回调函数则可以通过该句柄获取定时器 ID，以区分不同的定时器
输入参数 6	pxTimerBuffer：必须为 StaticTimer_t 类型的指针，若为缓冲区，则缓冲区大小应大于或等于 sizeof(StaticTimer_t)
输出参数	void
返回值	NULL：pxTimerBuffer 输入为 NULL，创建失败； 其他：软件定时器句柄，创建成功

3. xTimerDelete 函数

xTimerDelete 函数用于删除软件定时器，具体描述如表 13-3 所示。

表 13-3　xTimerDelete 函数描述

函数名	xTimerDelete
函数原型	BaseType_t xTimerDelete(TimerHandle_t xTimer, TickType_t xBlockTime)

续表

功能描述	删除软件定时器
输入参数 1	xTimer：软件定时器句柄
输入参数 2	xBlockTime：阻塞时间。xTimerDelete 通过向命令队列发送指令来实现其功能，由于要向消息队列发送消息，因此需要设置阻塞时间
输出参数	void
返回值	pdFAIL：阻塞时间结束但指令还未发送至定时器的命令队列； pdPASS：指令成功发送至定时器的命令队列，而指令的执行时间取决于软件定时器服务在系统中的优先级

4. xTimerIsTimerActive 函数

xTimerIsTimerActive 函数用于判断软件定时器是否处于运行态，具体描述如表 13-4 所示。若软件定时器创建后并未启动，或在单次模式下未重启，则将处于休眠态。

表 13-4　xTimerIsTimerActive 函数描述

函数名	xTimerIsTimerActive
函数原型	BaseType_t xTimerIsTimerActive(TimerHandle_t xTimer)
功能描述	判断软件定时器是否处于运行态
输入参数	xTimer：软件定时器句柄
输出参数	void
返回值	pdFAIL：软件定时器处于休眠态； pdPASS：软件定时器处于运行态

5. xTimerStart 函数

xTimerStart 函数用于启动软件定时器，具体描述如表 13-5 所示。注意，若软件定时器正处于运行态，则 xTimerStart 函数等效于 xTimerReset 函数。由于 xTimerStart 函数通过向命令队列发送命令来控制软件定时器，因此需要设置阻塞时间。

表 13-5　xTimerStart 函数描述

函数名	xTimerStart
函数原型	BaseType_t xTimerStart(TimerHandle_t xTimer, TickType_t xBlockTime)
功能描述	启动软件定时器
输入参数 1	xTimer：软件定时器句柄
输入参数 2	xBlockTime：阻塞时间
输出参数	void
返回值	pdFAIL：阻塞时间结束但指令还未发送至定时器的命令队列； pdPASS：指令成功发送至定时器的命令队列

xTimerStart 函数的使用示例如程序清单 13-3 所示，创建软件定时器后必须调用 xTimerStart 或 xTimerReset 函数来启动软件定时器，否则软件定时器将处于休眠态。

程序清单 13-3

```
#include "timers.h"

//定时器句柄
```

```
TimerHandle_t g_handlerTimer = NULL;

//定时器回调函数
void ATimerCallback(TimerHandle_t xTimer)
{
    ...
}

//xxx 任务
void xxxTask(void* pvParameters)
{
    //创建软件定时器
    g_handlerTimer = xTimerCreate("timer", 500, pdTRUE, (void*)1, ATimerCallback);

    //启动软件定时器
    xTimerStart(g_handlerTimer, portMAX_DELAY);

    //任务循环
    while(1)
    {

    }
}
```

6. xTimerStartFromISR 函数

xTimerStartFromISR 函数用于在中断中启动软件定时器，具体描述如表 13-6 所示。

表 13-6　xTimerStartFromISR 函数描述

函数名	xTimerStartFromISR
函数原型	BaseType_t xTimerStartFromISR (TimerHandle_t xTimer, BaseType_t *pxHigherPriorityTaskWoken)
功能描述	在中断中启动软件定时器
输入参数 1	xTimer：软件定时器句柄
输入参数 2	pxHigherPriorityTaskWoken：该函数会向命令队列发送一条命令，从而使 Daemon Task 从阻塞态中被唤醒并进入就绪态。若此函数成功将 Daemon Task 从阻塞态中唤醒，且当前任务（被中断打断的任务）的优先级低于 Daemon Task，则*pxHigherPriorityTaskWoken 将被置为 pdTRUE，导致在中断退出前会申请任务调度，中断退出后调度器立即被激活并执行高优先级的 Daemon Task，Daemon Task 由就绪态转变为运行态并开始处理该函数发出的命令
输出参数	void
返回值	pdFAIL：命令发送失败； pdPASS：命令成功发送至定时器的命令队列

xTimerStartFromISR 函数的使用示例如程序清单 13-4 所示。portYIELD_FROM_ISR 会根据 xHigherPriorityTaskWoken 的值决定是否进行任务切换。由于 PendSV 异常的优先级通常为最低，因此在申请任务调度后，PendSV 异常不会立即被触发，而是先挂起，等到 XXX_IRQHandler 中断服务函数退出且在没有中断嵌套的情况下，PendSV 异常才会被触发并进行任务调度。

程序清单 13-4

```
#include "timers.h"

void XXX_IRQHandler(void)
{
  extern TimerHandle_t g_handlerTimer;
  BaseType_t xHigherPriorityTaskWoken = pdFALSE;

  //在中断中启动软件定时器
  xTimerStartFromISR(g_handlerTimer, &xHigherPriorityTaskWoken);

  //中断其他处理，如清除标志位等
  ...

  //根据参数决定是否进行任务切换
  portYIELD_FROM_ISR(xHigherPriorityTaskWoken);
}
```

7. xTimerStop 函数

xTimerStop 函数用于暂停软件定时器，具体描述如表 13-7 所示。调用该函数后软件定时器将进入休眠态。与 xTimerStart 函数类似，xTimerStop 函数同样需要设置阻塞时间。

表 13-7　xTimerStop 函数描述

函数名	xTimerStop
函数原型	BaseType_t xTimerStop(TimerHandle_t xTimer, TickType_t xBlockTime)
功能描述	暂停软件定时器
输入参数 1	xTimer：软件定时器句柄
输入参数 2	xBlockTime：阻塞时间
输出参数	void
返回值	pdFAIL：阻塞时间结束但指令还未发送至定时器的命令队列； pdPASS：指令成功发送至定时器的命令队列

8. xTimerStopFromISR 函数

xTimerStopFromISR 函数用于在中断中暂停软件定时器，具体描述如表 13-8 所示。xTimerStopFromISR 函数的使用方法与 xTimerStartFromISR 函数类似。

表 13-8　xTimerStopFromISR 函数描述

函数名	xTimerStopFromISR
函数原型	BaseType_t xTimerStopFromISR(TimerHandle_t xTimer, BaseType_t *pxHigherPriorityTaskWoken)
功能描述	在中断中暂停软件定时器
输入参数 1	xTimer：软件定时器句柄
输入参数 2	pxHigherPriorityTaskWoken：参见表 13-6 中对 pxHigherPriorityTaskWoken 的描述
输出参数	void
返回值	pdFAIL：命令发送失败； pdPASS：命令成功发送至定时器的命令队列

9．xTimerReset 函数

xTimerReset 函数用于复位软件定时器，具体描述如表 13-9 所示。若软件定时器处于休眠态，则 xTimerReset 函数等效于 xTimerStart 函数。

表 13-9　xTimerReset 函数描述

函数名	xTimerReset
函数原型	BaseType_t xTimerReset(TimerHandle_t xTimer, TickType_t xBlockTime)
功能描述	复位软件定时器
输入参数 1	xTimer：软件定时器句柄
输入参数 2	xBlockTime：阻塞时间
输出参数	void
返回值	pdFAIL：阻塞时间结束但指令还未发送至定时器的命令队列； pdPASS：指令成功发送至定时器的命令队列

10．xTimerResetFromISR 函数

xTimerResetFromISR 函数用于在中断中复位软件定时器，具体描述如表 13-10 所示。

表 13-10　xTimerResetFromISR 函数描述

函数名	xTimerResetFromISR
函数原型	BaseType_t xTimerResetFromISR (TimerHandle_t xTimer, BaseType_t *pxHigherPriorityTaskWoken)
功能描述	在中断中复位软件定时器
输入参数 1	xTimer：软件定时器句柄
输入参数 2	pxHigherPriorityTaskWoken：参见表 13-6 中对 pxHigherPriorityTaskWoken 的描述
输出参数	void
返回值	pdFAIL：命令发送失败； pdPASS：命令成功发送至定时器的命令队列

11．xTimerChangePeriod 函数

xTimerChangePeriod 函数用于修改软件定时器的周期，具体描述如表 13-11 所示。无论软件定时器当前处于运行态还是休眠态，均可通过该函数修改其周期。若在休眠态修改了周期，软件定时器将被启动并进入运行态。

表 13-11　xTimerChangePeriod 函数描述

函数名	xTimerChangePeriod
函数原型	BaseType_t xTimerChangePeriod(TimerHandle_t xTimer, 　　　　　　　　TickType_t xNewPeriod, 　　　　　　　　TickType_t xBlockTime)
功能描述	修改软件定时器的周期
输入参数 1	xTimer：软件定时器句柄
输入参数 2	xNewPeriod：新的周期，以时间片为单位
输入参数 3	xBlockTime：阻塞时间
输出参数	void
返回值	pdFAIL：阻塞时间结束但指令还未发送至定时器的命令队列； pdPASS：指令成功发送至定时器的命令队列。

12．xTimerChangePeriodFromISR 函数

xTimerChangePeriodFromISR 函数用于在中断中修改软件定时器的周期，具体描述如表 13-12 所示。

表 13-12　xTimerChangePeriodFromISR 函数描述

函数名	xTimerChangePeriodFromISR
函数原型	BaseType_t xTimerChangePeriodFromISR (TimerHandle_t xTimer,　　　　　　　　　TickType_t xNewPeriod,　　　　　　　　　BaseType_t *pxHigherPriorityTaskWoken)
功能描述	在中断中修改软件定时器的周期
输入参数 1	xTimer：软件定时器句柄
输入参数 2	xNewPeriod：新的周期，以时间片为单位
输入参数 3	pxHigherPriorityTaskWoken：参见表 13-6 中对 pxHigherPriorityTaskWoken 的描述
输出参数	void
返回值	pdFAIL：命令发送失败；pdPASS：命令成功发送至定时器的命令队列

13．vTimerSetReloadMode 函数

vTimerSetReloadMode 函数用于修改软件定时器的工作模式，具体描述如表 13-13 所示。

表 13-13　vTimerSetReloadMode 函数描述

函数名	vTimerSetReloadMode
函数原型	void vTimerSetReloadMode(TimerHandle_t xTimer, const UBaseType_t uxAutoReload)
功能描述	修改软件定时器的工作模式
输入参数 1	xTimer：软件定时器句柄
输入参数 2	uxAutoReload：为 pdTRUE 表示将软件定时器修改为周期模式，为 pdFALSE 表示修改为单次模式
输出参数	void
返回值	软件定时器的 ID

14．pvTimerGetTimerID 函数

pvTimerGetTimerID 函数用于获取软件定时器的 ID，具体描述如表 13-14 所示。

表 13-14　pvTimerGetTimerID 函数描述

函数名	pvTimerGetTimerID
函数原型	void *pvTimerGetTimerID(TimerHandle_t xTimer)
功能描述	获取软件定时器的 ID
输入参数	xTimer：软件定时器句柄
输出参数	void
返回值	软件定时器的 ID

15．vTimerSetTimerID 函数

vTimerSetTimerID 函数用于设置软件定时器的 ID，具体描述如表 13-15 所示。

表 13-15　vTimerSetTimerID 函数描述

函数名	vTimerSetTimerID
函数原型	void vTimerSetTimerID(TimerHandle_t xTimer, void *pvNewID)
功能描述	设置软件定时器的 ID
输入参数	xTimer：软件定时器句柄
输出参数	void
返回值	软件定时器的 ID

16．xTimerGetTimerDaemonTaskHandle 函数

xTimerGetTimerDaemonTaskHandle 函数用于获取 Daemon Task 的任务句柄，具体描述如表 13-16 所示。

表 13-16　xTimerGetTimerDaemonTaskHandle 函数描述

函数名	xTimerGetTimerDaemonTaskHandle
函数原型	TaskHandle_t xTimerGetTimerDaemonTaskHandle(void)
功能描述	获取 Daemon Task 的任务句柄
输入参数	void
输出参数	void
返回值	Daemon Task 的任务句柄

17．xTimerPendFunctionCall 函数

xTimerPendFunctionCall 函数用于将指定函数挂起并交由 Daemon Task 处理，具体描述如表 13-17 所示。使用该函数前，需先将 FreeRTOSConfig.h 文件中的 INCLUDE_xTimerPendFunctionCall()和 configUSE_TIMERS 宏设为 1。

表 13-17　xTimerPendFunctionCall 函数描述

函数名	xTimerPendFunctionCall
函数原型	BaseType_t xTimerPendFunctionCall(PendedFunction_t xFunctionToPend, void *pvParameter1, uint32_t ulParameter2, TickType_t xTicksToWait)
功能描述	将指定函数挂起并交由 Daemon Task 处理
输入参数 1	xFunctionToPend：要执行的函数的指针，必须为 PendedFunction_t 类型的函数，其原型为 void vPendableFunction(void * pvParameter1, uint32_t ulParameter2)
输入参数 2	pvParameter1：执行函数的第一个参数，由于为 void*类型，因此可以指向任何数据类型
输入参数 3	ulParameter2：执行函数的第二个参数
输入参数 4	xTicksToWait：阻塞时间
输出参数	void
返回值	pdFAIL：命令发送失败；pdPASS：命令成功发送至定时器的命令队列

18. xTimerPendFunctionCallFromISR 函数

xTimerPendFunctionCallFromISR 函数为 xTimerPendFunctionCall 函数的中断版本，用于将指定函数挂起并交由 DaemonTask 处理，具体描述如表 13-18 所示。该函数常被用于中断延迟，即将中断的部分工作交由 Daemon Task 处理。

表 13-18　xTimerPendFunctionCallFromISR 函数描述

函数名	xTimerPendFunctionCallFromISR
函数原型	BaseType_t xTimerPendFunctionCallFromISR(　　　　PendedFunction_t xFunctionToPend, 　　　　void *pvParameter1, 　　　　uint32_t ulParameter2, 　　　　BaseType_t *pxHigherPriorityTaskWoken)
功能描述	将指定函数挂起并交由 Daemon Task 处理
输入参数 1	xFunctionToPend：要执行的函数的指针，必须为 PendedFunction_t 类型的函数，其原型为 void vPendableFunction(void * pvParameter1, uint32_t ulParameter2)
输入参数 2	pvParameter1：执行函数的第一个参数，由于为 void*类型，因此可以指向任何数据类型
输入参数 3	ulParameter2：执行函数的第二个参数
输入参数 4	pxHigherPriorityTaskWoken：参见表 13-6 中对 pxHigherPriorityTaskWoken 的描述
输出参数	void
返回值	pdFAIL：命令发送失败； pdPASS：命令成功发送至定时器的命令队列

19. pcTimerGetName 函数

pcTimerGetName 函数用于获取软件定时器名，具体描述如表 13-19 所示。

表 13-19　pcTimerGetName 函数描述

函数名	pcTimerGetName
函数原型	const char * pcTimerGetName(TimerHandle_t xTimer)
功能描述	获取软件定时器名
输入参数	xTimer：软件定时器句柄
输出参数	void
返回值	软件定时器名的字符串首地址

20. xTimerGetPeriod 函数

xTimerGetPeriod 函数用于获取软件定时器的周期，具体描述如表 13-20 所示。

表 13-20　xTimerGetPeriod 函数描述

函数名	xTimerGetPeriod
函数原型	TickType_t xTimerGetPeriod(TimerHandle_t xTimer)
功能描述	获取软件定时器的周期
输入参数	xTimer：软件定时器句柄
输出参数	void
返回值	软件定时器的周期

21．xTimerGetExpiryTime 函数

xTimerGetExpiryTime 函数用于获取软件定时器的到期时间，具体描述如表 13-21 所示。可以通过 xTaskGetTickCount 函数获取系统当前时间。若通过 xTimerGetExpiryTime 获取到的时间小于系统当前时间则说明数值溢出，由于 FreeRTOS 内核会自动处理数值溢出，因此定时器回调函数仍然会在正确的时间节点被调用。

表 13-21　xTimerGetExpiryTime 函数描述

函数名	xTimerGetExpiryTime
函数原型	TickType_t xTimerGetExpiryTime(TimerHandle_t xTimer)
功能描述	获取软件定时器的到期时间
输入参数	xTimer：软件定时器句柄
输出参数	void
返回值	软件定时器的到期时间

22．uxTimerGetReloadMode 函数

uxTimerGetReloadMode 函数用于获取软件定时器的工作模式，具体描述如表 13-22 所示。

表 13-22　uxTimerGetReloadMode 函数描述

函数名	uxTimerGetReloadMode
函数原型	UBaseType_t uxTimerGetReloadMode(TimerHandle_t xTimer)
功能描述	获取软件定时器的工作模式
输入参数	xTimer：软件定时器句柄
输出参数	void
返回值	pdTRUE：周期模式； pdFALSE：单次模式

13.6　实例与代码解析

下面通过编写实例程序，设置两个软件定时器。其中，一个定时器用于实现流水灯周期性地闪烁，另一个定时器用于实现定时打印字符串。

13.6.1　复制并编译原始工程

首先，将 "D:\GD32F3FreeRTOSTest\Material\11.FreeRTOS 软件定时器" 文件夹复制到 "D:\GD32F3FreeRTOSTest\Product" 文件夹中。然后，双击运行 "D:\GD32F3FreeRTOSTest\ Product\11.FreeRTOS 软件定时器\Project" 文件夹下的 GD32KeilPrj.uvprojx，单击工具栏中的 按钮进行编译，Build Output 栏显示 "FromELF:creating hex file..." 表示已经成功生成.hex 文件，显示 "0 Error(s), 0Warning(s)" 表示编译成功。最后，将.axf 文件下载到微控制器的内部 Flash，下载成功后，若串口助手输出 "Init System has been finished." 则表明原始工程正确，可以进行下一步操作。

13.6.2　编写测试程序

在 Main.c 文件的 "包含头文件" 区，添加包含头文件 timers.h 的代码，如程序清单 13-5 所示。

程序清单 13-5

```
#include "timers.h"
```

在"内部变量"区，添加软件定时器句柄的定义，如程序清单 13-6 所示。

程序清单 13-6

```
//软件定时器句柄
TimerHandle_t g_handlerTimer1 = NULL;
TimerHandle_t g_handlerTimer2 = NULL;
```

在"内部函数声明"区，添加 LED 闪烁和打印回调函数的声明，如程序清单 13-7 所示。

程序清单 13-7

```
static   void  LEDCallback(TimerHandle_t xTimer);    //LED 闪烁回调函数
static   void  PrintCallback(TimerHandle_t xTimer);  //打印回调函数
```

在"内部函数实现"区的 InitSoftware 函数后，添加 LEDCallback 和 PrintCallback 函数的实现代码，如程序清单 13-8 所示。软件定时器 1 回调函数 LEDCallback 通过调用 LEDFlicker 实现流水灯闪烁，参数为 0 表示立即更新 LED 状态。软件定时器 2 回调函数 PrintCallback 用于输出字符串 PrintCallback。

程序清单 13-8

```
1.    static  void  LEDCallback(TimerHandle_t xTimer)
2.    {
3.      LEDFlicker(0);
4.    }
5.
6.    static  void  PrintCallback(TimerHandle_t xTimer)
7.    {
8.      printf("PrintCallback\r\n");
9.    }
```

最后，在开始任务中添加两个定时器的创建和启动代码，如程序清单 13-9 的第 3 至 9 行代码所示。注意，定时器 ID 实际上为 void 指针类型，即可以使用任意数据类型，因此用户可以通过 ID 向回调函数传递信息；此外，也可将指针值设置为整型，此时 ID 指向的内存单元无意义，仅用于区分不同的定时器。

程序清单 13-9

```
1.    static void StartTask(void *pvParameters)
2.    {
3.      //创建软件定时器 1，用于实现 LED 闪烁
4.      g_handlerTimer1 = xTimerCreate("LED timer", 500, pdTRUE, (void*)1, LEDCallback);
5.      xTimerStart(g_handlerTimer1, portMAX_DELAY);
6.
7.      //创建软件定时器 2，用于打印字符串
8.      g_handlerTimer2 = xTimerCreate("print timer", 100, pdTRUE, (void*)2, PrintCallback);
9.      xTimerStart(g_handlerTimer2, portMAX_DELAY);
10.
11.     //删除开始任务
12.     vTaskDelete(g_handlerStartTask);
13.   }
```

13.6.3　编译及下载验证

代码编写完成并编译通过后，下载程序并进行复位。下载成功后，开发板上的 LED$_1$ 和 LED$_2$ 每隔 500ms 交替闪烁，打开串口助手，可见串口助手上持续打印 PrintCallback，如图 13-8 所示。

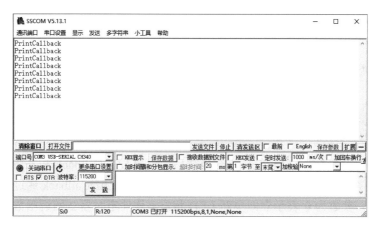

图 13-8　运行结果

本 章 任 务

参考本章例程，尝试自行编写测试程序，分别创建一个单次定时器和周期定时器，测试比较二者的区别。

本 章 习 题

1. 多个定时器是否能公用一个回调函数？若能，如何在回调函数中区分定时器？
2. void*类型指针有何特点？应如何使用？
3. 软件定时器有哪些状态？
4. 简述单次定时器的应用场景。
5. 在调用 API 函数实现软件定时器的开启、暂停、复位时，为什么要设置阻塞时间？

第14章 内存管理

操作系统通常会提供内存管理组件，以更合理地使用内存，使微控制器能够利用有限的资源实现更强大的功能。在 FreeRTOS 中，内存管理具有广泛的应用，例如当创建任务、信号量、队列时都会自动从内存堆中申请内存，用户也可以使用 FreeRTOS 提供的内存管理函数申请和释放内存。本章将介绍 FreeRTOS 的内存管理机制并进行测试。

14.1 内存管理简介

1. 存储空间

在计算机系统中，变量、中间数据通常存放在系统存储空间中，使用时才将它们从存储空间调入中央处理器（CPU）进行内部运算。存储空间通常可以分为内部存储空间和外部存储空间。内部存储空间的访问速度较快，能够按照变量地址随机访问，如 RAM 或计算机的内存；而外部存储空间所保存的内容相对稳定，即使掉电后数据也不会丢失，如计算机的硬盘。本章主要介绍基于内部存储空间的内存管理。

2. 内存分配算法

在嵌入式程序设计过程中，内存分配应根据所设计的系统的特点来决定是选择动态内存分配算法还是静态内存分配算法。对于可靠性要求较高的系统，应选择静态分配算法，其他系统则可以使用动态分配算法来提高内存利用率。

3. 内存管理的必要性

在嵌入式编程中，通常使用 ANSI C 标准提供的 malloc 和 free 函数分别进行动态内存申请和释放。但对于嵌入式实时操作系统，不建议直接使用 malloc 和 free 函数来操作内存。因为使用 malloc 和 free 函数会导致出现内存碎片，使一片连续的大块内存被分割成多个不连续的小块内存，最终可能导致应用程序无法找到大小合适且连续的内存。此外，malloc 和 free 函数的执行时间无法确定，且没有线程保护，可能导致系统出现不可预知的错误。

嵌入式实时操作系统中，对内存的分配空间和时间要求更为苛刻，分配内存的时间必须是确定的。通常内存管理算法会根据需要存储的数据长度在内存中寻找一个对应大小的空闲内存块，然后将数据存入其中。但寻找合适的空闲内存块所消耗的时间无法确定。而嵌入式实时操作系统必须保证内存块的分配过程在可预测的时间内完成，否则实时任务对外部事件的响应时间将无法确定。因此，对于嵌入式实时操作系统而言，具备一个完善的内存管理机制对系统的内存安全和性能至关重要。

4. FreeRTOS 的内存管理

FreeRTOS 将内核与内存管理分开来实现，操作系统内核仅规定了必要的内存管理函数原型，并未规定这些内存管理函数如何实现，因此 FreeRTOS 提供了多种内存分配算法（分配策略），但上层接口（API）是统一的。这样可以增加系统的灵活性，由于不同的操作系统具有不同的内存配置和时间要求，对应的内存分配算法也不同，因此，用户可以选择在不同的应用场景下使用不同的内存分配策略。

FreeRTOS 提供了 5 种内存管理算法，分别存放于 heap_1.c、heap_2.c、heap_3.c、heap_4.c、heap_5.c 文件中，这些文件均位于 FreeRTOS 源码文件夹的"FreeRTOS\Source\portable\

MemMang"路径下。在不同的硬件设备上运行 FreeRTOS 时，选择合适的内存算法将其添加至工程中即可。

FreeRTOS 的内存管理模块用于管理系统中的内存资源，是操作系统的核心模块之一。内存管理模块通过内存的申请、释放操作来管理用户和系统对内存的使用，使内存的利用率达到最高，同时最大限度地解决系统可能产生的内存碎片问题。

14.2　内存管理的应用场景

内存管理用于动态划分并管理用户分配好的内存空间。当用户需要分配内存时，可以通过操作系统的内存申请函数获取指定大小的内存块，使用完毕后，需要通过动态内存释放函数归还所占用的内存，使该段内存可以被重复使用。

例如，当需要定义一个 float 型数组时，难以确定数组实际需要的容量，此时为了避免产生错误，通常将数组的容量定义得大一些。否则，若数组的容量不满足实际需要，则需要重新修改程序以提升数组的容量。这种分配固定大小内存的方法称为静态内存分配。该方法存在严重的缺陷，即在大多数情况下会浪费大量的内存空间，而当定义的数组容量不足时，可能引起数组越界错误，甚至更严重的后果。

使用动态内存分配可解决上述问题。动态内存分配是指在程序运行过程中，动态地分配或回收内存空间。动态内存分配无须预先分配存储空间，而是由系统根据程序的需要及时分配，且分配的内存大小即为程序所要求的内存大小。

14.3　内　存　碎　片

内存碎片伴随着多次内存的申请和释放而产生，如图 14-1 所示，具体过程如下。

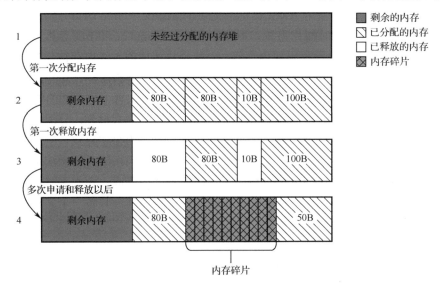

图 14-1　内存碎片的产生过程

（1）内存堆尚未进行任何操作，为完整的内存块。

（2）系统第一次进行内存分配，共分配了 4 个内存块，大小分别为 80B、80B、10B 和 100B。

（3）部分内存在使用完毕后被释放。若此时某应用需要申请 50B 的内存，则可以从刚已释放的 80B 内存块中获取。而对于已释放的 10B 内存块，只有当后续某应用需要申请的内存小于 10B 时才能被重新利用。

（4）经过多次内存申请和释放后，内存块被不断分割，导致出现大量的小内存块。这些小的内存块即为内存碎片，其因容量过小而无法被大多数应用所使用。

内存碎片是内存管理算法需要重点解决的问题，否则会导致实际可用的内存越来越少，最终使应用程序因分配不到合适的内存而崩溃。

在 FreeRTOS 的 heap_4.c 文件中，提供了一个解决内存碎片的方法：将内存碎片进行合并，组合成一个新的大内存块。

14.4　FreeRTOS 内存管理机制

动态内存分配需要一个内存堆，FreeRTOS 的内存堆为 ucHeap[]，其大小取决于 FreeRTOSConfig.h 文件中的 configTOTAL_HEAP_SIZE 宏。

当 configAPPLICATION_ALLOCATED_HEAP 宏为 1 时，用户需要自行定义内存堆（可将内存堆定义在外部 SRAM 或 SDRAM 中），否则内存堆将由编译器定义。

前面提到过，FreeRTOS 提供了 5 种内存管理方案，分别存放于 heap_1.c、heap_2.c、heap_3.c、heap_4.c、heap_5.c 文件中，下面将依次介绍这 5 种内存管理方案（以文件名表示）。

1. heap_1.c

heap_1.c 内存管理方案只能申请内存而不能释放内存，且申请内存的时间可确定，该方案适用于对安全有要求的嵌入式设备，由于不能进行内存释放，因此不会产生内存碎片。该内存管理方案的缺点是内存利用率低，内存一旦被分配，系统将无法回收并重新使用该段内存。

实际上，大多数嵌入式操作系统并不会频繁地进行动态内存申请和释放，通常在系统初始化时便完成内存申请并持续使用。因此，该内存管理方案易于使用，安全可靠，具有广泛的应用。

heap_1.c 内存管理方案的特点总结如下：①用于永不删除任务、队列、信号量、互斥量等的应用程序中（大多数使用 FreeRTOS 的应用程序均符合该条件）。②内存管理函数的执行时间可确定，且不会产生内存碎片。

2. heap_2.c

heap_2.c 内存管理方案采用了一种最佳匹配算法进行内存申请。例如，当应用程序申请 100B 内存时，若可申请的内存中有 3 个大小分别为 200B、500B 和 1000B 的内存块，则按照算法的最佳匹配，此时系统会将 200B 的内存块进行分割并返回申请到的内存块的起始地址。该方案支持内存释放，但无法将相邻的两个小的内存块合并为一个大的内存块。因此，该方案适用于每次申请的内存大小固定的应用程序，若每次申请的内存大小不固定，则会产生内存碎片。

heap_2.c 内存管理方案的特点总结如下：①适用于每次申请的内存大小固定的应用程序。②执行时间不可确定，但效率远高于 malloc 函数。

3. heap_3.c

heap_3.c 内存管理方案实质上是对 malloc 和 free 函数进行了封装，且能适用于常用的编译器。封装后的 malloc 和 free 函数具有保护功能，该方案采用的封装方式是操作内存前挂起调度器，操作完成后再恢复调度器。

注意，使用 heap_3.c 内存管理方案时，FreeRTOSConfig.h 文件中的 configTOTAL_HEAP_
SIZE 宏不起作用。在 GD32 系列的工程中，由编译器定义的堆区都在启动文件中设置，如
图 14-2 所示。Heap_Size 即为内存堆大小，单位为字节（B），而 Heap_Mem 为内存堆首地址。

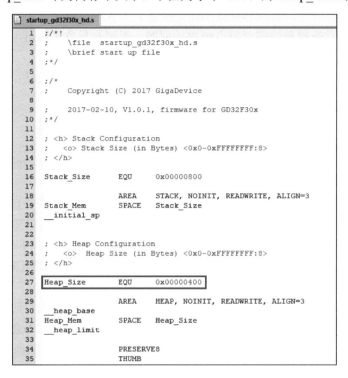

图 14-2　启动文件中的内存堆

4．heap_4.c

heap_4.c 内存管理方案与 heap_2.c 类似，均采用了最佳匹配算法来实现动态内存分配，
除此之外，heap_4.c 内存管理方案还包含了一种合并算法，能将相邻的空闲内存块合并为一
个更大的内存块，这样可有效减少内存碎片。

heap_4.c 内存管理方案的特点总结如下：①可用于需要重复删除任务、队列、信号量、
互斥量等的应用程序。②可用于需要分配和释放随机大小内存的应用程序，且不会产生过多
的内存碎片。③执行时间不可确定，但效率远高于 malloc 函数。

5．heap_5.c

heap_5.c 内存管理方案与 heap_4.c 类似，均采用了最佳匹配算法和合并算法，且允许内
存堆跨越多个非连续的内存区，即允许在不连续的内存堆中实现内存分配。例如，用户已在
片内 RAM 中定义了一个内存堆，还可以在外部 SRAM 中再定义一个或多个内存堆，这些内
存都由系统管理。

14.5　内存管理相关 API 函数

1．pvPortMalloc 函数

pvPortMalloc 函数用于向系统申请动态内存，具体描述如表 14-1 所示。

表 14-1　pvPortMalloc 函数描述

函数名	pvPortMalloc
函数原型	void * pvPortMalloc(size_t xWantedSize)
功能描述	向系统申请动态内存
输入参数	xWantedSize：申请的内存大小，以字节为单位
输出参数	void
返回值	NULL：内存不足，申请动态内存失败； 其他：申请成功，返回动态内存首地址

2．vPortFree 函数

vPortFree 函数用于释放已申请的动态内存，具体描述如表 14-2 所示。

表 14-2　vPortFree 函数描述

函数名	vPortFree
函数原型	void vPortFree(void * pv)
功能描述	释放已申请的动态内存
输入参数	pv：动态内存首地址
输出参数	void
返回值	void

3．xPortGetFreeHeapSize 函数

xPortGetFreeHeapSize 函数用于获取内存堆剩余量，具体描述如表 14-3 所示。注意，该函数返回的内存堆剩余量不包括内存碎片。

表 14-3　xPortGetFreeHeapSize 函数描述

函数名	xPortGetFreeHeapSize
函数原型	size_t xPortGetFreeHeapSize(void)
功能描述	获取内存堆剩余量
输入参数	void
输出参数	void
返回值	内存堆剩余量

14.6　实例与代码解析

下面通过编写实例程序，测试 FreeRTOS 的动态内存申请和释放，并将动态内存的使用情况通过串口助手显示出来。

14.6.1　复制并编译原始工程

首先，将"D:\GD32F3FreeRTOSTest\Material\12.FreeRTOS 内存管理"文件夹复制到"D:\GD32F3FreeRTOSTest\Product"文件夹中。然后，双击运行"D:\GD32F3FreeRTOSTest\Product\12.FreeRTOS 内存管理\Project"文件夹下的 GD32KeilPrj.uvprojx，单击工具栏中的🔨按钮进行编译，Build Output 栏显示"FromELF:creating hex file..."表示已经成功生成.hex 文

件，显示"0 Error(s), 0Warning(s)"表示编译成功。最后，将.axf 文件下载到微控制器的内部 Flash，下载成功后，若串口助手输出"Init System has been finished."则表明原始工程正确，可以进行下一步操作。

14.6.2 编写测试程序

在 Main.c 文件的"内部函数实现"区，按照程序清单 14-1 修改 TestTask 函数的代码。在该函数中，先通过 pvPortMalloc 函数向系统申请动态内存，并打印申请到的内存块首地址，然后通过 vPortFree 函数释放内存。

程序清单 14-1

```
1.   static void TestTask(void* pvParameters)
2.   {
3.     u32    heapSize; //堆区大小
4.     char* buf;         //动态内存分配指针
5.
6.     //任务循环
7.     while(1)
8.     {
9.       //打印申请内存前堆区大小
10.      heapSize = xPortGetFreeHeapSize();
11.      printf("动态内存申请前堆区大小：%dB\r\n", heapSize);
12.
13.      //申请动态内存
14.      buf = pvPortMalloc(1024);
15.
16.      //打印内存申请后堆区大小
17.      heapSize = xPortGetFreeHeapSize();
18.      printf("动态内存申请后堆区大小：%dB\r\n", heapSize);
19.
20.      //打印申请到的内存块首地址
21.      printf("申请到的内存块首地址为：0x%08X\r\n", (int)buf);
22.
23.      //释放动态内存
24.      vPortFree(buf);
25.
26.      //打印释放内存后的堆区大小
27.      heapSize = xPortGetFreeHeapSize();
28.      printf("动态内存释放后堆区大小：%dB\r\n", heapSize);
29.
30.      while(1)
31.      {
32.        vTaskDelay(500);
33.      }
34.    }
35.  }
```

14.6.3 编译及下载验证

代码编写完成并编译通过后，下载程序并进行复位。下载成功后打开串口助手，按下开发板的 RST 按键复位，即可通过串口助手打印内存堆和内存块首地址信息，如图 14-3 所示。在申请 1024B 内存后，内存堆的容量减少了 1032B，这是因为在进行内存管理时，需要消耗部分堆区内存来存储内存块的相关信息。

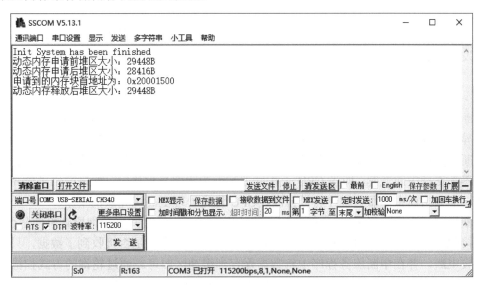

图 14-3　运行结果

本 章 任 务

在 FreeRTOS 的内存管理方案中，没有实现用于重新分配内存的 realloc 函数。试查阅相关资料，在 port.c 文件中添加 pvPortRealloc 函数的实现代码，用于在 FreeRTOS 中实现内存重新分配。

本 章 习 题

1. 简述静态内存分配和动态内存分配各自的优缺点。
2. 如何使能 FreeRTOS 的动态内存分配？
3. 在 FreeRTOS 中如何申请和释放动态内存？
4. 简述内存碎片的产生过程。
5. 使用 malloc 和 free 函数会有什么风险？
6. 简述 heap_1.c 内存管理方案的优缺点。

第15章 中 断 管 理

在前面章节中已经涉及了部分 FreeRTOS 中断管理的内容，例如在中断中通过消息队列向任务发送消息，以及临界段的实现等。本章将系统地介绍 FreeRTOS 的中断管理。

15.1 中 断 简 介

中断是微控制器系统中用于通知 CPU 异步事件发生的一种硬件机制。若系统产生中断，则表示异步事件已发生，此时 CPU 将保存部分或所有现场数据到工作寄存器中，然后跳转并执行中断服务程序。执行完中断服务程序后，CPU 将重新跳转到断点位置继续运行。大多数微控制器都支持中断嵌套，即当 CPU 正在处理某一中断服务程序时，如果产生了更高优先级的中断，那么当前中断服务程序将被打断，CPU 优先处理更高优先级的中断。

中断机制极大地减轻了 CPU 的负担，使其无须消耗大量时间来轮询检查事件是否发生。以串口接收数据为例，利用中断机制，CPU 无须定时检查串口是否接收到了数据，只需打开串口接收中断，并在中断服务程序中将数据保存到缓冲区即可。通过轮询的方式扫描串口不仅效率低，而且容易导致数据丢失，无法保障通信的实时性和安全性。

在中断的产生和处理过程中，有 3 个重要时间段：中断响应时间、中断返回时间和中断潜伏时间。

中断响应时间是指 CPU 从接收到中断请求至开始处理中断服务程序的这段时间，其中包含了 CPU 保存现场数据所需时间。中断返回时间是指 CPU 从处理完中断服务程序至返回到用户程序或低优先级中断的时间，其中包含了恢复现场数据所需时间。中断潜伏时间是指从中断事件产生至中断服务程序执行完并返回的时间。

在实际应用中，为了保护共享资源，或防止应用程序被中断打断，可以通过中断开关将中断临时关闭。系统通常会提供两种中断开关：总中断开关（也称全局中断开关）和外设中断开关。

在实时操作系统中，关闭中断的时间要尽可能短，因为关闭中断会延长中断潜伏时间，可能导致中断请求被遗漏。以串口接收数据为例，若关闭串口接收中断的时间太长，可能会导致串口数据丢失。

目前市面上主流的 CPU 架构均支持多中断源。例如，串口接收到 1B 数据、以太网接收到一个数据包、DMA 完成一次数据传输、ADC 完成一次转换等，这些事件都可以产生中断，并向 CPU 发起一个中断请求。

大多数微控制器都含有中断控制器，用于管理外设向 CPU 发起的中断请求，如图 15-1 所示。多个外设向中断控制器发起中断请求时，中断控制器将从多个中断请求中筛选出优先级最高的中断，并将其提交给 CPU 处理。

中断控制器使用户可以通过优先级管理多个中断，同时也可以记录哪些中断仍处于挂起态，等待 CPU 处理。在处理中断时，中断控制器通常会直接向 CPU 提供中断服务程序的入口地址（中断向量）。

在图 15-1 中，若总中断开关关闭，CPU 将忽视中断控制器发起的中断请求，但外设发起的中断请求会被中断控制器记录，并标记为挂起态。当总中断开关打开后，中断控制器将再次发起中断请求。

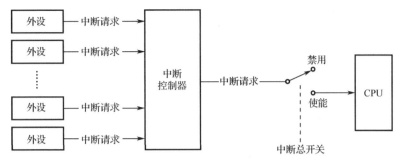

图 15-1 中断控制器

CPU 通常通过以下两种方式处理中断。

（1）所有中断公用一个中断向量，即所有中断公用一个中断服务程序。

（2）每个中断都有自己独立的中断向量，即系统中含有多个中断服务程序。

GD32F303VET6 微控制器采用第（2）种方式处理中断。

15.2 中断优先级

当多个中断同时产生时，中断的优先级决定了 CPU 应该响应哪一个中断，在 Cortex-M 系列内核中，高优先级的中断优先被响应，且高优先级中断可以打断低优先级中断（中断嵌套）。Cortex-M 内核中的部分中断具有固定的优先级，如复位、NMI、HardFault 等，这些中断的优先级数值均为负数，在系统中的优先级最高。

Cortex-M 内核有 3 个固定优先级和 256 个可编程优先级，最多有 128 个抢占优先级。一款芯片支持的优先级数量由芯片厂商决定，为了降低芯片的复杂度和成本，大部分芯片都会精简优先级数量，将优先级降为 8 级、16 级、32 级等。例如，GD32F30x 系列微控制器具有 16 级优先级。一般通过禁用优先级配置寄存器的几个最低有效位来减少优先级数量。表 15-1 即为通过 3 位来表示优先级，其中位 0～4 无效，位 5～7 有效，因此对应的优先级数为 8。

表 15-1 使用 3 位优先级

位 7	位 6	位 5	位 4	位 3	位 2	位 1	位 0
用于表达优先级			无意义				

15.3 用于屏蔽中断的特殊寄存器

1. PRIMASK 寄存器

在某些情况下，可能需要暂时禁止所有中断以执行一些特殊任务，此时可使用 PRIMASK 寄存器。注意，只能在 CPU 处于内核状态时才能访问 PRIMASK 寄存器。

PRIMASK 寄存器用于禁止除 NMI 和 HardFault 外的所有中断（包括异常），通过将当前优先级改为 0（可编程优先级的最高级）来实现。在 C 语言程序中，可以通过 CMSIS-Core 提供的函数来设置和清除 PRIMASK 寄存器，如程序清单 15-1 所示。

程序清单 15-1

```
void _enable_irq();          //清除 PRIMASK
void _disable_irq();         //设置 PRIMASK
```

```
void _set_PRIMASK(uint32_t priMask); //设置 PRIMASK 为特定值
uint32_t _get_PRIMASK(void);          //获取 PRIMASK 的值
```

在汇编程序中，可以通过 CPS（修改处理器状态）指令修改 PRIMASK 寄存器，如程序清单 15-2 所示。

程序清单 15-2

```
CPSIE I ;清除 PRIMASK（使能中断）
CPSID I ;设置 PRIMASK（禁止中断）
```

此外，还可以通过 MRS 和 MSR 指令访问 PRIMASK 寄存器，分别如程序清单 15-3 和程序清单 15-4 所示。

程序清单 15-3

```
MOVS R0, #1
MSR PRIMASK, R0 ;将 1 写入 PRIMASK，禁止中断
```

程序清单 15-4

```
MOVS R0, #0
MSR PRIMASK, R0 ;将 0 写入 PRIMASK，使能中断
```

当 PRIMASK 寄存器置位时，所有的错误事件都会触发 HardFault 异常，无论相应的错误事件异常（如 MemManage、总线错误和使用错误）是否被使能。

2. FAULTMASK 寄存器

FAULTMASK 寄存器与 PRIMASK 寄存器的原理类似，但 FAULTMASK 寄存器会将当前优先级修改为-1，此时 HardFault 异常将被屏蔽，只有 NMI 异常仍可执行。

FAULTMASK 寄存器还会将配置的错误事件异常（如 MemManage、总线错误和使用错误）的优先级提升到-1，因此，这些异常可以使用 HardFault 的一些特殊特性，包括旁路 MPU、忽略用于设备/存储器探测的数据总线错误等。

将当前优先级提升到-1 后，FAULTMASK 寄存器在可配置的错误事件异常处理期间阻止其他异常或中断处理的执行。

FAULTMASK 寄存器只有在 CPU 处于内核状态时才能访问，且不能在 NMI 和 HardFault 异常处理中设置。在 C 语言程序中，可以通过 CMSIS-Core 提供的函数来设置和清除 FAULTMASK 寄存器，如程序清单 15-5 所示。

程序清单 15-5

```
void _enable_fault_irq(void);               //清除 FAULTMASK
void _disable_fault_irq(void);              //设置 FAULTMASK
void _set_FAULTMASK(uint32_t faultMask);    //设置 FAULTMASK 为特殊值
uint32_t _get_FAULTMASK(void);              //获取 FAULTMASK 的值
```

在汇编程序中，可以通过 CPS 指令修改 FAULTMASK 寄存器，如程序清单 15-6 所示。

程序清单 15-6

```
CPSIE F ;清除 FAULTMASK（使能中断）
CPSID F ;设置 FAULTMASK（禁止中断）
```

此外，还可以通过 MRS 和 MSR 指令访问 FAULTMASK 寄存器，分别如程序清单 15-7 和程序清单 15-8 所示。

程序清单 15-7

```
MOVS R0, #1
MSR FAULTMASK, R0 ;将 1 写入 FAULTMASK，禁止中断
```

程序清单 15-8

```
MOVS R0, #0
MSR FAULTMASK, R0 ;将 0 写入 FAULTMASK，使能中断
```

FAULTMASK 寄存器会在退出异常时被自动清除，从 NMI 异常处理中退出时除外。

3. BASEPRI 寄存器

当需要禁止优先级低于某特定等级的中断时，可使用 BASEPRI 寄存器。例如，若要屏蔽优先级数值大于 0x60 的所有中断，可以将 0x60 写入 BASEPRI 寄存器，如程序清单 15-9 所示。

程序清单 15-9

```
_set_BASEPRI(0x60); //通过 CMSIS-Core 的函数禁止优先级数值为 0x60～0xFF 的中断
```

对应的汇编程序如程序清单 15-10 所示。

程序清单 15-10

```
MOVS R0, #0x60
MSR BASEPRI, R0 ;禁止优先级在 0x60～0xFF 间的中断
```

此外，还可以通过程序读取 BASEPRI 寄存器的值，如程序清单 15-11 和程序清单 15-12 所示。

程序清单 15-11

```
x = _get_BASEPRI(); //读取 BASEPRI 寄存器的值
```

程序清单 15-12

```
MRS R0, BASEPRI
```

向 BASEPRI 寄存器写入 0 时，即可取消中断屏蔽。

BASEPRI 寄存器还可以通过另一个寄存器名访问，即 BASEPRI_MAX。它们本质上是同一个寄存器，但使用 BASEPRI_MAX 修改 BASEPRI 寄存器的值时，微控制器会自动比较当前值和新的值，只有新的值优先级更高时才能成功修改。

FreeRTOS 的开关中断即通过操作 BASEPRI 寄存器来实现。

15.4　FreeRTOS 中断宏

1. configPRIO_BITS 宏

configPRIO_BITS 宏用于设置微控制器的优先级位数。例如，GD32F303ZET6 使用 4 位表示优先级，则该宏为 4。

2. configLIBRARY_LOWEST_INTERRUPT_PRIORITY 宏

configLIBRARY_LOWEST_INTERRUPT_PRIORITY 宏用于设置最低优先级。例如，GD32F303ZET6 使用 4 位表示优先级，所以最低优先级为 15。不同微控制器对应的最低优先级不同，在配置时需要查阅相关手册。

3. configLIBRARY_MAX_SYSCALL_INTERRUPT_PRIORITY 宏

configLIBRARY_MAX_SYSCALL_INTERRUPT_PRIORITY 宏用于设置 FreeRTOS 可管理的最大优先级。例如，将该宏设置为 5 时，FreeRTOS 无法管理优先级小于 5 的中断，也就是说不能在这些中断中使用 FreeRTOS 的相关 API 函数，如消息队列、信号量、任务通知等。

15.5 中 断 开 关

FreeRTOS 的中断开关通过 portDISABLE_INTERRUPTS 和 portENABLE_INTERRUPTS 函数实现，这两个函数实质上为宏定义，在 portmacro.h 文件中定义，如程序清单 15-13 所示。

程序清单 15-13

```
#define portDISABLE_INTERRUPTS()              vPortRaiseBASEPRI()
#define portENABLE_INTERRUPTS()               vPortSetBASEPRI(0)
```

其中，vPortRaiseBASEPRI 函数的定义如程序清单 15-14 所示。在此函数中，首先获取系统可管理的最高优先级并将其赋值给 ulNewBASEPRI，然后通过 MSR 指令将需要屏蔽的优先级赋值给 BASEPRI 寄存器，这样即完成了中断的屏蔽。

程序清单 15-14

```
static portFORCE_INLINE void vPortRaiseBASEPRI(void)
{
    uint32_t ulNewBASEPRI = configMAX_SYSCALL_INTERRUPT_PRIORITY;

    __asm
    {
        /* Set BASEPRI to the max syscall priority to effect a critical
         * section. */
/* *INDENT-OFF* */
        msr basepri, ulNewBASEPRI
        dsb
        isb
/* *INDENT-ON* */
    }
}
```

函数 vPortSetBASEPRI 的定义如程序清单 15-15 所示。该函数根据输入参数设置 BASEPRI 寄存器的值，当输入参数为 0 时，向 BASEPRI 寄存器中写入 0，表示使能全局中断。

程序清单 15-15

```
static portFORCE_INLINE void vPortSetBASEPRI( uint32_t ulBASEPRI )
{
    __asm
    {
        /* Barrier instructions are not used as this function is only used to
         * lower the BASEPRI value. */
/* *INDENT-OFF* */
        msr basepri, ulBASEPRI
/* *INDENT-ON* */
    }
}
```

15.6　临界段代码

taskENTER_CRITICAL 和 taskEXIT_CRITICAL 函数分别用于进入和退出临界段，实现任务级的临界代码保护。这两个函数通常成对使用，具体定义如程序清单 15-16 所示。

程序清单 15-16

```
#define taskENTER_CRITICAL()              portENTER_CRITICAL()
#define taskEXIT_CRITICAL()               portEXIT_CRITICAL()
```

portENTER_CRITICAL 和 portEXIT_CRITICAL 函数也为宏定义，在 portmacro.h 文件中定义，如程序清单 15-17 所示。

程序清单 15-17

```
#define portENTER_CRITICAL()              vPortEnterCritical()
#define portEXIT_CRITICAL()               vPortExitCritical()
```

vPortEnterCritical 和 vPortExitCritical 函数在 port.c 文件中定义，如程序清单 15-18 所示。vPortEnterCritical 函数先通过 portDISABLE_INTERRUPTS 函数关闭中断，再将记录临界段嵌套次数的全局变量 uxCriticalNesting 加 1。而在 vPortExitCritical 函数中，先将 uxCriticalNesting 减 1，当 uxCriticalNesting 减至 0 时，通过 portENABLE_INTERRUPTS 函数使能中断。因此，当系统中存在临界段嵌套时，不会因某个临界段代码的退出而影响其他临界段的保护，只有所有的临界段代码都退出后才会使能中断。

程序清单 15-18

```c
void vPortEnterCritical( void )
{
  portDISABLE_INTERRUPTS();
  uxCriticalNesting++;

  /* This is not the interrupt safe version of the enter critical function so
   * assert() if it is being called from an interrupt context.  Only API
   * functions that end in "FromISR" can be used in an interrupt.  Only assert if
   * the critical nesting count is 1 to protect against recursive calls if the
   * assert function also uses a critical section. */
  if( uxCriticalNesting == 1 )
  {
      configASSERT( ( portNVIC_INT_CTRL_REG & portVECTACTIVE_MASK ) == 0 );
  }
}

void vPortExitCritical( void )
{
  configASSERT( uxCriticalNesting );
  uxCriticalNesting--;

  if( uxCriticalNesting == 0 )
  {
      portENABLE_INTERRUPTS();
  }
}
```

在中断中同样可以进入或退出临界段，对应的函数分别为 taskENTER_CRITICAL_FROM_ISR 和 taskEXIT_CRITICAL_FROM_ISR。

15.7　实例与代码解析

下面通过编写实例程序分别配置两个定时器，其中一个定时器的中断优先级不在 FreeRTOS 管理范围内，其他配置均相同。通过 KEY$_1$ 控制 FreeRTOS 的中断开关，观察 FreeRTOS 的中断开关对两个定时器的影响。

15.7.1　复制并编译原始工程

首先，将"D:\GD32F3FreeRTOSTest\Material\13.FreeRTOS 中断管理"文件夹复制到 "D:\GD32F3FreeRTOSTest\Product"文件夹中。然后，双击运行"D:\GD32F3FreeRTOSTest\Product\13.FreeRTOS 中断管理\Project"文件夹下的 GD32KeilPrj.uvprojx，单击工具栏中的 📷 按钮进行编译，Build Output 栏显示"FromELF:creating hex file..."表示已经成功生成.hex 文件，显示"0 Error(s), 0Warning(s)"表示编译成功。最后，将.axf 文件下载到微控制器的内部 Flash，下载成功后，若串口助手输出"Init System has been finished."则表明原始工程正确，可以进行下一步操作。

15.7.2　完善 Timer.c 文件

本章例程沿用了基准工程中的 Timer.c 文件，只需要在该文件基础上进行简单的修改。

在 Timer.c 文件的"内部变量"区，添加定时器计数值的定义，如程序清单 15-19 所示。g_iTimer2Tick 和 g_iTimer5Tick 分别用于在 TIMER2 和 TIMER5 中断服务函数中计数，以观察 FreeRTOS 的中断管理对不同优先级中断的影响。

程序清单 15-19

```
//定时器计数值
unsigned int g_iTimer2Tick = 0;
unsigned int g_iTimer5Tick = 0;
```

在"内部函数实现"区的 ConfigTimer2 函数中，将 TIMER2 中断的抢占优先级改为 4，如程序清单 15-20 的第 8 行代码所示。由于 FreeRTOS 可管理的中断优先级默认最高为 5，因此 FreeRTOS 无法管理 TIMER2 的中断。

程序清单 15-20

```
1.   static  void ConfigTimer2(unsigned short arr, unsigned short psc)
2.   {
3.     timer_parameter_struct timer_initpara;    //timer_initpara 用于存放定时器的参数
4.
5.     ...
6.
7.     timer_interrupt_enable(TIMER2, TIMER_INT_UP);          //使能定时器的更新中断
8.     nvic_irq_enable(TIMER2_IRQn, 4, 0);                    //配置 NVIC 设置优先级
9.
10.    timer_enable(TIMER2);                                  //使能定时器
11.  }
```

在 ConfigTimer5 函数中，将 TIMER5 中断的抢占优先级改为 5，如程序清单 15-21 的第 8 行代码所示。TIMER5 的中断在 FreeRTOS 的管理范围内，后续将观察开关中断对 TIMER5 的影响。

程序清单 15-21

```
1.   static  void ConfigTimer5(unsigned short arr, unsigned short psc)
2.   {
3.       timer_parameter_struct timer_initpara;        //timer_initpara用于存放定时器的参数
4.
5.       ...
6.
7.       timer_interrupt_enable(TIMER5, TIMER_INT_UP);        //使能定时器的更新中断
8.       nvic_irq_enable(TIMER5_IRQn, 5, 0);                  //配置NVIC设置优先级
9.
10.      timer_enable(TIMER5);                               //使能定时器
11.  }
```

按照程序清单 15-22 修改 TIMER2 中断服务函数的代码。在该中断服务函数中，让 g_iTimer2Tick 计数值加 1。

程序清单 15-22

```
1.   void TIMER2_IRQHandler(void)
2.   {
3.       //更新中断
4.       if(timer_interrupt_flag_get(TIMER2, TIMER_INT_FLAG_UP) == SET)
5.       {
6.           //计数值加1
7.           g_iTimer2Tick++;
8.
9.           //清除更新中断标志
10.          timer_interrupt_flag_clear(TIMER2, TIMER_INT_FLAG_UP);
11.      }
12.  }
```

类似地，按照程序清单 15-23 修改 TIMER5 中断服务函数的代码。

程序清单 15-23

```
1.   void TIMER5_IRQHandler(void)
2.   {
3.       //更新中断
4.       if(timer_interrupt_flag_get(TIMER5, TIMER_INT_FLAG_UP) == SET)
5.       {
6.           //计数值加1
7.           g_iTimer5Tick++;
8.
9.           //清除更新中断标志
10.          timer_interrupt_flag_clear(TIMER5, TIMER_INT_FLAG_UP);
11.      }
12.  }
```

在 Timer.c 文件的"API 函数实现"区，按照程序清单 15-24 修改 InitTimer 函数的代码。

在 InitTimer 函数中，首先初始化定时器计数值，然后将 TIMER2 和 TIMER5 配置为每隔 1ms 产生一次更新中断。

程序清单 15-24

```
1.   void InitTimer(void)
2.   {
3.     //初始化计数值
4.     g_iTimer2Tick = 0;
5.     g_iTimer5Tick = 0;
6.
7.     //配置定时器
8.     ConfigTimer2(999, 119);   //120MHz/(119+1)=1MHz，由 0 计数到 999 为 1ms
9.     ConfigTimer5(999, 119);   //120MHz/(119+1)=1MHz，由 0 计数到 999 为 1ms
10.  }
```

15.7.3　编写测试程序

在 Main.c 文件的"内部函数实现"区，在 InitHardware 函数中添加定时器的初始化代码，如程序清单 15-25 的第 5 行代码所示。

程序清单 15-25

```
1.   static  void  InitHardware(void)
2.   {
3.     InitNVIC();             //初始化 NVIC 模块
4.     InitUART0(115200);      //初始化 UART0 模块
5.     InitTimer();            //初始化定时器模块
6.   }
```

按照程序清单 15-26 修改 TestTask 函数的代码。在 TestTask 函数中，每隔 10ms 进行一次按键扫描，然后每隔 1s 输出一次 g_iTimer2Tick 和 g_iTimer5Tick 的计数值。若检测到 KEY₁ 按下，则先通过 portDISABLE_INTERRUPTS 函数关闭中断，然后打印两个定时器的计数值，经过 5s 软件延时后，再打印两个定时器的计数值，此时即可对比关闭中断对 TIMER2 和 TIMER5 的影响。最后通过 portENABLE_INTERRUPTS 函数开启中断，使系统继续正常运行。

程序清单 15-26

```
1.   static void TestTask (void* pvParameters)
2.   {
3.     extern unsigned int g_iTimer2Tick;
4.     extern unsigned int g_iTimer5Tick;
5.     unsigned int time = 0;
6.
7.     //任务循环
8.     while(1)
9.     {
10.      //KEY₁ 扫描
11.      if(ScanKeyOne(KEY_NAME_KEY1, NULL, NULL))
12.      {
13.        //关闭中断
14.        printf("关闭中断\r\n");
15.        portDISABLE_INTERRUPTS();
16.
```

```
17.        //打印计数值
18.        printf("Timer2 tick: %d, Timer5 tick: %d\r\n", g_iTimer2Tick, g_iTimer5Tick);
19.
20.        //软件延时
21.        DelayNms(5000);
22.
23.        //打印计数值
24.        printf("Timer2 tick: %d, Timer5 tick: %d\r\n", g_iTimer2Tick, g_iTimer5Tick);
25.
26.        //打开中断
27.        printf("打开中断\r\n");
28.        portENABLE_INTERRUPTS();
29.      }
30.
31.      //每隔1s打印一次计数值
32.      time++;
33.      if(time >= 100)
34.      {
35.        time = 0;
36.        printf("Timer2 tick: %d, Timer5 tick: %d\r\n", g_iTimer2Tick, g_iTimer5Tick);
37.      }
38.
39.      //延时10ms
40.      vTaskDelay(10);
41.    }
42. }
```

15.7.4 编译及下载验证

代码编写完成并编译通过后，下载程序并进行复位。下载成功后打开串口助手，每隔 1s 打印一次 TIMER2 和 TIMER5 的计数值。按下 KEY₁ 关闭中断后，TIMER2 和 TIMER5 的第一次计数值相同，但经过 5s 软件延时后，TIMER2 的计数值有明显变化，但 TIMER5 的计数值没有变化，表明关闭中断仅对 TIMER5 有影响。重新打开中断后，TIMER5 恢复正常计数，如图 15-2 所示。

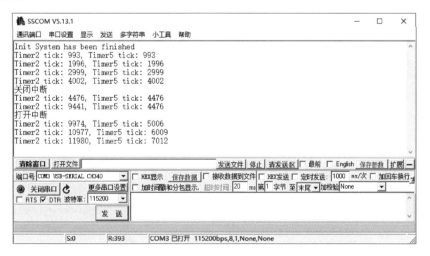

图 15-2 运行结果

本 章 任 务

参考第 10 章的例程，通过 FreeRTOS 的中断开关实现临界段以进行共享资源保护。

本 章 习 题

1. Cortex-M4 内核中优先级可编程的异常有哪些？
2. 简述 PRIMASK 和 FAULTMASK 中断屏蔽原理。
3. 简述 PRIMASK 和 FAULTMASK 寄存器的异同。
4. 通过 BASEPRI 寄存器能否禁用优先级为 0 的中断？
5. 临界段能否被 SysTick 定时器更新中断所打断？
6. 为什么创建任务时需要使用临界段？

第16章 CPU利用率

在开发调试过程中，经常需要统计 CPU 利用率，以衡量系统的性能。CPU 利用率长时间过低说明微控制器的性能过剩；而 CPU 利用率过高则会影响系统的实时性，表明需要优化程序或更换高性能微控制器。本章将介绍 FreeRTOS 的 CPU 利用率统计功能。

16.1 CPU利用率简介

CPU 利用率是指 CPU 在一段时间内的使用情况，通常以百分比的形式表示。例如，假设系统中有任务 1、任务 2 和空闲任务，若以 1s 为周期，一个周期内任务 1 消耗 100ms，任务 2 消耗 300ms，空闲任务消耗 600ms，则此时 CPU 利用率为 40%。

在实际开发过程中，应根据应用情况将 CPU 利用率调整至合适的范围。若 CPU 利用率长时间过高，则系统可能无法及时响应某些紧急事件；若 CPU 利用率达到 100%，会导致系统出现明显卡顿，一些低优先级的任务可能始终无法执行；若 CPU 利用率低于 10%，说明当前微控制器性能过剩，可以考虑更换成本更低的微控制器。

16.2 CPU利用率统计

FreeRTOS 提供了测量任务所占用 CPU 时间的接口函数，通过测量系统中各任务占用 CPU 的时间即可判断系统设计是否合理，也可通过统计 CPU 利用率来判断 CPU 的负载情况。

FreeRTOS 通过一个外部变量来统计时间。FreeRTOS 采用了一个高精度定时器，其精度是系统时钟节拍的 10 倍以上，例如当前系统时钟节拍的频率为 1000Hz，则定时器的计数频率为 10000Hz 以上。FreeRTOS 进行 CPU 利用率统计时存在一定的缺陷，因为 FreeRTOS 没有对统计 CPU 利用率的变量进行溢出保护。若使用 32 位的变量作为系统运行的时间计数值，假设中断的频率为 20000Hz，即每 50μs 进入一次中断，作为计数值的变量加 1，则该变量支持的最大计时时间为 59.6min，当系统运行超过该时间后，统计结果将不准确。此外，系统每 50μs 响应一次定时器中断也会影响系统的性能。

在使用 CPU 利用率统计功能之前，需要先在 FreeRTOSConfig.h 文件中配置与系统运行时间和任务状态收集相关的选项，并配置 portCONFIGURE_TIMER_FOR_RUN_TIME_STATS()和 portGET_RUN_TIME_COUNTER_VALUE()这两个宏定义，如程序清单 16-1 所示。

程序清单 16-1

```
extern void InitCPURateTimer(void);
extern unsigned int g_iCPURuntime;
#define configGENERATE_RUN_TIME_STATS               (1)              //启用运行时间统计功能
#define configUSE_TRACE_FACILITY                    (1)              //启用可视化跟踪调试
#define configUSE_STATS_FORMATTING_FUNCTIONS        (1)              //启用可视化跟踪调试
#define portCONFIGURE_TIMER_FOR_RUN_TIME_STATS()    (InitCPURateTimer()) //配置定时器
#define portGET_RUN_TIME_COUNTER_VALUE()            (g_iCPURuntime)  //获取定时器计数
```

16.3 CPU利用率相关API函数

vTaskGetRunTimeStats 函数用于获取 CPU 利用率情况，具体描述如表 16-1 所示。

表 16-1　vTaskGetRunTimeStats 函数描述

函数名	vTaskGetRunTimeStats
函数原型	void vTaskGetRunTimeStats(char *pcWriteBuffer)
功能描述	获取 CPU 利用率情况
输入参数	pcWriteBuffer：字符串缓冲区
输出参数	void
返回值	void

vTaskGetRunTimeStats 函数输出的字符串如程序清单 16-2 所示，从左往右依次为任务名、运行计数及 CPU 利用率。

程序清单 16-2

```
Task1                       186649          2%
LEDTask                     1               <1%
IDLE                        6147349         97%
Tmr Svc                     1               <1%
```

16.4　实例与代码解析

下面通过编写实例程序来统计 CPU 利用率，并通过串口助手实时显示。

16.4.1　复制并编译原始工程

首先，将"D:\GD32F3FreeRTOSTest\Material\14.FreeRTOS CPU 利用率"文件夹复制到"D:\GD32F3FreeRTOSTest\Product"文件夹中。然后，双击运行"D:\GD32F3FreeRTOSTest\Product\14.FreeRTOS CPU 利用率\Project"文件夹下的 GD32KeilPrj.uvprojx，单击工具栏中的 🔨 按钮进行编译，Build Output 栏显示"FromELF:creating hex file..."表示已经成功生成 .hex 文件，显示"0 Error(s), 0Warning(s)"表示编译成功。最后，将 .axf 文件下载到微控制器的内部 Flash，下载成功后，若串口助手输出"Init System has been finished."则表明原始工程正确，可以进行下一步操作。

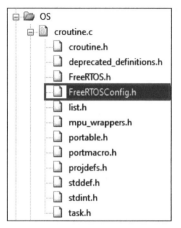

图 16-1　运行结果

16.4.2　完善 FreeRTOSConfig.h 文件

在 OS 分组下，展开 croutine.c 所包含的头文件列表，如图 16-1 所示，FreeRTOSConfig.h 文件包含在其中。

双击打开 FreeRTOSConfig.h 文件，在 FreeRTOSConfig.h 的最后添加如程序清单 16-3 所示的第 6 至 13 行代码。其中 InitCPURateTimer 函数用于配置外部定时器，g_iCPURuntime 为定时器计数值。

（1）configGENERATE_RUN_TIME_STATS 用于启用运行时间统计功能。

（2）configUSE_TRACE_FACILITY 和 configUSE_STATS_FORMATTING_FUNCTIONS 用于启用可视化跟踪调试，只有当这两个宏均为 1 时，vTaskList 和 vTaskGetRunTimeStats 函数

才会被编译。

（3）portCONFIGURE_TIMER_FOR_RUN_TIME_STATS()用于配置定时器，在 tasks.c 文件中被调用。当 configGENERATE_RUN_TIME_STATS 宏被置 1 后，必须定义该宏，否则编译将报错。

（4）系统通过 portGET_RUN_TIME_COUNTER_VALUE() 获取定时器计数值。当 configGENERATE_RUN_TIME_STATS 宏被置 1 后，必须定义该宏，否则编译将报错。

程序清单 16-3

```
1.   ...
2.   #define vPortSVCHandler SVC_Handler
3.   #define xPortPendSVHandler PendSV_Handler
4.   #define xPortSysTickHandler SysTick_Handler
5.
6.   //CPU 利用率相关配置
7.   extern void InitCPURateTimer(void);
8.   extern unsigned int g_iCPURuntime;
9.   #define configGENERATE_RUN_TIME_STATS              (1)            //启用运行时间统计功能
10.  #define configUSE_TRACE_FACILITY                  (1)            //启用可视化跟踪调试
11.  #define configUSE_STATS_FORMATTING_FUNCTIONS      (1)            //启用可视化跟踪调试
12.  #define portCONFIGURE_TIMER_FOR_RUN_TIME_STATS() (InitCPURateTimer()) //配置定时器
13.  #define portGET_RUN_TIME_COUNTER_VALUE()          (g_iCPURuntime)     //获取定时器计数值
14.
15.  #endif /* FREERTOS_CONFIG_H */
```

16.4.3　完善 Timer 文件对

1. Timer.h 文件

在 Timer.h 文件的"API 函数声明"区，添加 InitCPURateTimer 函数的声明代码，如程序清单 16-4 所示。该函数用于初始化 CPU 利用率统计定时器。

程序清单 16-4

```
void InitCPURateTimer(void);            //初始化 CPU 利用率统计定时器
```

2. Timer.c 文件

在 Timer.c 文件的"内部变量"区，添加定义 g_iCPURuntime 变量的代码，如程序清单 16-5 所示。由于该变量需要在其他文件中引用，因此要将其设置为全局变量，在其他文件中通过 extern 关键字访问该变量。

程序清单 16-5

```
unsigned int g_iCPURuntime = 0;                   //CPU 利用率统计定时器计数器
```

在 Timer.c 文件的"内部函数实现"区,按照程序清单 16-6 修改 TIMER2_IRQHandler 函数的代码。在该函数中，只需要将 CPU 利用率统计定时器计数器 g_iCPURuntime 加 1。

程序清单 16-6

```
1.   void TIMER2_IRQHandler(void)
2.   {
3.     //判断定时器更新中断是否发生
```

```
4.      if(timer_interrupt_flag_get(TIMER2, TIMER_INT_FLAG_UP) == SET)
5.      {
6.        //计数器加 1
7.        g_iCPURuntime++;
8.
9.        //清除定时器更新中断标志
10.       timer_interrupt_flag_clear(TIMER2, TIMER_INT_FLAG_UP);
11.     }
12.
13.     s_iSysTime++;              //系统运行时间加 1
14.   }
```

在 Timer.c 文件的"API 函数实现"区,添加 InitCPURateTimer 函数的实现代码,如程序清单 16-7 所示。在本章例程中,TIMER2 用于统计 CPU 利用率,由于 TIMER2 的时钟频率为 120MHz,因此,将定时器预分频器的值设置为 119,并将定时器自动重装载值设置为 49。此时,定时器的周期为 50μs,g_iCPURuntime 计数器每 50μs 加 1。

程序清单 16-7

```
1.    void InitCPURateTimer(void)
2.    {
3.      //timer_initpara 用于存放定时器的参数
4.      timer_parameter_struct timer_initpara;
5.
6.      //计时清零
7.      g_iCPURuntime = 0;
8.
9.      //使能 RCU 相关时钟
10.     rcu_periph_clock_enable(RCU_TIMER2);
11.
12.     //配置 TIMER2
13.     timer_deinit(TIMER2);                                //设置 TIMER2 参数恢复默认值
14.     timer_struct_para_init(&timer_initpara);             //初始化 timer_initpara
15.     timer_initpara.prescaler      = 119;                 //设置预分频器值
16.     timer_initpara.counterdirection = TIMER_COUNTER_UP;  //设置递增计数模式
17.     timer_initpara.period         = 49;                  //设置自动重装载值
18.     timer_initpara.clockdivision  = TIMER_CKDIV_DIV1;    //设置时钟分割
19.     timer_init(TIMER2, &timer_initpara);                 //根据参数初始化定时器
20.     timer_interrupt_enable(TIMER2, TIMER_INT_UP);        //使能定时器的更新中断
21.     nvic_irq_enable(TIMER2_IRQn, 1, 0);                  //配置 NVIC 设置优先级
22.
23.     //使能定时器
24.     timer_enable(TIMER2);
25.   }
```

16.4.4　编写测试程序

在 Main.c 文件的"内部函数实现"区,按照程序清单 16-8 修改 TestTask 函数的代码。在该函数中,先通过 vTaskGetRunTimeStats 函数获取 CPU 利用率情况,再将 CPU 利用率信息通过串口助手进行打印,这样即可在串口助手中查看 CPU 利用率的情况。

程序清单 16-8

```
1.  static void TestTask(void* pvParameters)
2.  {
3.    //字符串缓冲区
4.    static char s_arrCPUInfo[1024];
5.
6.    //任务循环
7.    while(1)
8.    {
9.      //打印 CPU 利用率信息
10.     vTaskGetRunTimeStats(s_arrCPUInfo);
11.     printf("\r\n\r\n%s", s_arrCPUInfo);
12.
13.     //延时 500ms
14.     vTaskDelay(500);
15.   }
16. }
```

16.4.5　编译及下载验证

代码编写完成并编译通过后，下载程序并进行复位。下载成功后打开串口助手，即可查看 CPU 利用率相关信息，如图 16-2 所示。其中，IDLE 为空闲任务，其 CPU 占用率高达 97%，表明系统有 97%的时间处于空闲状态，即系统的 CPU 利用率为 3%。Tmr Svc 为软件定时器服务任务，表明软件定时器同样需要消耗系统资源。在 TestTask 任务中，仅进行了 CPU 利用率的字符串打印，其 CPU 占用率却达到 2%，可见通过 printf 进行字符串打印是一项十分耗时的任务。

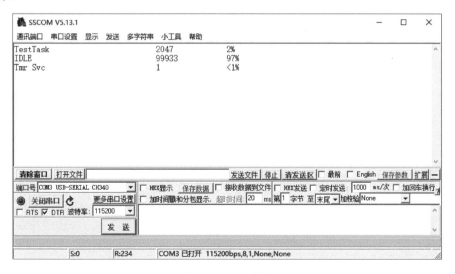

图 16-2　运行结果

本 章 任 务

修改 TIMER2 的自动重装载值，使 TIMER2 的计数频率分别为 15MHz、10MHz、5MHz。观察并总结定时器计数频率对 CPU 利用率统计的影响。

本 章 习 题

1. FreeRTOS CPU 利用率统计为什么需要一个高精度定时器？
2. 如何开启、关闭 CPU 利用率统计功能？
3. 如何开启、关闭 FreeRTOS 可视化调试功能。
4. 为什么打印字符串消耗较多 CPU 资源？
5. CPU 利用率达到 100%会影响最高优先级任务的响应吗？
6. 如果不考虑各个任务的 CPU 占用率，只统计总的 CPU 利用率，应该如何设计？

第17章 流缓冲区

消息队列具有先进先出的特点，适用于数据流处理。而对于一对一通信，使用消息队列则过于烦琐。在消息队列中，为了确保一对多通信时数据传输的安全，在发送和接收函数中都会使用临界段，而频繁开启临界段也会消耗大量 CPU 资源。本章所介绍的流缓冲区相当于轻量级的消息队列，专用于一对一通信的数据流处理。

17.1 流缓冲区简介

流缓冲区专用于处理数据流，包括中断与任务或任务与任务之间的数据流传递。数据流类似于队列，以字节（B）为单位，具有先进先出的特点，没有起点和终点。任务或中断可以向流缓冲区写入任意字节数据，接收任务也可以在流缓冲区的容量范围内从中读取任意字节数据。在 FreeRTOS 中，流缓冲区通过传值而非传引用的方式实现数据传递。

FreeRTOS 中的流缓冲区主要用于单线数据传输，即一对一通信，不能有多个发送方或接收方。

使用流缓冲区功能前，先将 FreeRTOS 源码包中的"FreeRTOS/source/stream_buffer.c"文件添加到工程中。FreeRTOS 通过任务通知实现流缓冲区，因此调用流缓冲区的 API 函数将影响任务通知状态和任务通知值。

注意，流缓冲区默认仅用于一对一通信，若存在多个发送方或接收方，直接调用流缓冲区的 API 函数是不安全的，必须配合临界段使用。当存在多个发送方时，必须在临界段内向流缓冲区写入数据，且阻塞时间应设为 0。同样，当存在多个接收方时，必须在临界段内从流缓冲区读取数据，阻塞时间应设为 0。

与消息队列类似，流缓冲区允许在发送、接收时设置阻塞时间。

17.2 流缓冲区相关 API 函数

1. xStreamBufferCreate 函数

xStreamBufferCreate 函数用于创建一个流缓冲区，具体描述如表 17-1 所示。使用该函数前，先将 FreeRTOSConfig.h 文件中的 configSUPPORT_DYNAMIC_ALLOCATION 宏设为 1，或不定义（使用默认配置）。将 FreeRTOS 源码包中的"FreeRTOS/source/stream_buffer.c"源文件添加到工程后，流缓冲区功能将被自动使能。

表 17-1　xStreamBufferCreate 函数描述

函数名	xStreamBufferCreate
函数原型	StreamBufferHandle_t xStreamBufferCreate(size_t xBufferSizeBytes, size_t xTriggerLevelBytes)
功能描述	创建一个流缓冲区
输入参数 1	xBufferSizeBytes：流缓冲区的容量，以字节为单位
输入参数 2	xTriggerLevelBytes：触发标准，即唤醒接收任务所需的最小数据量。若 xTriggerLevelBytes 为 1，则流缓冲区数据量达到 1 字节即可唤醒接收任务；若 xTriggerLevelBytes 为 10，则流缓冲区中的数据量要达到 10 字节才能唤醒接收任务。若接收任务因阻塞时间结束而退出阻塞态，且此时流缓冲区非空，则接收任务将取出流缓冲区内的所有数据。xTriggerLevelBytes 为 0 和为 1 时的效果相同，当 xTriggerLevelBytes 大于 xBufferSizeBytes 时，该参数无意义

续表

输出参数	void
返回值	NULL：创建失败，FreeRTOS 内存堆容量不足，动态内存分配失败； 其他：创建成功，返回流缓冲区句柄

xStreamBufferCreate 函数的使用示例如程序清单 17-1 所示，其第一个参数"1024"表示要创建的流缓冲区容量为 1KB，第二个参数"1"表示流缓冲区数据量达到 1B 即可唤醒接收任务。

程序清单 17-1

```
#include "stream_buffer.h"

//流缓冲区句柄
StreamBufferHandle_t g_handleStreamBuf = NULL;

void xxxTask(void* pvParameters)
{
  //创建流缓冲区
  g_handleStreamBuf = xStreamBufferCreate(1024, 1);

  //任务循环
  while(1)
  {

  }
}
```

2. xStreamBufferCreateStatic 函数

xStreamBufferCreateStatic 函数用于静态创建流缓冲区，具体描述如表 17-2 所示。使用该函数前，先将 FreeRTOSConfig.h 文件中的 configSUPPORT_STATIC_ALLOCATION 宏设为 1。

表 17-2 xStreamBufferCreateStatic 函数描述

函数名	xStreamBufferCreateStatic
函数原型	StreamBufferHandle_t xStreamBufferCreateStatic(　　　　size_t xBufferSizeBytes, 　　　　size_t xTriggerLevelBytes, 　　　　uint8_t *pucStreamBufferStorageArea, 　　　　StaticStreamBuffer_t *pxStaticStreamBuffer)
功能描述	静态创建流缓冲区
输入参数 1	xBufferSizeBytes：流缓冲区的容量，以字节为单位
输入参数 2	xTriggerLevelBytes：参见表 17-1 中对 xTriggerLevelBytes 的描述
输入参数 3	pucStreamBufferStorageArea：数据缓冲区，用于存储数据流，大小至少为（xBufferSizeBytes+1）字节
输入参数 4	pxStaticStreamBuffer：流缓冲区设备结构体首地址，必须为 StaticStreamBuffer_t 类型的指针
输出参数	void
返回值	NULL：创建失败，pucStreamBufferStorageArea 或 pxStaticStreamBuffer 为 NULL； 其他：创建成功，返回流缓冲区句柄

　　xStreamBufferCreateStatic 函数的使用示例如程序清单 17-2 所示。StaticStreamBuffer_t 类型的设备结构体用于管理流缓冲区，创建的数据流缓冲区既可以是静态数组，也可以通过动态内存分配得到，数据流中的数据存放于缓冲区中。由于缓冲区通常会跨文件使用，因此将流缓冲区句柄定义为全局变量，在其他文件中可通过 extern 关键字访问流缓冲区。

程序清单 17-2

```
#include "stream_buffer.h"

//流缓冲区实体
static StaticStreamBuffer_t s_structDev;

//数据流缓冲区
static unsigned char s_arrBuf[1024];

//流缓冲区句柄
StreamBufferHandle_t g_handleStreamBuf = NULL;

void xxxTask(void* pvParameters)
{
  //创建流缓冲区
  g_handleStreamBuf = xStreamBufferCreateStatic(sizeof(s_arrBuf), 1, s_arrBuf, &s_structDev);

  //任务循环
  while(1)
  {

  }
}
```

3．xStreamBufferSend 函数

xStreamBufferSend 函数用于在任务中向流缓冲区写入数据，具体描述如表 17-3 所示。

表 17-3　xStreamBufferSend 函数描述

函数名	xStreamBufferSend
函数原型	size_t xStreamBufferSend(StreamBufferHandle_t xStreamBuffer, 　　　　　　　　　　const void *pvTxData, 　　　　　　　　　　size_t xDataLengthBytes, 　　　　　　　　　　TickType_t xTicksToWait)
功能描述	在任务中向流缓冲区写入数据
输入参数 1	xStreamBuffer：流缓冲区句柄
输入参数 2	pvTxData：数据缓冲区
输入参数 3	xDataLengthBytes：最大写入数据量，以字节为单位。若在写入数据过程中流缓冲区已满，发送任务将进入阻塞态
输入参数 4	xTicksToWait：阻塞时间，以时间片为单位
输出参数	void
返回值	成功写入的数据量

4．xStreamBufferSendFromISR 函数

xStreamBufferSendFromISR 函数用于在中断中向流缓冲区写入数据，具体描述如表 17-4 所示。

表 17-4　xStreamBufferSendFromISR 函数描述

函数名	xStreamBufferSendFromISR
函数原型	size_t xStreamBufferSendFromISR(StreamBufferHandle_t xStreamBuffer, 　　　　　　　　　　　　const void *pvTxData, 　　　　　　　　　　　　size_t xDataLengthBytes, 　　　　　　　　　　　　BaseType_t *pxHigherPriorityTaskWoken)
功能描述	在中断中向流缓冲区写入数据
输入参数 1	xStreamBuffer：流缓冲区句柄
输入参数 2	pvTxData：数据缓冲区
输入参数 3	xDataLengthBytes：最大写入数据量，以字节为单位。若在写入数据过程中流缓冲区已满，则退出该函数
输入参数 4	pxHigherPriorityTaskWoken：设置退出中断服务函数后是否进行任务切换，当其值为 pdTRUE 时，退出中断服务函数前将触发一次任务切换
输出参数	void
返回值	成功写入的数据量

5．xStreamBufferReceive 函数

xStreamBufferReceive 函数用于在任务中获取流缓冲区数据，具体描述如表 17-5 所示。

表 17-5　xStreamBufferReceive 函数描述

函数名	xStreamBufferReceive
函数原型	size_t xStreamBufferReceive(StreamBufferHandle_t xStreamBuffer, 　　　　　　　　　　　　void *pvRxData, 　　　　　　　　　　　　size_t xBufferLengthBytes, 　　　　　　　　　　　　TickType_t xTicksToWait)
功能描述	在任务中获取流缓冲区数据
输入参数 1	xStreamBuffer：流缓冲区句柄
输入参数 2	pvRxData：数据缓冲区
输入参数 3	xBufferLengthBytes：最大读取数据量，以字节为单位。若在读取数据过程中流缓冲区为空，则接收任务将进入阻塞态
输入参数 4	xTicksToWait：阻塞时间，以时间片为单位
输出参数	void
返回值	成功读取的数据量

6．xStreamBufferReceiveFromISR 函数

xStreamBufferReceiveFromISR 函数用于在中断中获取流缓冲区数据，具体描述如表 17-6 所示。

表 17-6 xStreamBufferReceiveFromISR 函数描述

函数名	xStreamBufferReceiveFromISR

函数原型	size_t xStreamBufferReceiveFromISR(StreamBufferHandle_t xStreamBuffer,
	                                void *pvRxData,
	                                size_t xBufferLengthBytes,
	                                BaseType_t *pxHigherPriorityTaskWoken)

功能描述	在中断中获取流缓冲区数据
输入参数 1	xStreamBuffer：流缓冲区句柄
输入参数 2	pvRxData：数据缓冲区
输入参数 3	xBufferLengthBytes：最大读取数据量，以字节为单位。若在读取数据过程中流缓冲区为空，则退出该函数
输入参数 4	pxHigherPriorityTaskWoken：设置退出中断服务函数后是否进行任务切换，当其值为 pdTRUE 时，退出中断服务函数前将触发一次任务切换
输出参数	void
返回值	成功读取的数据量

7．vStreamBufferDelete 函数

vStreamBufferDelete 函数用于删除一个流缓冲区，具体描述如表 17-7 所示。删除流缓冲区后，应将其句柄设为 NULL，避免该句柄被再次访问。

表 17-7 vStreamBufferDelete 函数描述

函数名	vStreamBufferDelete
函数原型	void vStreamBufferDelete(StreamBufferHandle_t xStreamBuffer)
功能描述	删除一个流缓冲区
输入参数	xStreamBuffer：流缓冲区句柄
输出参数	void
返回值	void

8．xStreamBufferBytesAvailable 函数

xStreamBufferBytesAvailable 函数用于获取流缓冲区内可读取的数据量，具体描述如表 17-8 所示。

表 17-8 xStreamBufferBytesAvailable 函数描述

函数名	xStreamBufferBytesAvailable
函数原型	size_t xStreamBufferBytesAvailable(StreamBufferHandle_t xStreamBuffer)
功能描述	获取流缓冲区内可读取的数据量
输入参数	xStreamBuffer：流缓冲区句柄
输出参数	void
返回值	流缓冲区内可读取的数据量，以字节为单位

9．xStreamBufferSpacesAvailable 函数

xStreamBufferSpacesAvailable 函数用于获取流缓冲区内可写入的数据量，具体描述如表 17-9 所示。

表 17-9　xStreamBufferSpacesAvailable 函数描述

函数名	xStreamBufferSpacesAvailable
函数原型	size_t xStreamBufferSpacesAvailable(StreamBufferHandle_t xStreamBuffer)
功能描述	获取流缓冲区内可写入的数据量
输入参数	xStreamBuffer：流缓冲区句柄
输出参数	void
返回值	流缓冲区内可写入的数据量，以字节为单位

10．xStreamBufferSetTriggerLevel 函数

xStreamBufferSetTriggerLevel 函数用于重新设置流缓冲区的触发标准，具体描述如表 17-10 所示。

表 17-10　xStreamBufferSetTriggerLevel 函数描述

函数名	xStreamBufferSetTriggerLevel
函数原型	BaseType_t xStreamBufferSetTriggerLevel(StreamBufferHandle_t xStreamBuffer, size_t xTriggerLevel)
功能描述	重新设置流缓冲区的触发标准
输入参数 1	xStreamBuffer：流缓冲区句柄
输入参数 2	xTriggerLevel：触发标准
输出参数	void
返回值	pdTRUE：设置成功； pdFALSE：设置失败，触发标准过大，超过流缓冲区容量

11．xStreamBufferReset 函数

xStreamBufferReset 函数用于复位流缓冲区，具体描述如表 17-11 所示。

表 17-11　xStreamBufferReset 函数描述

函数名	xStreamBufferReset
函数原型	BaseType_t xStreamBufferReset(StreamBufferHandle_t xStreamBuffer)
功能描述	复位流缓冲区
输入参数	xStreamBuffer：流缓冲区句柄
输出参数	void
返回值	pdPASS：成功； pdFAIL：失败，因为有接收任务或发送任务正处于阻塞态

12．xStreamBufferIsEmpty 函数

xStreamBufferIsEmpty 函数用于判断流缓冲区是否为空，具体描述如表 17-12 所示。

表 17-12　xStreamBufferIsEmpty 函数描述

函数名	xStreamBufferIsEmpty
函数原型	BaseType_t xStreamBufferIsEmpty(StreamBufferHandle_t xStreamBuffer)
功能描述	判断流缓冲区是否为空
输入参数	xStreamBuffer：流缓冲区句柄

续表

输出参数	void
返回值	pdPASS：流缓冲区为空； pdFAIL：流缓冲区非空

13. xStreamBufferIsFull 函数

xStreamBufferIsFull 函数用于判断流缓冲区是否已满，具体描述如表 17-13 所示。

表 17-13 xStreamBufferIsFull 函数描述

函数名	xStreamBufferIsFull
函数原型	BaseType_t xStreamBufferIsFull(StreamBufferHandle_t xStreamBuffer)
功能描述	判断流缓冲区是否已满
输入参数	xStreamBuffer：流缓冲区句柄
输出参数	void
返回值	pdPASS：流缓冲区已满； pdFAIL：流缓冲区未满

17.3 实例与代码解析

下面通过编写实例程序，实现用流缓冲区接收串口助手发送给微控制器的数据，并在任务中将接收到的数据进行打印。

17.3.1 复制并编译原始工程

首先，将"D:\GD32F3FreeRTOSTest\Material\15.FreeRTOS 流缓冲区"文件夹复制到"D:\GD32F3FreeRTOSTest\Product"文件夹中。然后，双击运行"D:\GD32F3FreeRTOSTest\Product\15.FreeRTOS 流缓冲区\Project"文件夹下的 GD32KeilPrj.uvprojx，单击工具栏中的 按钮进行编译，Build Output 栏显示"FromELF:creating hex file..."表示已经成功生成.hex 文件，显示"0 Error(s), 0Warning(s)"表示编译成功。最后，将.axf 文件下载到微控制器的内部 Flash，下载成功后，若串口助手输出"Init System has been finished."则表明原始工程正确，可以进行下一步操作。

17.3.2 完善 UART0.c 文件

在 UART0.c 文件的"包含头文件"区，添加包含头文件 FreeRTOS.h、task.h 和 stream_buffer.h 的代码，如程序清单 17-3 所示。

程序清单 17-3

```
#include "FreeRTOS.h"
#include "task.h"
#include "stream_buffer.h"
```

在"内部函数实现"区，按照程序清单 17-4 修改 USART0_IRQHandler 函数的代码，即添加第 3、4、15、25 行代码，将串口接收到的数据写入流缓冲区。注意，流缓冲区句柄 g_handleStreamBuf 将在 Main.c 文件中定义。

程序清单 17-4

```
1.   void USART0_IRQHandler(void)
2.   {
3.     extern StreamBufferHandle_t g_handleStreamBuf;
4.     BaseType_t xHigherPriorityTaskWoken = pdFALSE;
5.     unsigned char  uData = 0;
6.
7.     if(usart_interrupt_flag_get(USART0, USART_INT_FLAG_RBNE) != RESET) //接收缓冲区非空中断
8.     {
9.       usart_interrupt_flag_clear(USART0, USART_INT_FLAG_RBNE);        //清除 USART0 中断挂起
10.
11.      uData = usart_data_receive(USART0);                            //将接收到的数据保存到 uData
12.
13.      EnCirQueue(&s_structUARTRecCirQue, &uData, 1);                 //将接收到的数据写入接收缓冲区
14.
15.      xStreamBufferSendFromISR(g_handleStreamBuf, &uData, 1, &xHigherPriorityTaskWoken);
                                                                       //将接收到的数据写入流缓冲区
16.    }
17.
18.    if(usart_interrupt_flag_get(USART0, USART_INT_FLAG_ERR_ORERR) == SET) //溢出错误标志为1
19.    {
20.      usart_interrupt_flag_clear(USART0, USART_INT_FLAG_ERR_ORERR);//清除溢出错误标志
21.
22.      usart_data_receive(USART0);                                   //读取 USART_DATA
23.    }
24.
25.    portYIELD_FROM_ISR(xHigherPriorityTaskWoken);                   //根据参数决定是否进行任务切换
26.  }
```

17.3.3 编写测试程序

在 Main.c 的"包含头文件"区，添加包含头文件 stream_buffer.h 的代码，如程序清单 17-5 所示。

程序清单 17-5

```
#include "stream_buffer.h"
```

在"内部变量"区，添加流缓冲区句柄的定义，如程序清单 17-6 所示。由于 StreamBufferHandle_t 实际上是一个指针类型，因此可将其初值设置为 NULL。

程序清单 17-6

```
StreamBufferHandle_t g_handleStreamBuf = NULL; //流缓冲区句柄
```

在"内部函数实现"区，按照程序清单 17-7 修改 TestTask 函数的代码。在该函数中，先创建流缓冲区，再接收流缓冲区中的数据并打印。

程序清单 17-7

```
1.   static void TestTask(void* pvParameters)
2.   {
3.     //接收缓冲区
4.     char readBuf;
```

```
5.
6.      //创建流缓冲区
7.      g_handleStreamBuf = xStreamBufferCreate(1024, 1);
8.
9.      //任务循环
10.     while(1)
11.     {
12.         //接收流缓冲区数据并打印
13.         if(xStreamBufferReceive(g_handleStreamBuf, &readBuf, 1, portMAX_DELAY))
14.         {
15.             printf("%c", readBuf);
16.         }
17.     }
18. }
```

17.3.4 编译及下载验证

代码编写完成并编译通过后，下载程序并进行复位。下载成功后打开串口助手，在发送区输入"Hello GD32!"，单击"发送"按钮，可见微控制器会将接收到的数据重新发回串口助手，如图 17-1 所示。

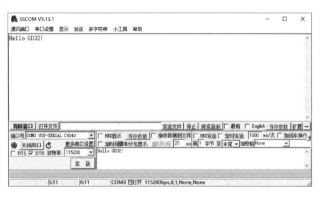

图 17-1 运行结果

本 章 任 务

结合第 10 章的例程，通过流缓冲区实现守护任务，即在多个任务同时向同一流缓冲区写入数据时，通过临界段或信号量保护数据的安全。

本 章 习 题

1. 简述流缓冲区的应用场景。
2. 流缓冲区的"触发标准"有何含义？
3. 为什么使用流缓冲区实现一对多通信是不安全的？
4. 若在一个极高优先级（超过 FreeRTOS 可管理的范围）的中断中读写流缓冲区会产生怎样的后果？尝试分析其原因。
5. 若某任务因等待流缓冲区数据而阻塞，此时通过 vStreamBufferDelete 函数将流缓冲区删除，该任务将如何处理？

第18章 消息缓冲区

消息缓冲区源自流缓冲区，流缓冲区以字节的形式传递数据，消息缓冲区以数据包的形式传递数据，发送方和接收方必须约定好数据包长度后才能相互通信，因此，消息缓冲区适用于固定包长的传输协议。本章将详细介绍 FreeRTOS 中的消息缓冲区。

18.1 消息缓冲区简介

消息缓冲区专用于在中断与任务、任务与任务之间传递固定长度的消息。与流缓冲区类似，消息缓冲区适用于一对一通信的场景，而用于一对多通信是不安全的，需要配合临界段使用。向消息缓冲区中写入或读取的消息长度不受限制，如 10 字节、20 字节、100 字节等。与流缓冲区不同的是，以 10 字节写入消息缓冲区的消息只能以 10 字节读取，消息不会被拆分。在消息队列中，消息通过传值的形式传递。FreeRTOS 中的消息缓冲区通过流缓冲区实现，而流缓冲区又建立在任务通知的基础上，因此调用消息缓冲区的 API 函数会影响任务通知标志和任务通知值。

在 FreeRTOS 中，通过 configMESSAGE_BUFFER_LENGTH_TYPE 宏指定消息缓冲区中用于表示消息长度的数据类型，若未在 FreeRTOSConfig.h 文件中定义该宏，则使用默认值，即 size_t。在 32 位微控制器中，若消息长度不超过 255 字节，将该宏配置为 uint8_t 可为每条消息节省 3 字节存储空间；若消息长度不超过 65535 字节，将该宏配置为 uint16_t 可为每条消息节省 2 字节存储空间。

18.2 消息缓冲区相关 API 函数

1. xMessageBufferCreate 函数

xMessageBufferCreate 函数用于动态创建消息缓冲区，具体描述如表 18-1 所示。使用该函数前，先将 FreeRTOSConfig.h 文件中的 configSUPPORT_DYNAMIC_ALLOCATION 宏设为 1，或不定义（使用默认配置）。将 FreeRTOS 源码包中的 "FreeRTOS/source/stream_buffer.c" 源文件添加到工程后，消息缓冲区功能将被自动使能。

表 18-1　xMessageBufferCreate 函数描述

函数名	xMessageBufferCreate
函数原型	MessageBufferHandle_t xMessageBufferCreate(size_t xBufferSizeBytes)
功能描述	动态创建消息缓冲区
输入参数	xBufferSizeBytes：消息缓冲区的容量，以字节为单位。向消息缓冲区写入一条消息将额外消耗 sizeof(size_t) 的内存来存储消息长度。在 32 位微控制器中，size_t 为 4 字节，因此向消息缓冲区中写入一条 10 字节的消息将消耗 14 字节的内存
输出参数	void
返回值	NULL：创建失败，FreeRTOS 内存堆容量不足，动态内存分配失败； 其他：创建成功，返回消息缓冲区句柄

消息缓冲区中的数据存储格式如图 18-1 所示。每条消息的开头为该消息的长度，其后为

N 字节的消息数据。写入时，先保存消息长度，再依次保存消息数据；读取时，先校验读取长度是否与消息长度相等，若相等，则将后面的 N 字节依次读出。

消息长度	字节0	字节1	…	字节N	消息长度	字节0	字节1	…	字节N

图 18-1 消息缓冲区中的数据存储格式

xMessageBufferCreate 函数的使用示例如程序清单 18-1 所示。在使用消息缓冲区相关 API 函数前，需先包含 message_buffer.h 头文件。

程序清单 18-1

```c
#include "message_buffer.h"

//消息缓冲区句柄
MessageBufferHandle_t g_handleMessageBuf = NULL;

void xxxTask(void* pvParameters)
{
  //创建消息缓冲区
  g_handleMessageBuf = xMessageBufferCreate(1024);

  //任务循环
  while(1)
  {

  }
}
```

2. xMessageBufferCreateStatic 函数

xMessageBufferCreateStatic 函数用于静态创建消息缓冲区，具体描述如表 18-2 所示。使用该函数前，先将 FreeRTOSConfig.h 文件中的 configSUPPORT_STATIC_ALLOCATION 宏设为 1。

表 18-2 xMessageBufferCreateStatic 函数描述

函数名	xMessageBufferCreateStatic
函数原型	MessageBufferHandle_t xMessageBufferCreateStatic(　　　　　　　　size_t xBufferSizeBytes, 　　　　　　　　uint8_t *pucMessageBufferStorageArea, 　　　　　　　　StaticMessageBuffer_t *pxStaticMessageBuffer)
功能描述	静态创建消息缓冲区
输入参数 1	xBufferSizeBytes：消息缓冲区的容量，以字节为单位。向消息缓冲区写入一条消息将额外消耗 sizeof(size_t) 的内存来存储消息长度。在 32 位微控制器中，size_t 为 4 字节，因此向消息缓冲区中写入一条 10 字节的消息将消耗 14 字节的内存。消息缓冲区中实际能存储的数据量为 xBufferSizeBytes-1
输入参数 2	pucMessageBufferStorageArea：数据缓冲区，用于存放消息数据，大小至少为(xBufferSizeBytes+1)字节
输入参数 3	pxStaticMessageBuffer：消息缓冲区设备结构体首地址，必须为 StaticMessageBuffer_t 类型的指针
输出参数	void
返回值	NULL：创建失败，pucMessageBufferStorageArea 或 pucMessageBufferStorageArea 为 NULL； 其他：创建成功，返回消息缓冲区句柄

与流缓冲区类似，静态创建消息缓冲区时，也需要创建消息缓冲区设备结构体和用于存储数据的缓冲区，如程序清单 18-2 所示。

程序清单 18-2

```
#include "message_buffer.h"

//消息缓冲区设备结构体
static StaticMessageBuffer_t s_structDev;

//消息缓冲区
static unsigned char s_arrBuf[1024];

//消息缓冲区句柄
MessageBufferHandle_t g_handleMessageBuf = NULL;

void xxxTask(void* pvParameters)
{
  //创建消息缓冲区
  g_handleMessageBuf = xMessageBufferCreateStatic(sizeof(s_arrBuf), s_arrBuf, &s_structDev);

  //任务循环
  while(1)
  {

  }
}
```

3. xMessageBufferSend 函数

xMessageBufferSend 函数用于在任务中向消息缓冲区写入指定长度的消息，具体描述如表 18-3 所示。

表 18-3　xMessageBufferSend 函数描述

函数名	xMessageBufferSend
函数原型	size_t xMessageBufferSend(MessageBufferHandle_t xMessageBuffer, 　　　　　　　　　const void *pvTxData, 　　　　　　　　　size_t xDataLengthBytes, 　　　　　　　　　TickType_t xTicksToWait)
功能描述	在任务中向消息缓冲区写入指定长度的消息
输入参数 1	xMessageBuffer：消息缓冲区句柄
输入参数 2	pvTxData：数据缓冲区
输入参数 3	xDataLengthBytes：消息长度，以字节为单位
输入参数 4	xTicksToWait：阻塞时间，以时间片为单位
输出参数	void
返回值	成功写入的数据量

4. xMessageBufferSendFromISR 函数

xMessageBufferSendFromISR 函数用于在中断中向消息缓冲区写入指定长度的消息,具体描述如表 18-4 所示。

表 18-4　xMessageBufferSendFromISR 函数描述

函数名	xMessageBufferSendFromISR
函数原型	size_t xMessageBufferSendFromISR(MessageBufferHandle_t xMessageBuffer, 　　　　　　　　　　　　　const void *pvTxData, 　　　　　　　　　　　　　size_t xDataLengthBytes, 　　　　　　　　　　　　　BaseType_t *pxHigherPriorityTaskWoken)
功能描述	在中断中向消息缓冲区写入指定长度的消息
输入参数 1	xMessageBuffer：消息缓冲区句柄
输入参数 2	pvTxData：数据缓冲区
输入参数 3	xDataLengthBytes：消息长度，以字节为单位
输入参数 4	pxHigherPriorityTaskWoken：设置退出中断服务函数后是否进行任务切换，当其值为 pdTRUE 时，退出中断服务函数前将触发一次任务切换
输出参数	void
返回值	成功写入的数据量

5．xMessageBufferReceive 函数

xMessageBufferReceive 函数用于在任务中读取消息缓冲区内指定长度的消息，具体描述如表 18-5 所示。

表 18-5　xMessageBufferReceive 函数描述

函数名	xMessageBufferReceive
函数原型	size_t xMessageBufferReceive(MessageBufferHandle_t xMessageBuffer, 　　　　　　　　　　　　void *pvRxData, 　　　　　　　　　　　　size_t xBufferLengthBytes, 　　　　　　　　　　　　TickType_t xTicksToWait)
功能描述	在任务中读取消息缓冲区内指定长度的消息
输入参数 1	xMessageBuffer：消息缓冲区句柄
输入参数 2	pvRxData：数据缓冲区
输入参数 3	xBufferLengthBytes：消息长度，以字节为单位
输入参数 4	xTicksToWait：阻塞时间，以时间片为单位
输出参数	void
返回值	成功读取的数据量

6．xMessageBufferReceiveFromISR 函数

xMessageBufferReceiveFromISR 函数用于在中断中读取消息缓冲区内指定长度的消息，具体描述如表 18-6 所示。

表 18-6　xMessageBufferReceiveFromISR 函数描述

函数名	xMessageBufferReceiveFromISR
函数原型	size_t xMessageBufferReceiveFromISR(MessageBufferHandle_t xMessageBuffer, 　　　　　　　　　　　　void *pvRxData, 　　　　　　　　　　　　size_t xBufferLengthBytes, 　　　　　　　　　　　　BaseType_t *pxHigherPriorityTaskWoken)

功能描述	在中断中读取消息缓冲区内指定长度的消息
输入参数 1	xMessageBuffer：消息缓冲区句柄
输入参数 2	pvRxData：数据缓冲区
输入参数 3	xBufferLengthBytes：消息长度，以字节为单位
输入参数 4	pxHigherPriorityTaskWoken：设置退出中断服务函数后是否进行任务切换，当其值为 pdTRUE 时，退出中断服务函数前将触发一次任务切换
输出参数	void
返回值	成功读取的数据量

7．vMessageBufferDelete 函数

vMessageBufferDelete 函数用于删除消息缓冲区，具体描述如表 18-7 所示。

表 18-7　vMessageBufferDelete 函数描述

函数名	vMessageBufferDelete
函数原型	void vMessageBufferDelete(MessageBufferHandle_t xMessageBuffer)
功能描述	删除消息缓冲区
输入参数	xMessageBuffer：消息缓冲区句柄
输出参数	void
返回值	void

8．xMessageBufferSpacesAvailable 函数

xMessageBufferSpacesAvailable 函数用于查询消息缓冲区中的剩余内存量，具体描述如表 18-8 所示。

表 18-8　xMessageBufferSpacesAvailable 函数描述

函数名	xMessageBufferSpacesAvailable
函数原型	size_t xMessageBufferSpacesAvailable(MessageBufferHandle_t xMessageBuffer)
功能描述	查询消息缓冲区中的剩余内存量
输入参数	xMessageBuffer：消息缓冲区句柄
输出参数	void
返回值	消息缓冲区中的剩余内存量，以字节为单位。在 32 位微控制器中，若返回的值为 10，则实际剩余内存量为 6 字节，因为额外的 4 字节用于存储消息长度

9．xMessageBufferReset 函数

xMessageBufferReset 函数用于复位消息缓冲区，具体描述如表 18-9 所示。

表 18-9　xMessageBufferReset 函数描述

函数名	xMessageBufferReset
函数原型	BaseType_t xMessageBufferReset(MessageBufferHandle_t xMessageBuffer)
功能描述	复位消息缓冲区
输入参数	xMessageBuffer：消息缓冲区句柄

续表

输出参数	void
返回值	pdPASS：成功； pdFAIL：失败，因为有发送任务或接收任务正因该消息缓冲区而阻塞

10. xMessageBufferIsEmpty 函数

xMessageBufferIsEmpty 函数用于判断消息缓冲区是否为空，具体描述如表 18-10 所示。

表 18-10　xMessageBufferIsEmpty 函数描述

函数名	xMessageBufferIsEmpty
函数原型	BaseType_t xMessageBufferIsEmpty(MessageBufferHandle_t xMessageBuffer)
功能描述	判断消息缓冲区是否为空
输入参数	xMessageBuffer：消息缓冲区句柄
输出参数	void
返回值	pdTRUE：消息缓冲区为空； pdFALSE：消息缓冲区非空

11. xMessageBufferIsFull 函数

xMessageBufferIsFull 函数用于判断消息缓冲区是否已满，具体描述如表 18-11 所示。

表 18-11　xMessageBufferIsFull 函数描述

函数名	xMessageBufferIsFull
函数原型	BaseType_t xMessageBufferIsFull(MessageBufferHandle_t xMessageBuffer)
功能描述	判断消息缓冲区是否已满
输入参数	xMessageBuffer：消息缓冲区句柄
输出参数	void
返回值	pdTRUE：消息缓冲区已满； pdFALSE：消息缓冲区未满

18.3　实例与代码解析

下面通过编写实例程序创建两个任务，任务 1 进行按键扫描，检测到按键按下后通过消息缓冲区向任务 2 发送长度为 10 字节的数据包；任务 2 接收到数据包后通过串口助手进行打印。

18.3.1　复制并编译原始工程

首先，将"D:\GD32F3FreeRTOSTest\Material\16.FreeRTOS 消息缓冲区"文件夹复制到"D:\GD32F3FreeRTOSTest\Product"文件夹中。然后，双击运行"D:\GD32F3FreeRTOSTest\Product\16.FreeRTOS 消息缓冲区\Project"文件夹下的 GD32KeilPrj.uvprojx，单击工具栏中的🔳按钮进行编译，Build Output 栏显示"FromELF:creating hex file..."表示已经成功生成.hex 文件，显示"0 Error(s), 0Warning(s)"表示编译成功。最后，将.axf 文件下载到微控制器的内部 Flash，下载成功后，若串口助手输出"Init System has been finished."则表明原始工程正确，可以进行下一步操作。

18.3.2　编写测试程序

在 Main.c 文件的"包含头文件区"区，添加包含头文件 message_buffer.h 的代码，如程序清单 18-3 所示。

程序清单 18-3

```
#include "message_buffer.h"
```

在"内部变量"区，添加消息缓冲区句柄的定义，如程序清单 18-4 所示。MessageBufferHandle_t 实际上是一个指针类型，因此可以初始化为 NULL。

程序清单 18-4

```
MessageBufferHandle_t g_handleMessageBuf = NULL; //消息缓冲区句柄
```

在"内部函数实现"区，按照程序清单 18-5 修改 Task1 函数的代码。在任务 1 中，每隔 10ms 进行一次按键扫描，若检测到按键按下，则通过消息缓冲区向任务 2 发送"0123456789"数据包。

程序清单 18-5

```
1.    static void Task1(void* pvParameters)
2.    {
3.      //发送缓冲区
4.      static char s_arrSendData[11] = "0123456789";
5.
6.      //任务循环，每隔10ms扫描一次KEY₁，若KEY₁按下则通过消息缓冲区发送消息，由任务2处理
7.      while(1)
8.      {
9.        if(ScanKeyOne(KEY_NAME_KEY1, NULL, NULL))
10.       {
11.         printf("发送的消息：%s\r\n", s_arrSendData);
12.         xMessageBufferSend(g_handleMessageBuf, s_arrSendData, 10, portMAX_DELAY);
13.       }
14.       vTaskDelay(10);
15.     }
16.   }
```

按照程序清单 18-6 修改 Task2 函数的代码。由于任务 1 发送的消息长度为 10 字节，因此任务 2 只能接收长度为 10 字节的数据包。任务 2 接收到数据包后通过串口助手进行打印。

程序清单 18-6

```
1.    static void Task2(void* pvParameters)
2.    {
3.      //接收缓冲区
4.      static char s_arrReadBuf[11];
5.
6.      //创建消息缓冲区
7.      g_handleMessageBuf = xMessageBufferCreate(1024);
8.
9.      //任务循环
10.     while(1)
```

```
11.   {
12.     if(10 == xMessageBufferReceive(g_handleMessageBuf, s_arrReadBuf, 10, portMAX_DELAY))
13.     {
14.       s_arrReadBuf[10] = 0;
15.       printf("读取的消息：%s\r\n", s_arrReadBuf);
16.     }
17.   }
18. }
```

18.3.3 编译及下载验证

代码编写完成并编译通过后，下载程序并进行复位。下载成功后打开串口助手，按下 KEY$_1$，串口助手上将打印如图 18-2 所示的信息。若修改任务 2 中的接收长度，那么任务 2 将无法接收到数据。

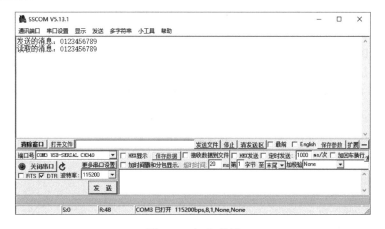

图 18-2 运行结果

本 章 任 务

在本章例程的基础上，新建任务 3。在任务 3 中扫描 KEY$_2$，若检测到 KEY$_2$ 按下，则向消息缓冲区写入长度为 10 字节的数据包。在任务 2 中，打印消息缓冲区内的数据包。将任务 3 和任务 1 设置为不同的优先级，并使用临界段保障数据传输的安全。

本 章 习 题

1. 简述消息缓冲区的应用场景。
2. 消息缓冲区与流缓冲区有何异同？
3. 消息缓冲区复位失败有哪些原因？
4. 简述 configMESSAGE_BUFFER_LENGTH_TYPE 宏定义的作用。
5. 对于消息缓冲区和流缓冲区，谁的内存利用率更高？

第19章 协　　程

协程是FreeRTOS提供的另一种实现用户任务的机制，主要用于RAM较小的微控制器中。使用协程时存在诸多限制，因此在32位微控制器中几乎不使用协程，而是使用FreeRTOS提供的任务机制。本章将详细介绍FreeRTOS协程的原理与实现。

19.1　协程的基本原理

与任务不同，协程没有用户栈区，也没有抢占的概念，本质上是一个裸机程序。协程的执行流程也与任务不同，任务通常运行于无限循环中，而协程需要不断调用协程函数，进入协程函数后通过switch语句跳转到不同的节点，从而执行不同阶段的任务。下面通过一个示例来介绍协程的工作流程。

协程控制块由时间计数、协程优先级、协程状态等组成，如程序清单19-1所示。协程的时间计数既可以是一个成员变量，也可以是一个事件列表。由于协程无法抢占，因此协程优先级的作用是便于调度器选择优先级最高的协程执行。注意，协程控制块中的协程状态并非指协程的就绪态、运行态等状态，而是指协程下一次运行的节点。

程序清单 19-1

```
//协程控制块
typedef struct
{
  //其他参数
  //...

  unsigned int uxTick;       //时间计数
  unsigned int uxPriority;   //协程优先级
  unsigned int uxIndex;      //协程序号，多个协程同时调用同一协程函数时使用
  unsigned int uxState;      //协程状态
}StructCoRoutineControlBlock;
```

协程函数的示例如程序清单19-2所示。在协程函数中，通过switch语句跳转到不同的节点来执行不同的任务。虽然协程函数中存在while(1)无限循环，但也存在多个return语句，因此协程可以通过return语句移交CPU的使用权。

在C语言中，"__LINE__"为一个宏定义，在编译时会被当前代码行的行号代替。此外，C语言允许switch语句中的case语句分散在不同的花括号中，即程序清单19-2中的"case 0"和另外两个"case__LINE__:"同属于一个switch语句。使用"__LINE__"的原因是，协程中延时出现的次数不确定，无法预知case语句的数量，也就无法确定case的值，而switch语句中不允许case的值相同，因此使用行号作为case的值可避免重复，因为通常情况下每个case语句出现在不同行。当需要新增一个节点时，只需新增一个"case__LINE__:"语句即可。

程序清单 19-2

```
//协程函数
void CoRoutineTask(StructCoRoutineControlBlock* xHandle, unsigned int uxIndex)
```

```
{
  switch(xHandle->uxState)
  {
    case 0:
      while(1)
      {
        //协程工作
        //...

        //设置协程延时时长，协程唤醒节点，并移交CPU使用权
        xHandle->uxTick = 100;
        xHandle->uxState = __LINE__;
        return;
        case __LINE__: ;

        //协程工作
        //...

        //设置协程延时时长，协程唤醒节点，并移交CPU使用权
        xHandle->uxTick = 200;
        xHandle->uxState = __LINE__;
        return;
        case __LINE__: ;

        //...
      }
  }
}
```

协程的调度器需要持续查询协程是否就绪，若就绪，则执行协程函数。协程函数再根据之前保留的节点跳转到不同位置，执行不同阶段的任务。

19.2　FreeRTOS 协程

19.2.1　FreeRTOS 中协程的状态

协程的状态分为运行态、就绪态和阻塞态，对应的转换关系如图 19-1 所示。运行态指协程正在运行；就绪态指协程已就绪，但由于有同优先级或更高优先级的协程或任务正处于就绪态或运行态，使该协程未运行；阻塞态指协程正在等待某一事件发生，如计时时间结束，或消息队列非空、消息队列为满等事件，事件发生后协程将退出阻塞态并进入就绪态，若此时没有同优先级或更高优先级的协程或任务就绪，那么该协程将进入运行态。

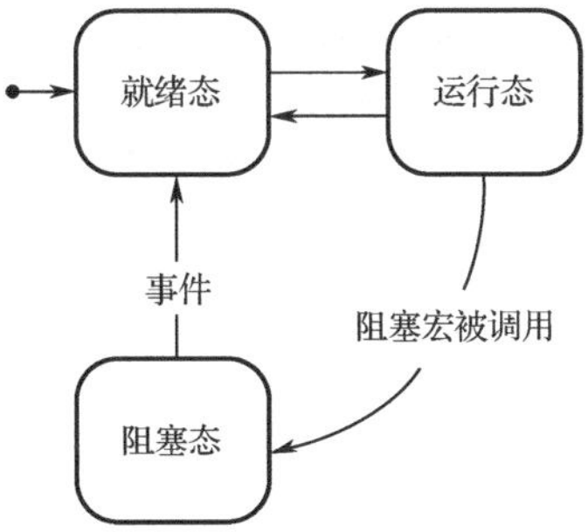

图 19-1　协程的状态转换图

19.2.2　FreeRTOS 中协程的优先级

与任务类似，协程也有优先级，其范围为 0～configMAX_CO_ROUTINE_PRIORITIES–1。协程通常由空闲任务负责调度，因此即使协程的优先级高于任务，系统仍优先执行任务而非

协程。FreeRTOS 中的优先级顺序为：高优先级任务>低优先级任务>高优先级协程>低优先级协程。

19.2.3 FreeRTOS 中的协程函数

FreeRTOS 中的协程函数有固定的格式要求，如程序清单 19-3 所示。所有的协程函数都必须通过 crSTART() 来开始协程，通过 crEND() 来结束协程。与任务类似，协程同样运行于无限循环中，且不允许返回。多个协程可以公用一个任务函数，此时要通过 uxIndex 参数来区分；xHandle 参数为协程的句柄。

程序清单 19-3

```
void vACoRoutineFunction( CoRoutineHandle_t xHandle, UBaseType_t uxIndex )
{
  //协程开始
  crSTART( xHandle );

  //协程主循环
  for( ;; )
  {
    /*Co-routine application code here. */
  }

  //协程结束
  crEND();
}
```

FreeRTOS 中的协程控制块定义如程序清单 19-4 所示，与程序清单 19-1 中定义的协程控制块类似，但在 FreeRTOS 中通过事件列表实现任务计时。

程序清单 19-4

```
typedef struct corCoRoutineControlBlock
{
    crCOROUTINE_CODE pxCoRoutineFunction;      //协程函数入口地址
    ListItem_t  xGenericListItem;              //通用列表项
    ListItem_t  xEventListItem;                //事件列表项
    UBaseType_t uxPriority;                     //优先级
    UBaseType_t uxIndex;                        //协程序号，多个协程同时调用同一协程函数时使用
    uint16_t    uxState;                        //协程状态
} CRCB_t;
```

crSTART() 实际上是一个宏定义，如程序清单 19-5 所示，该宏定义为 switch 语句的前半部分，根据协程控制块的 uxState 跳转到不同位置执行任务。

程序清单 19-5

```
#define crSTART( pxCRCB )                           \
    switch( ( ( CRCB_t * ) ( pxCRCB ) )->uxState ) { \
        case 0:
```

crEND() 同样为宏定义，如程序清单 19-6 所示。crSTART() 和 crEND() 可组合为一个完整的 switch 语句，在 FreeRTOS 的协程中，这两个宏必须同时存在，且必须位于指定位置。

程序清单 19-6

```
#define crEND()      }
```

根据 crSTART() 和 crEND() 的宏定义，可将 FreeRTOS 的协程函数还原，如程序清单 19-7 所示。

程序清单 19-7

```
void vACoRoutineFunction( CoRoutineHandle_t xHandle, UBaseType_t uxIndex )
{
  //协程开始
  switch( ( ( CRCB_t * ) ( xHandle ) )->uxState )
  {
    case 0:

      //协程主循环
      for( ;; )
      {
        /*Co-routine application code here. */
      }

  //协程结束
  };
}
```

19.2.4 FreeRTOS 中协程的调度

协程的调度与任务不同，任务通过触发 PendSV 异常实现任务调度，协程的调度需要频繁调用 vCoRountinueSChedule 函数来检查是否有协程就绪，若有，则执行优先级最高的协程。协程的调度一般由空闲任务负责。

使用协程前，先将 FreeRTOSConfig.h 文件中的 configUSE_IDLE_HOOK 宏设为 1，然后编写一个如程序清单 19-8 所示的函数。这样在系统空闲时，空闲任务就会不断调用 vApplicationIdleHook 函数，即不断执行 vCoRoutineSchedule 函数，触发协程调度。

程序清单 19-8

```
void vApplicationIdleHook( void )
{
   vCoRoutineSchedule( void );
}
```

若空闲任务只负责协程调度，则 vApplicationIdleHook 函数的实现代码也可参见程序清单 19-9。由于减少了 vApplicationIdleHook 函数的调用次数，因此协程调度的效率更高。

程序清单 19-9

```
void vApplicationIdleHook( void )
{
   for( ;; )
   {
      vCoRoutineSchedule( void );
   }
}
```

由于 vApplicationIdleHook 函数被空闲任务调用，而 vCoRoutineSchedule 最终会调用协程函数，因此协程使用的栈区实际上是空闲任务的栈区。

19.2.5　FreeRTOS 协程的使用限制

相比任务，协程所占用的 RAM 较小，更适用于内存容量小的微控制器，但在使用时存在诸多限制。

（1）协程的本质为用户函数，没有独立的栈区，所有协程公用一个栈区，即空闲任务栈区。为了避免协程在栈区中申请的变量丢失，协程中的变量必须定义为静态变量。此外，为了防止编译器优化，还应加上 volatile 关键字，如程序清单 19-10 所示。

程序清单 19-10

```
void vACoRoutineFunction( CoRoutineHandle_t xHandle, UBaseType_t uxIndex )
{
  volatile static unsigned char s_iData = 0;

  //协程开始
  crSTART( xHandle );

  //协程主循环
  for( ;; )
  {
    /* Co-routine application code here. */
  }

  //协程结束
  crEND();
}
```

（2）所有能导致协程阻塞的 API 函数只能由协程本身调用，不能由协程内部调用的其他函数来调用，如程序清单 19-11 所示。FreeRTOS 中能导致协程阻塞的 API 函数本质上都是宏定义，且都带有 "case__LINE__:"，因此，在子函数中调用这类 API 函数可能会导致编译器报错。

程序清单 19-11

```
void vACoRoutineFunction(CoRoutineHandle_t xHandle, UBaseType_t uxIndex)
{
  //协程开始
  crSTART(xHandle);

  //协程主循环
  for( ;; )
  {
    //可以在此阻塞
    crDELAY(xHandle, 10);

    //不能在调用的函数中阻塞
    vACalledFunction();
  }
```

```
   //协程结束
   crEND();
}

void vACalledFunction( void )
{
   //禁止在此阻塞
}
```

（3）不能在 switch 语句中调用能导致协程阻塞的 API 函数，如程序清单 19-12 所示。因为阻塞函数中的"case__LINE__:"将与最近的 switch 语句配对，而不是与 crSTART()中的 switch 语句配对，这将导致下一次执行协程任务时程序无法跳转到正确位置。

程序清单 19-12

```
void vACoRoutineFunction( CoRoutineHandle_t xHandle, UBaseType_t uxIndex )
{
   //协程开始
   crSTART(xHandle);

   //协程主循环
   for( ;; )
   {
      //可以在此阻塞
      crDELAY(xHandle, 10);

      //协程中的 switch 语句
      switch(aVariable)
      {
         case 1 : //不能在此阻塞
                 break;
         default: //不能在此阻塞
      }
   }

   //协程结束
   crEND();
}
```

19.3 协程相关 API 函数

1. xCoRoutineCreate 函数

xCoRoutineCreate 函数用于创建一个协程，具体描述如表 19-1 所示。

表 19-1 xCoRoutineCreate 函数描述

函数名	xCoRoutineCreate
函数原型	BaseType_t xCoRoutineCreate(crCOROUTINE_CODE pxCoRoutineCode, UBaseType_t uxPriority, UBaseType_t uxIndex)
功能描述	创建一个协程

续表

输入参数 1	pxCoRoutineCode：协程函数入口地址
输入参数 2	uxPriority：协程优先级
输入参数 3	uxIndex：当两个协程使用同一协程函数时，该参数可用于在协程函数中区分不同协程。该参数可视为协程 ID，也可用于传递其他消息
输出参数	void
返回值	pdPASS：创建成功； 其他：创建失败，错误代码在 ProjDefs.h 文件中定义，如程序清单 19-13 所示

程序清单 19-13

```
/* The following errno values are used by FreeRTOS+ components, not FreeRTOS
* itself. */
#define pdFREERTOS_ERRNO_NONE          0   /* No errors */
#define pdFREERTOS_ERRNO_ENOENT        2   /* No such file or directory */
#define pdFREERTOS_ERRNO_EINTR         4   /* Interrupted system call */
#define pdFREERTOS_ERRNO_EIO           5   /* I/O error */
#define pdFREERTOS_ERRNO_ENXIO         6   /* No such device or address */
#define pdFREERTOS_ERRNO_EBADF         9   /* Bad file number */
#define pdFREERTOS_ERRNO_EAGAIN        11  /* No more processes */
#define pdFREERTOS_ERRNO_EWOULDBLOCK   11  /* Operation would block */
#define pdFREERTOS_ERRNO_ENOMEM        12  /* Not enough memory */
#define pdFREERTOS_ERRNO_EACCES        13  /* Permission denied */
#define pdFREERTOS_ERRNO_EFAULT        14  /* Bad address */
#define pdFREERTOS_ERRNO_EBUSY         16  /* Mount device busy */
#define pdFREERTOS_ERRNO_EEXIST        17  /* File exists */
#define pdFREERTOS_ERRNO_EXDEV         18  /* Cross-device link */
#define pdFREERTOS_ERRNO_ENODEV        19  /* No such device */
#define pdFREERTOS_ERRNO_ENOTDIR       20  /* Not a directory */
#define pdFREERTOS_ERRNO_EISDIR        21  /* Is a directory */
#define pdFREERTOS_ERRNO_EINVAL        22  /* Invalid argument */
#define pdFREERTOS_ERRNO_ENOSPC        28  /* No space left on device */
#define pdFREERTOS_ERRNO_ESPIPE        29  /* Illegal seek */
#define pdFREERTOS_ERRNO_EROFS         30  /* Read only file system */
#define pdFREERTOS_ERRNO_EUNATCH       42  /* Protocol driver not attached */
#define pdFREERTOS_ERRNO_EBADE         50  /* Invalid exchange */
#define pdFREERTOS_ERRNO_EFTYPE        79  /* Inappropriate file type or format */
#define pdFREERTOS_ERRNO_ENMFILE       89  /* No more files */
#define pdFREERTOS_ERRNO_ENOTEMPTY     90  /* Directory not empty */
#define pdFREERTOS_ERRNO_ENAMETOOLONG  91  /* File or path name too long */
#define pdFREERTOS_ERRNO_EOPNOTSUPP    95  /* Operation not supported on transport endpoint */
#define pdFREERTOS_ERRNO_ENOBUFS       105 /* No buffer space available */
#define pdFREERTOS_ERRNO_ENOPROTOOPT   109 /* Protocol not available */
#define pdFREERTOS_ERRNO_EADDRINUSE    112 /* Address already in use */
#define pdFREERTOS_ERRNO_ETIMEDOUT     116 /* Connection timed out */
#define pdFREERTOS_ERRNO_EINPROGRESS   119 /* Connection already in progress */
#define pdFREERTOS_ERRNO_EALREADY      120 /* Socket already connected */
#define pdFREERTOS_ERRNO_EADDRNOTAVAIL 125 /* Address not available */
#define pdFREERTOS_ERRNO_EISCONN       127 /* Socket is already connected */
#define pdFREERTOS_ERRNO_ENOTCONN      128 /* Socket is not connected */
#define pdFREERTOS_ERRNO_ENOMEDIUM     135 /* No medium inserted */
```

```
#define pdFREERTOS_ERRNO_EILSEQ          138 /* An invalid UTF-16 sequence was encountered. */
#define pdFREERTOS_ERRNO_ECANCELED       140 /* Operation canceled. */
```

xCoRoutineCreate 函数的使用示例如程序清单 19-14 所示，xCoRoutineCreate 函数向系统注册了一个协程，并规定协程的优先级为 0。如果没有其他协程公用 vACoRoutineFunction 函数，则 uxIndex 参数可设置为 0。此外，uxIndex 也可作为普通参数使用，用于向协程函数传递信息。

程序清单 19-14

```
#include "croutine.h"

static void xxxTask(void *pvParameters)
{
  //协程函数声明，在其他地方定义
  void vACoRoutineFunction(CoRoutineHandle_t xHandle, UBaseType_t uxIndex);

  //创建协程，优先级为0，序号为0
  xCoRoutineCreate(vACoRoutineFunction, 0, 0);

  //任务循环
  while (1)
  {

  }
}
```

2. crDELAY 函数

crDELAY 函数为协程的阻塞延时函数，具体描述如表 19-2 所示。该函数只能在协程函数中直接调用，不能在协程函数内部调用的其他函数中调用。

表 19-2 crDELAY 函数描述

函数名	crDELAY
函数原型	void crDELAY(CoRoutineHandle_t xHandle, TickType_t xTicksToDelay)
功能描述	协程的阻塞延时函数
输入参数 1	xHandle：协程句柄
输入参数 2	xTicksToDelay：阻塞时长，以时间片为单位
输出参数	void
返回值	void

crDELAY 函数的使用示例如程序清单 19-15 所示。

程序清单 19-15

```
#include "croutine.h"

void vACoRoutineFunction(CoRoutineHandle_t xHandle, UBaseType_t uxIndex)
{
  //协程开始
  crSTART( xHandle );
```

```
//协程主循环
for( ;; )
{
  //协程工作
  //...

  //延时 500ms
  crDELAY(xHandle, 500);
}

//协程结束
crEND();
}
```

crDELAY 函数实际上是一个宏定义，如程序清单 19-16 所示。"\"表示分行，通常在代码过长或由于其他原因需要换行时使用。编译器在编译时会将多行代码拼接为一行完整的代码。

程序清单 19-16

```
//crDELAY 宏
#define crDELAY( xHandle, xTicksToDelay )                          \
    if( ( xTicksToDelay ) > 0 )                                    \
    {                                                              \
        vCoRoutineAddToDelayedList( ( xTicksToDelay ), NULL ); \
    }                                                              \
crSET_STATE0( ( xHandle ) );
```

crSET_STATE0 同样是一个宏定义，FreeRTOS 中还有一个宏定义 crSET_STATE1，如程序清单 19-17 所示。若在一行代码中需要两个 case 语句，则可以同时使用 crSET_STATE0 和 crSET_STATE1。

程序清单 19-17

```
#define crSET_STATE0( xHandle )                                    \
    ( ( CRCB_t * ) ( xHandle ) )->uxState = ( __LINE__ * 2 ); return; \
case ( __LINE__ * 2 ):

#define crSET_STATE1( xHandle )                                          \
    ( ( CRCB_t * ) ( xHandle ) )->uxState = ( ( __LINE__ * 2 ) + 1 ); return; \
    case ( ( __LINE__ * 2 ) + 1 ):
```

综上所述，vACoRoutineFunction 函数的实际代码如程序清单 19-18 所示。执行完 crDELAY 函数后通过 return 语句返回，下次再调用 vACoRoutineFunction 时，程序将跳转到"case(__LINE__ * 2)"语句继续往下执行。

程序清单 19-18

```
void vACoRoutineFunction( CoRoutineHandle_t xHandle, UBaseType_t uxIndex )
{
  //协程开始
  switch((((CRCB_t *)(xHandle))->uxState)
```

```
{
  case 0:

  //协程主循环
  for( ;; )
  {
    //协程工作
    //...

    //延时 500ms
    if(500 > 0){vCoRoutineAddToDelayedList(500, NULL);} ((CRCB_t*)(xHandle))->uxState =
(__LINE__ * 2); return; case(__LINE__ * 2): ;
  }

  //协程结束
  };
}
```

3. crQUEUE_SEND 函数

crQUEUE_SEND 函数用于在协程中向消息队列写入数据，具体描述如表 19-3 所示。注意，使用消息队列时，协程只能向协程发送消息，而不能向任务发送消息，反之亦然。与 crDELAY 函数类似，该函数只能在协程函数中直接调用，不能在协程函数内部调用的其他函数中调用。

表 19-3　crQUEUE_SEND 函数描述

函数名	crQUEUE_SEND
函数原型	crQUEUE_SEND(CoRoutineHandle_t xHandle, 　　　　　　　QueueHandle_t xQueue, 　　　　　　　void *pvItemToQueue, 　　　　　　　TickType_t xTicksToWait, 　　　　　　　BaseType_t *pxResult)
功能描述	在协程中向消息队列写入数据
输入参数 1	xHandle：协程句柄
输入参数 2	xQueue：消息队列句柄
输入参数 3	pvItemToQueue：消息缓冲区，每次写入一条消息
输入参数 4	xTicksToWait：阻塞时长，以时间片为单位
输入参数 5	pxResult：用于返回写入结果。该参数值为 pdPASS：写入成功；值为其他：写入失败，错误代码在 ProjDefs.h 文件中定义，如程序清单 19-13 所示
输出参数	void
返回值	void

4. crQUEUE_RECEIVE 函数

crQUEUE_RECEIVE 函数用于在协程中读取消息队列的数据，具体描述如表 19-4 所示。该函数只能在协程函数中直接调用，不能在协程函数内部调用的其他函数中调用。

表 19-4　crQUEUE_RECEIVE 函数描述

函数名	crQUEUE_RECEIVE
函数原型	void crQUEUE_RECEIVE(CoRoutineHandle_t xHandle, 　　　　　　　　　QueueHandle_t xQueue, 　　　　　　　　　void *pvBuffer, 　　　　　　　　　TickType_t xTicksToWait, 　　　　　　　　　BaseType_t *pxResult)
功能描述	在协程中读取消息队列的数据
输入参数 1	xHandle：协程句柄
输入参数 2	xQueue：消息队列句柄
输入参数 3	pvBuffer：消息缓冲区，每次读取一条消息
输入参数 4	xTicksToWait：阻塞时长，以时间片为单位
输入参数 5	pxResult：用于返回写入结果。该参数值为 pdPASS：写入成功；值为其他：写入失败，错误代码在 ProjDefs.h 文件中定义，如程序清单 19-13 所示
输出参数	void
返回值	void

5. crQUEUE_SEND_FROM_ISR 函数

crQUEUE_SEND_FROM_ISR 函数用于在中断中通过消息队列向协程发送消息，具体描述如表 19-5 所示。

表 19-5　crQUEUE_SEND_FROM_ISR 函数描述

函数名	crQUEUE_SEND_FROM_ISR
函数原型	BaseType_t crQUEUE_SEND_FROM_ISR (QueueHandle_t xQueue, 　　　　　　　　　　　void *pvItemToQueue, 　　　　　　　　　　　BaseType_t xCoRoutinePreviouslyWoken)
功能描述	在中断中通过消息队列向协程发送消息
输入参数 1	xQueue：消息队列句柄
输入参数 2	pvItemToQueue：消息缓冲区，每次写入一条消息
输入参数 3	xCoRoutinePreviouslyWoken：使用该参数是为了能在中断中向队列批量写入数据，且该参数的初值必须为 pdFALSE。调用函数后要保存其返回值，以便下次调用该函数时使用
输出参数	void
返回值	pdTRUE：有协程退出了阻塞态； pdFALSE：没有协程退出阻塞态

crQUEUE_SEND_FROM_ISR 函数的使用示例如程序清单 19-19 所示。

程序清单 19-19

```
void xxx_IRQHandler(void)
{
  extern CoRoutineHandle_t g_handlerCoRoutine;
  BaseType_t xCRWokenByPost = pdFALSE;
  unsigned char uData;
```

```
while(UART_RX_REG_NOT_EMPTY())
{
  //获取串口数据
  uData = UART_RX_REG;

  //将接收到的数据写入消息队列
  xCRWokenByPost = crQUEUE_SEND_FROM_ISR(g_handlerCoRoutine, &uData, xCRWokenByPost);
}
}
```

6. crQUEUE_RECEIVE_FROM_ISR 函数

crQUEUE_RECEIVE_FROM_ISR 函数用于在中断中通过消息队列接收协程发送的消息，具体描述如表 19-6 所示。

表 19-6　crQUEUE_RECEIVE_FROM_ISR 函数描述

函数名	crQUEUE_RECEIVE_FROM_ISR
函数原型	BaseType_t crQUEUE_RECEIVE_FROM_ISR (QueueHandle_t xQueue, 　　　　　　　　　　　　　　　　void *pvBuffer, 　　　　　　　　　　　　　　　　BaseType_t * pxCoRoutineWoken)
功能描述	在中断中通过消息队列接收协程发送的消息
输入参数 1	xQueue：消息队列句柄
输入参数 2	pvBuffer：消息缓冲区，每次读取一条消息
输入参数 3	pxCoRoutineWoken：有协程处于发送阻塞态时，若 crQUEUE_RECEIVE_FROM_ISR 函数导致该协程从阻塞态退出，则*pxCoRoutineWoken 将会被置为 pdTRUE，否则*pxCoRoutineWoken 的值不变
输出参数	void
返回值	pdTRUE：成功； pdFALSE：失败

crQUEUE_RECEIVE_FROM_ISR 函数的使用示例如程序清单 19-20 所示。由于协程没有抢占模式，因此无须在退出中断时触发协程调度。

程序清单 19-20

```
void xxx_IRQHandler(void)
{
  extern CoRoutineHandle_t g_handlerCoRoutine;
  BaseType_t xCRWokenByPost = pdFALSE;
  unsigned char uData;

  //从中断中接收消息队列数据
  if(crQUEUE_RECEIVE_FROM_ISR(g_handlerCoRoutine, &uData, &xCRWokenByPost))
  {
    //处理数据
    ...
  }
}
```

7. vCoRoutineSchedule 函数

vCoRoutineSchedule 函数用于触发协程调度，具体描述如表 19-7 所示。

表 19-7　vCoRoutineSchedule 函数描述

函数名	vCoRoutineSchedule
函数原型	void vCoRoutineSchedule(void)
功能描述	触发协程调度
输入参数	void
输出参数	void
返回值	void

vCoRoutineSchedule 函数的部分关键代码如程序清单 19-21 所示。在 vCoRoutineSchedule 函数中，首先查找是否有协程就绪，若有，则选择优先级最高的协程执行。注意，vCoRoutineSchedule 函数可直接调用协程函数，无须像任务切换一样需要触发 PendSV 异常，因此可将协程函数视为普通的用户函数。vCoRoutineSchedule 函数通常由空闲任务在系统空闲时循环调用，因此所有协程公用空闲任务的堆栈。由于空闲任务在系统所有任务中优先级最低，因此协程的优先级低于任务的优先级。

程序清单 19-21

```
void vCoRoutineSchedule( void )
{
  if( pxDelayedCoRoutineList != NULL )
  {
    …

    /* Call the co-routine. */
    ( pxCurrentCoRoutine->pxCoRoutineFunction )( pxCurrentCoRoutine, pxCurrentCoRoutine->
uxIndex );
  }
}
```

19.4　实例与代码解析

下面通过编写实例程序创建一个协程，使开发板上的 LED$_2$ 每隔 500ms 闪烁一次。

19.4.1　复制并编译原始工程

首先，将"D:\GD32F3FreeRTOSTest\Material\17.FreeRTOS 协程"文件夹复制到"D:\GD32F3FreeRTOSTest\Product"文件夹中。然后，双击运行"D:\GD32F3FreeRTOSTest\Product\17.FreeRTOS 协程\Project"文件夹下的 GD32KeilPrj.uvprojx，单击工具栏中的🔨按钮进行编译，Build Output 栏显示"FromELF:creating hex file..."表示已经成功生成.hex 文件，显示"0 Error(s), 0Warning(s)"表示编译成功。最后，将.axf 文件下载到微控制器的内部 Flash，下载成功后，若串口助手输出"Init System has been finished."则表明原始工程正确，可以进行下一步操作。

19.4.2　完善 FreeRTOSConfig.h 文件

参考 16.4.2 节，打开 FreeRTOSConfig.h 文件，将 configUSE_IDLE_HOOK 和 configUSE_CO_ROUTINES 宏设为 1（见程序清单 19-22 的第 8 和 12 行代码）。注意，将 configUSE_IDLE_

HOOK 宏置 1 后，必须在程序中实现"void vApplicationIdleHook(void)"函数，否则编译器将报错。将 configUSE_CO_ROUTINES 宏置 1，表示启用协程功能。第 13 行代码中的 configMAX_CO_ROUTINE_PRIORITIES 宏表示协程最大优先级，本章例程中将协程最大优先级设为 2。

程序清单 19-22

```
1.  #ifndef FREERTOS_CONFIG_H
2.  #define FREERTOS_CONFIG_H
3.  ...
4.      #include <stdint.h>
5.      extern uint32_t SystemCoreClock;
6.
7.  #define configUSE_PREEMPTION              1
8.  #define configUSE_IDLE_HOOK          1
9.  ...
10.
11. /* Co-routine definitions. */
12. #define configUSE_CO_ROUTINES          1
13. #define configMAX_CO_ROUTINE_PRIORITIES ( 2 )
14. ...
```

19.4.3 编写测试程序

在 Main.c 文件的"包含头文件"区，添加包含头文件 croutine.h 的代码，如程序清单 19-23 所示。

程序清单 19-23

```
#include "croutine.h"
```

在"内部函数声明"区，添加协程函数的声明，如程序清单 19-24 所示，该函数用于控制 LED$_2$ 闪烁。

程序清单 19-24

```
static void LED2CoRoutine(CoRoutineHandle_t xHandle, UBaseType_t uxIndex); //LED₂协程函数
```

在"内部函数实现"区，添加 LED2CoRoutine 函数的实现代码，如程序清单 19-25 所示。crSTART 和 crEND 分别表示协程的开始和结束。LED2CoRoutine 函数与普通任务函数类似，均包含了一个 while(1) 无限循环和延时阻塞函数。

程序清单 19-25

```
1.   static void LED2CoRoutine(CoRoutineHandle_t xHandle, UBaseType_t uxIndex)
2.   {
3.     //协程开始
4.     crSTART(xHandle);
5.
6.     //协程主循环
7.     while (1)
8.     {
9.       //控制 LED₂ 翻转
10.      gpio_bit_write(GPIOE, GPIO_PIN_6, (FlagStatus)(1 - gpio_output_bit_get(GPIOE, GPIO_PIN_6)));
```

```
11.
12.      //延时 500ms
13.      crDELAY(xHandle, 500);
14.    }
15.
16.    //协程结束
17.    crEND();
18.  }
```

在 StartTask 函数中添加创建协程的代码，如程序清单 19-26 的第 16、17 行代码所示。

程序清单 19-26

```
1.  static void StartTask(void *pvParameters)
2.  {
3.    ...
4.
5.    //开始创建任务
6.    for (i = 0; i < sizeof(s_structCreatTask) / sizeof(StructCreatTask); i++)
7.    {
8.      xTaskCreate((TaskFunction_t)s_structCreatTask[i].func,      //任务函数
9.        (const char*)s_structCreatTask[i].name,                  //任务名称
10.       (uint16_t)s_structCreatTask[i].stkSize,                  //任务栈大小
11.       (void*)NULL,                                             //传递给任务函数的参数
12.       (UBaseType_t)s_structCreatTask[i].prio,                  //任务优先级
13.       (TaskHandle_t*)s_structCreatTask[i].taskHandled);        //任务句柄
14.    }
15.
16.    //创建协程
17.    xCoRoutineCreate(LED2CoRoutine, 0, 0);
18.
19.    //删除开始任务
20.    vTaskDelete(g_handlerStartTask);
21.
22.    //退出临界区
23.    taskEXIT_CRITICAL();
24.  }
```

在"API 函数实现"区，添加 vApplicationIdleHook 函数的实现代码，如程序清单 19-27 所示。vApplicationIdleHook 为空闲任务钩子函数，在空闲任务中循环调用，触发协程调度。

程序清单 19-27

```
1.  void vApplicationIdleHook(void)
2.  {
3.    vCoRoutineSchedule();
4.  }
```

19.4.4 编译及下载验证

代码编写完成并编译通过后，下载程序并进行复位，可见开发板上的两个 LED 交替闪烁，且 LED$_2$ 每隔 500ms 闪烁一次。

本 章 任 务

1. 在 USART0_IRQHandler 函数中通过 crQUEUE_SEND_FROM_ISR 函数向协程发送消息，协程收到消息后通过串口助手进行打印。

2. 在第 3 章例程的基础上实现一个裸机版的协程。

本 章 习 题

1. 简述协程的应用场景。

2. 协程是否有独立的栈区？

3. 为什么协程要通过 switch 语句实现？

4. 协程之间如何通过消息队列通信？

5. C 语言中的 "__LINE__" 有何含义？

参 考 文 献

[1] 钟世达，郭文波. GD32F3 开发基础教程：基于 GD32F303ZET6[M]. 北京：电子工业出版社，2022.

[2] RICHARD B. FreeRTOS 实时内核应用指南[M]. 黄华，译. 北京：电子工业出版社，2023.

[3] 许颖劲，左忠凯，刘军. FreeRTOS 源码详解与应用开发[M]. 北京：北京航空航天大学出版社，2023.

[4] 张超. 嵌入式实时操作系统 FreeRTOS 原理及应用[M]. 北京：电子工业出版社，2021.

[5] 奚海蛟. 嵌入式实时操作系统[M]. 北京：清华大学出版社，2023.

[6] 屈召贵，周相兵，卢佳廷. 嵌入式系统原理与实践：基于 STM32 和 FreeRTOS[M]. 北京：北京理工大学出版社，2023.

[7] 多根·易卜拉欣. 嵌入式系统多任务处理应用开发实战：基于 ARM MCU 和 FreeRTOS 内核[M]. 胡训强，杨鹏，译. 北京：机械工业出版社，2023.

[8] 刘火良，杨森. FreeRTOS 内核实现与应用开发实战指南：基于 STM32[M]. 北京：机械工业出版社，2019.

[9] 郁红英，等. 计算机操作系统[M]. 北京：清华大学出版社，2022.